AMTLICHE LISTE DER SEESCHIFFE

der Bundesrepublik Deutschland

(einschließlich der sonstigen z. Z. zur Verfügung stehenden Schiffe)

mit

UNTERSCHEIDUNGSSIGNALEN

als

Anhang

zum Internationalen Signalbuch.

Abgeschlossen am 31. Januar 1953

Herausgegeben vom Bundesminister für Verkehr
Bonn 1953

WALTER DE GRUYTER & CO. · BERLIN W 35

Vormals G. J. Göschen'sche Verlagshandlung · J. Guttentag, Verlagsbuchhandlung · Georg Reimer · Karl J. Trübner · Veit & Comp.

1953

Archiv-Nr. 34 82 53

Satz: Walter de Gruyter & Co., Berlin W 35
Druck: „Buchkunst", Berlin W 35

Vorwort

Die „Amtliche Liste der Seeschiffe der Bundesrepublik Deutschland mit Unterscheidungssignalen" ist ein Anhang zur amtlichen deutschen Ausgabe des am 1. Januar 1934 in Kraft getretenen „Internationalen Signalbuches 1931".

Die Unterscheidungssignale der Seeschiffe stimmen mit ihren Funkrufzeichen überein und bestehen aus vier Buchstaben. Der erste oder die beiden ersten Buchstaben bezeichnen die Nationalität der Schiffe. Die Unterscheidungssignale der deutschen Seeschiffe beginnen sämtlich mit dem Buchstaben D.

Auf Grund der Bestimmungen des am 1. Januar 1949 in Kraft getretenen Weltnachrichtenvertrages Atlantic City 1947 verfügt Deutschland, das bis dahin über alle Signalgruppen des Buchstabens D bestimmte, nur noch über die Signalgruppen DAAA bis DMZZ. Die übrigen Signalgruppen (DNAA bis DZZZ) sind anderen Staaten zugeteilt worden.

Auf die Gebrauchsanweisung des „Internationalen Signalbuches 1931" Band I, Nr. 30, 41 bis 43 und 135 sowie Band II Seite XVII wird hingewiesen. Im übrigen gelten die einschlägigen Bestimmungen der Gebrauchsanweisung jedes der beiden Bände. Die Buchstaben I und J kommen nebeneinander vor, ferner kann in einem Signal die gleiche Flagge (Buchstabe) mehrmals vorkommen, so daß die Hilfsstander des „Internationalen Signalbuches 1931", Fünfte Auflage, Seite XXIII (in älteren Ausgaben Band I, Seite XXVII) benutzt werden müssen (Gebrauchsanweisung „Internationales Signalbuch Band I, Nr. 79 bis 85").

Die „Amtliche Liste" enthält zwei durch ein blaues Blatt getrennte Teile. Der erste Teil besteht aus sechs Abschnitten: a) die Kauffahrteischiffe der Bundesrepublik Deutschland einschließlich der sonstigen z. Zt. zur Verfügung stehenden Schiffe, b) die Rettungsboote der Deutschen Gesellschaft zur Rettung Schiffbrüchiger, c) die Boote des Zollgrenzschutzes, d) die Boote des Seegrenzschutzes im Bundesgrenzschutz, e) die Minenräumfahrzeuge, f) die Bundes- und Länderfahrzeuge, g) die Feuerschiffe. Die Schiffe sind nach der Reihenfolge ihrer Unterscheidungssignale und die Feuerschiffe nach ihrer geographischen Lage von Ost nach West aufgeführt. Der zweite Teil enthält die Kauffahrteischiffe in alphabetischer Reihenfolge ihrer Namen. Der erste Teil dient also zur Feststellung eines bestimmten Schiffes nach seinem Unterscheidungssignal, der zweite zur Auffindung des Unterscheidungssignals eines Schiffes.

Das Unterscheidungssignal der mit Funk ausgerüsteten Kauffahrteischiffe (eigene Sende- oder Empfangsanlage, Funksprechanlage) ist in Schrägschrift *(Kursiv)* gesetzt.

Neben dem Namen der mit Wasserschallanlagen oder Funk ausgerüsteten Behördenfahrzeuge sind besondere Zeichen ihrer Bedeutung entsprechend aufgeführt. Die auf ihrer Position liegenden Feuerschiffe führen die für ihre geographische Lage in der geographischen Liste des „Internationalen Signalbuches“ festgelegte Signal- und Funkgruppe. Beim Verlassen der Position führen die Feuerschiffe und die Reservefeuerschiffe ein ihnen besonders zugeteiltes Unterscheidungssignal.

Die Zuteilung der Unterscheidungssignale erfolgt durch die zuständigen Seeschiffsregisterbehörden. Jedem deutschen Kauffahrteischiff wird bei der Eintragung in das Seeschiffsregister das Unterscheidungssignal zugeteilt und in seinem Schiffszertifikat vermerkt. Solange das Schiff unter deutscher Flagge fährt, behält es das ihm einmal zugeteilte Unterscheidungssignal auch beim Wechsel seines Heimathafens, der Registerbehörde oder bei etwaiger Namensänderung.

Für die Seeschiffe anderer Staaten, die das Internationale Signalbuch ebenfalls angenommen haben, sind ähnliche Listen vorhanden.

Bonn, im Februar 1953.

TEIL I

a) Die Kauffahrteischiffe

der

Bundesrepublik Deutschland

einschließlich der sonstigen z. Zt. zur Verfügung stehenden Schiffe

nach der Reihenfolge der Unterscheidungssignale.

(Das Unterscheidungssignal der mit Funk ausgerüsteten Schiffe ist in Schrägschrift [*Kursiv*] gesetzt.)

Unter-scheidungs-signale	Namen der Schiffe	Heimathafen der Schiffe	Kubikmeter Nettoraumgehalt	Registertons Nettoraumgehalt	PS
DABA	Adeline	Leer	250,1	88,28	130
DABB	Adonis	Hamburg-Finkenwdr.	52,8	18,65	120
DABC	Aachen	Bremerhaven	405,0	142,90	600
DABD	Albatross	Bremen	1419,1	500,96	1250
DABE	Alexander von Humboldt	Bremerhaven	693,0	244,60	1000
DABF	Alice Freymann	Hamburg	1846,9	651,97	750
DABG	Utgard	Hamburg	2433,7	859,09	700
DABH	Anhalt	Bremen-Vegesack	258,0	91,08	150
DABJ	Annelies	Hamburg-Finkenwdr.	75,9	26,78	180
DABK	Antares	Bremerhaven	437,3	154,00	850
DABL	Antje	Hamburg-Finkenwdr.	66,1	23,32	180
DABP	Balder	Glückstadt	259,3	91,54	150
DABQ	Bockenheim	Bremen	4245,5	1498,66	800
DABR	Baumwall	Hamburg	1431,8	505,42	650
DABS	Beluga	Hamburg	176,4	62,27	200
DABU	Berlin	Bremerhaven	405,1	143,00	600
DABV	Bernhard Janssen	Bremerhaven	562,6	198,62	850
DABX	Weissenburg	Bremerhaven	431,1	152,17	600
DACB	Brahe	Bremerhaven	501,3	176,97	750
DACE	Bürgermeister Smidt	Bremerhaven	561,5	198,22	800
DACG	Butt	Kiel	1142,3	403,24	570
DACH	Carl J. Busch	Cuxhaven	317,4	112,03	650
DACI	Celle	Cuxhaven	328,3	115,90	700
DACJ	Christian	Lübeck	1347,7	475,70	470
DACK	Christian Russ	Hamburg	1550,0	547,16	650
DACL	Claus Ebeling	Bremerhaven	462,2	163,15	735
DACM	C. P. Andersen	Hamburg	431,1	152,17	600
DACP	Daläifven	Hamburg	2510,9	886,35	700
DACQ	Danzig	Hamburg	182,8	64,38	2150
DACR	Delphin	Hamburg	303,2	107,01	400
DACU	D. Dreesmann-Penning	Emden	257,0	90,62	150

DACW — DAFG

Unterscheidungssignale	Namen	Heimathafen	Kubikmeter	Registertons	PS
	der Schiffe		Nettoraumgehalt		
DACW	Drossel	Bremen	1563,9	552,06	600
DACX	Düsseldorf	Hamburg	1811,1	639,33	900
DACY	Eifel	Bremerhaven	318,6	112,45	565
DACZ	Elin	Bremen	986,6	348,28	300
DADB	Ruhr	Hamburg	4887,1	1725,18	1450
DADD	Ellen	Hamburg-Finkenwerder	60,2	21,24	120
DADE	Emsgatt	Hamburg	1895,1	668,99	500
DADG	Ente	Hamburg	71,3	25,16	240
DADI	Ernst Flohr	Cuxhaven	518,6	183,07	800
DADJ	Rhein	Hamburg	4875,1	1720,91	1560
DADL	Eschenburg	Lübeck	1695,0	598,34	650
DADM	ErnstSchweckendieck	Emden	229,4	80,99	150
DADN	Essen	Emden	356,4	125,79	500
DADO	Essen	Bremerhaven	427,0	150,73	725
DADP	Este	Bremerhaven	436,0	154,00	750
DADQ	Fairplay VII	Hamburg	153,3	53,99	950
DADR	Feuerland	Büsum	71,5	25,25	150
DADU	Franz Schau	Bremerhaven	403,7	142,49	600
DADV	Franz	Bremerhaven	259,5	91,59	430
DADW	Franziska	Schulau	54,0	19,06	180
DADX	Franz Westermann	Bremerhaven	500,4	176,64	850
DADY	Frauke	Leer	279,8	98,42	250
DADZ	Geeste	Bremerhaven	487,0	171,80	800
DAEA	Fritz Homann	Bremerhaven	422,6	149,16	700
DAEB	Gebrüder Kähler	Bremerhaven	604,9	213,54	800
DAEC	Gisela	Hamburg	351,5	124,09	575
DAED	Gisela Oldendorff	Lübeck	2307,0	814,39	800
DAEE	Glückauf	Bremen	1457,3	514,91	1300
DAEF	Donau	Cuxhaven	502,0	177,20	800
DAEG	Goliath	Hamburg	114,2	40,30	2×300
DAEH	Gotland	Cuxhaven	522,5	184,00	800
DAEI	Greif	Lübeck	954,5	336,90	470
DAEJ	Großer Kurfürst	Emden	265,6	93,75	500
DAEK	Grönorth	Kiel	65,4	23,10	120
DAEL	Gustav Borgner	Bremerhaven	409,2	144,44	600
DAEM	Halberstadt	Cuxhaven	231,9	113,65	550
DAEO	Hanna	Leer	250,1	88,28	130
DAEQ	Hannover	Bremen-Vegesack	247,0	87,23	150
DAES	Hans Böckler	Bremerhaven	657,0	231,92	800
DAET	Hans Hinrich	Hamburg-Finkenwdr.	51,6	21,04	130
DAEU	Haparanda	Hamburg	1509,7	532,93	700
DAEV	H. C. Nibbe	Hamburg-Finkenwdr.	54,7	19,30	150
DAEW	Heidelberg	Lübeck	1080,5	381,40	470
DAEZ	Hansa VI	Bremen	150,2	53,00	2800
DAFA	Heinrich Baumgarten	Bremerhaven	475,7	167,92	800
DAFE	Heinrich Schulte	Emden	291,3	102,56	500
DAFF	Helene Russ	Hamburg	1633,6	576,60	650
DAFG	Helga Schröder	Hamburg	1892,1	667,91	720

DAFJ — DAHZ

Unter-scheidungs-signale	Namen der Schiffe	Heimathafen der Schiffe	Kubikmeter (Nettoraumgehalt)	Registertons (Nettoraumgehalt)	PS
DAFJ	Hanseat	Bremerhaven	407,6	143,89	600
DAFK	Henry Everling	Bremerhaven	660,5	233,14	850
DAFL	Hermann Bösch	Bremerhaven	546,5	192,92	850
DAFN	Hernösand	Hamburg	1612,3	569,14	600
DAFP	Harvestehude	Hamburg	423,4	149,40	600
DAFQ	Hinrich Wesselhoeft	Bremerhaven	544,3	192,15	800
DAFR	H. M. Behrens	Hamburg	541,5	191,15	800
DAFS	Hoheweg	Bremerhaven	1765,4	623,00	650
DAFT	Hugo Homann	Bremerhaven	414,8	146,43	700
DAFU	Hörnum	Rendsburg	2395,3	845,54	800
DAFV	Ibis	Bremen	925,3	326,61	500
DAFW	Imsum	Bremen	483,4	171,00	750
DAFY	Ferdinand Vieth	Hamburg	414,5	146,32	600
DAFZ	Jane	Cuxhaven	292,3	103,17	400
DAGB	Jochen Homann	Bremerhaven	698,4	246,52	1000
DAGC	Johs. Klatte	Bremerhaven	521,7	184,16	735
DAGF	Julius Fock	Hamburg	453,2	159,98	600
DAGG	Julius Rütgers	Hamburg	1256,3	443,49	460
DAGI	Kap Kanin	Bremerhaven	323,3	114,13	645
DAGJ	Karl Bergh	Hamburg	333,8	117,82	50
DAGK	Kassel	Cuxhaven	524,3	185,08	750
DAGL	Kehrwieder	Büsum	30,8	10,86	150
DAGM	Kolberg	Lübeck	1085,1	383,03	470
DAGO	Kriemhild	Lübeck	1380,2	487,21	640
DAGQ	Leo Fürbringer	Emden	259,7	91,68	245
DAGR	Latona	Bremen	1663,1	587,08	1020
DAGT	Lauting	Kiel	1832,4	646,84	450
DAGU	Sturmmöwe	Lübeck-Travemünde	982,0	346,95	300
DAGV	Lisa Essberger	Hamburg	2249,4	794,05	280
DAGW	Lofoten	Bremerhaven	436,3	154,02	850
DAGX	Lübbe Hartmann	Leer	409,4	144,53	500
DAGZ	Dörte	Stade	512,7	180,91	300/360
DAHB	Lützow	Bremerhaven	581,7	205,34	800
DAHC	Main	Bremerhaven	456,7	161,21	750
DAHE	Marburg	Bremerhaven	283,5	100,00	540
DAHF	Marie	Cuxhaven	297,4	104,97	400
DAHG	Marianne	Hamburg	1201,8	424,24	400
DAHK	Max M. Warburg	Cuxhaven	514,4	181,57	800
DAHL	Max Brauer	Hamburg	414,4	146,29	600
DAHM	Meersburg	Bremerhaven	295,3	104,00	540
DAHN	Midlum	Bremen	488,0	172,09	750
DAHO	Minerva	Bremen	5591,5	1973,78	3050
DAHQ	Möwe	Hamburg	190,0	67,07	750
DAHS	Neptun	Bremerhaven	25,8	9,12	100
DAHT	Neptun	Hamburg	483,0	170,50	800
DAHW	Niedersachsen	Bremerhaven	138,0	48,73	175
DAHX	Nienstedten	Hamburg	351,5	124,09	575
DAHY	Niobe	Bremen	1160,0	409,50	350
DAHZ	Nixe	Bremen	1025,9	362,14	350

DAIA — DAKW

Unterscheidungssignale	Namen der Schiffe	Heimathafen der Schiffe	Kubikmeter Nettoraumgehalt	Registertons Nettoraumgehalt	PS
DAIA	Norden	Hamburg	1268,9	447,91	450
DAIB	Norderney	Hamburg	1550,3	547,24	550
DAIC	Norderney	Hamburg	705,5	249,05	350
DAID	Nordlicht	Hamburg	729,4	257,48	800
DAIE	Nordmark	Lübeck	1773,8	626,14	900
DAIF	Nordmeer	Hamburg	482,0	170,19	750
DAIG	Nordenham	Cuxhaven	617,0	217,79	800
DAIH	Nordstern	Bremerhaven	458,2	161,73	800
DAII	Nürnberg	Lübeck	1034,1	365,04	470
DAIJ	Oberpräs. Delbrück	Hamburg	1755,6	619,73	500
DAIK	Oldenburg	Bremerhaven	472,7	166,87	750
DAIL	Orion	Emden	233,7	82,48	150
DAIN	Oskar Schulze	Bremerhaven	410,1	144,86	600
DAIO	Ostmark	Bremerhaven	467,9	165,15	750
DAIP	Ostpreußen	Bremerhaven	454,2	160,32	750
DAIQ	Taucher Ottar Harmstorf I	Hamburg	206,5	72,91	250
DAIS	Taucher O. Wulf III.	Cuxhaven	145,4	51,31	475
DAIT	Peter Schlack	Hamburg	399,6	141,06	600
DAIU	Pinguin	Bremen	1292,6	456,27	1050
DAIV	Pitea	Hamburg	1514,0	534,44	600
DAJA	Hessen	Emden	274,3	96,83	2×150
DAJB	Reemt	Hamburg	560,0	197,68	750
DAJC	Regensburg	Bremerhaven	283,5	100,00	540
DAJE	Remscheid	Cuxhaven	319,8	112,40	600
DAJG	Rheinland	Bremen-Vegesack	255,0	89,86	150
DAJK	Rotersand	Bremerhaven	589,1	207,95	750
DAJL	Saarland	Bremen-Vegesack	256,0	90,20	150
DAJM	Sagitta	Bremerhaven	349,3	123,32	700
DAJP	Schulau	Kappeln	280,9	99,17	400
DAJS	Seefahrt	Bremerhaven	462,7	163,33	750
DAJW	Senator	Hamburg	1939,7	684,70	2×300
DAJY	Senator Sachse	Cuxhaven	259,5	91,62	400
DAJZ	Siegfried	Bremerhaven	932,3	329,09	420
DAKA	Skagerrak	Hamburg-Finkenwdr.	61,3	21,64	150
DAKB	Skolpenbank	Bremerhaven	436,7	154,02	850
DAKC	Söderhamn	Hamburg	2678,0	945,34	650
DAKD	Specht	Bremen	1004,8	354,68	660
DAKE	Spessart	Bremerhaven	277,8	98,00	400
DAKF	Spica	Bremerhaven	347,0	122,50	700
DAKJ	Liesbeth	Burgstaaken	18,2	6,43	46
DAKK	Stettin	Emden	297,1	104,86	250
DAKL	Stillesee	Hamburg	2162,0	763,18	700
DAKM	Robert Bornhofen	Hamburg	2399,2	846,92	850
DAKR	Tannenberg	Cuxhaven	454,2	160,32	800
DAKS	Theodor	Lübeck	1354,5	478,14	430
DAKT	Theseus	Bremen	1551,2	547,58	800
DAKV	Thees Bott	Hamburg-Finkenwdr.	60,9	21,51	130
DAKW	Thor	Hamburg	188,8	66,74	750

DAKX — DAMY

Unterscheidungssignale	Namen der Schiffe	Heimathafen der Schiffe	Kubikmeter Nettoraumgehalt	Registertons Nettoraumgehalt	PS
DAKX	Thüringen	Cuxhaven	456,2	161,00	750
DAKY	Thüringen	Bremen-Vegesack	258,0	91,08	150
DALA	Ursula	Hamburg	431,1	152,17	600
DALB	Venus	Bremen	918,0	324,11	300
DALC	Victoria	Lübeck	1194,3	421,60	500
DALD	Victoria	Bremen	1167,5	412,13	350
DALE	Vierlande	Hamburg	519,2	183,28	800
DALF	Vorwärts	Hamburg	1114,4	393,38	2×500
DALG	Venus	Bremerhaven	412,3	145,53	600
DALH	Wachtel	Bremen-Vegesack	222,0	78,22	130
DALI	Wega	Bremerhaven	361,6	127,65	800
DALJ	Werner II	Flensburg	2216,0	782,54	550
DALK	Weser	Bremerhaven	712,3	251,44	1000
DALL	Olbers	Bremen	1945,5	686,70	800
DALO	Westfalen	Bremen-Vegesack	210,0	74,24	150
DALP	Westpreußen	Bremerhaven	525,0	185,00	750
DALQ	Wiesbaden	Cuxhaven	354,9	125,28	575
DALR	Widder	Bremen	765,7*	270,31*	1070
DALS	Wilh. Michaelsen	Hamburg	445,5	157,26	750
DALT	Wilma	Hamburg-Finkenwdr.	58,7	20,71	180
DALU	Tra 21	Lübeck-Travemünde	60,9	21,51	130
DALV	Württemberg	Bremerhaven	449,2	158,58	750
DALX	York	Bremerhaven	484,9	171,18	800
DALY	Zeus	Bremen	5613,2	1981,45	3000
DALZ	Zwickau	Cuxhaven	287,5	101,48	400
DAMA	Agnes Engel	Hamburg-Finkenwerder	52,1	18,41	150
DAMB	Albert Pust	Bremerhaven	403,0	142,50	600
DAMC	Alk	Bremen	390,9*	138,14*	460
DAMD	Alte Liebe	Cuxhaven	405,2	143,03	600
DAME	Anton Hammerbacher	Hamburg	406,5	143,50	600
DAMF	A. Kappelhoff	Emden	262,0	92,42	150
DAMG	August Bröhan	Bremerhaven	272,6	96,24	450
DAMH	Auguste Kämpf	Bremerhaven	402,3	142,00	600
DAMI	Bremerhaven	Bremerhaven	405,0	142,90	600
DAMJ	Carsten Janssen	Bremerhaven	403,6	142,47	600
DAMM	Cuxhaven	Cuxhaven	405,2	143,02	600
DAMN	Detmold	Cuxhaven	405,2	143,02	600
DAMO	Diana	Bremen	838,7	296,06	270
DAMP	Dradenau	Hamburg-Finkenwdr.	76,2	26,90	150
DAMQ	Düsseldorf	Cuxhaven	404,9	142,80	750
DAMR	Eckernförde	Kiel	401,9	141,90	600
DAMT	Emma	Hamburg-Finkenwdr.	44,0	12,69	120
DAMU	Ernst Gröschel	Bremerhaven	403,7	142,50	600
DAMV	Fairplay XIV	Hamburg	150,6	53,18	650
DAMW	Franz Jürgen J. Nimtz	Kiel	3653,0	1289,51	1100
DAMX	Gertrud	Leer	249,1	87,92	200
DAMY	Gonzenheim	Bremen	6710,7	2368,87	1200

* = Bruttoraumgehalt.

DANA — DCAB

Unterscheidungssignale	Namen der Schiffe	Heimathafen	Kubikmeter (Nettoraumgehalt)	Registertons (Nettoraumgehalt)	PS
DANA	Haga	Hamburg	1636,2	577,58	650
DANC	Hoffnung	Hamburg-Finkenwdr.	92,1	32,51	180
DAND	Island	Kiel	65,3	23,00	125
DANF	Josef Bodden	Kiel	401,9	141,89	600
DANG	Karl Fock	Hamburg-Finkenwdr.	59,8	21,13	130
DANI	Kiel	Kiel	404,6	142,83	600
DANJ	King Bosco	Langeoog	12,2	4,31	60
DANK	Mannheim	Bremerhaven	405,1	142,99	750
DANL	Mollex IV	Hamburg	59,2	20,89	150
DANM	Mollex V	Hamburg	419,3	148,01	300
DANN	München	Bremerhaven	405,1	142,90	750
DANO	Nesshuk	Hamburg-Finkenwdr.	72,5	25,59	180
DANP	Niedersachsen	Cuxhaven	411,2	145,14	600
DANR	Otto Bröhan	Hamburg	424,3	149,78	600
DANS	Rechtenfleth	Bremen	268,0*	94,59*	1065
DANT	Rosengarten	Hamburg-Finkenwdr.	62,9	22,20	120
DANU	Scharhörn	Bremen	4,6	1,61	32
DANV	Schleswig-Holstein	Strande	50,1	17,68	120
DANW	Schlutup	Kiel	401,9	141,89	600
DANX	Schwertfisch	Bremerhaven	552,3	194,95	800
DANY	Seeadler	Hamburg-Finkenwdr.	38,5	13,59	90
DANZ	Senior v. Sonnenkamp	Bremen	25,6	9,05	380
DAOA	Sophie	Leer	251,4	80,73	200
DAOB	Stade	Cuxhaven	405,2	143,04	600
DAOC	Sigfrid J. Nimtz	Hamburg	3634,6	1283,01	1150
DAOF	Dr. Eichelbaum	Emden	259,7	91,60	150
DAOG	Elbe	Emden	271,8	95,94	100
DAOH	Sparenburg	Emden	257,2	90,80	180
DAOI	Christel	Büsum	57,5	20,30	180
DAOS	Gulosenfjord	Bremen	261,0	92,22	1000
DAOT	Kurefjord	Bremen	152,9	53,97	650
DAOU	Franz Thiele	Emden	258,4	91,21	150
DAOX	Wilhelm Kaisen	Bremerhaven	661,4	233,48	800
DAOY	Martin Mewes	Hamburg	672,8	237,50	750
DAOZ	Bardenfleth	Bremen	53,9	19,02	518
DAPA	Eberhart Essberger	Hamburg	947,6	334,50	325
DAPB	Sylt	Hamburg	953,8	336,71	450
DAPC	Cimbria	Hamburg	3031,8	1070,23	1200
DAPD	Sperber	Bremen	1035,8	365,63	900
DAPF	Stella	Bremerhaven	399,5	141,09	2×180
DAPH	Lacklan	Hamburg	14675,4	5185,66	3300
DAPI	Frigga	Hamburg	9571,4	3378,70	2000
DAPJ	Hermod	Hamburg	9176,0	3239,12	1500
DAPK	Hermann Fritzen	Emden	6761,8	2386,91	1800
DAPL	Silbermöve	Heiligenhafen	65,4	23,09	125
DAPM	Regulus	Hamburg-Finkenwdr.	60,3	21,23	150
DAPN	Carl Wilkens	Hamburg	418,3	147,67	600
DCAA	Walter Behrens	Köln	499,6	176,38	250
DCAB	Sigrid	Köln	496,4	175,24	250

* = Bruttoraumgehalt.

DCAC — DCCP

Unter-scheidungs-signale	Namen	Heimathafen	Kubik-meter	Register-tons	PS
	der Schiffe		Nettoraumgehalt		
DCAC	Antha	Köln	388,2	135,27	265
DCAD	Wittekind	Köln	377,0	133,08	265
DCAE	Daniel Denker	Köln	20,2	7,12	125
DCAF	Edmund Halm	Köln	1765,4	623,18	1200
DCAG	Erika Hendrik Fisser	Köln	1724,3	608,69	925
DCAP	Scharhörn	Düsseldorf	47,9	16,91	110
DCAQ	Hermann Gunther	Duisburg	139,3*	49,16*	200
DCAR	Rhein	Duisburg-Ruhrort	417,0	147,21	200
DCAS	Heimkehr	Duisburg	272,8	96,29	250
DCAU	Ruhr	Duisburg-Ruhrort	419,5	148,10	250
DCAV	Ruhrort	Duisburg-Ruhrort	3309,4	1168,22	2400
DCAW	Duisburg	Duisburg-Ruhrort	3364,1	1187,54	2400
DCAX	Tazacorte	Duisburg-Ruhrort	4789,9	1690,84	3600
DCAY	Helga	Düsseldorf	28,7	10,14	125
DCAZ	Norfa	Düsseldorf	13,3	4,70	120
DCBE	Adele	Hamburg	135,3	47,76	50
DCBF	Adelgunde	Haren/Ems	284,9	100,57	110
DCBG	Adelheid	Haren/Ems	285,6	100,80	75
DCBH	Adelheid	Westrhauderfehn	138,7	48,98	70
DCBJ	Adolf	Haren/Ems	260,6	92,01	75
DCBK	Albatross	Friedrichsschleuse	22,4	7,89	125
DCBL	Albatros	Bensersiel	13,1	4,63	56
DCBM	Alex	Haren/Ems	281,6	99,40	120
DCBN	Alida	Greetsiel	2,7	0,95	10
DCVO	Aline	Dornumersiel	4,0	1,42	20
DCBQ	Altair	Emden	226,1	79,81	250
DCBR	Amalie	Leer	271,3	95,77	130
DCBT	Angela	Haren/Ems	247,9	87,50	70
DCBU	Angela	Haren/Ems	204,1	71,88	75
DCBV	Angela-Elisa	Haren/Ems	305,4	108,00	70
DCBW	Angelina	Haren/Ems	236,3	83,43	150
DCBX	Anlene	Haren/Ems	185,7	65,55	75
DCBY	Anna	Haren/Ems	306,5	108,18	110
DCBZ	Anna	Westrhauderfehn	210,7	74,36	100
DCCA	Anna	Leer	136,4	48,15	50
DCCB	Anna	Haren/Ems	435,2	153,62	90
DCCD	Anna	Westeraccumersiel	4,9	1,73	36
DCCE	Anna	Neuharlingersiel	8,6	3,05	50
DCCF	Anna	Leer	265,0	93,48	130
DCCG	Anna Grete	Norddeich	9,9	3,49	50
DCCH	Anna Margareta	Borkum	13,6	4,80	70
DCCI	Anna-Maria	Haren/Ems	220,7	7,92	100
DCCJ	Anna-Maria	Ditzum	165,6	58,47	90/100
DCCK	Anna Wilhelmine	Westrhauderfehn	111,1	39,23	70
DCCL	Anne	Norderney	9,5	3,35	35
DCCM	Annele	Bensersiel	117,3	41,41	50
DCCN	Antine	Borkum	73,9	26,09	70
DCCO	Antje	Rorichmoor	77,7	27,43	36
DCCP	Anton	Haren/Ems	258,4	91,22	120

* = Bruttoraumgehalt.

DCCQ — DCER

Unterscheidungssignale	Namen der Schiffe	Heimathafen der Schiffe	Kubikmeter Nettoraumgehalt	Registertons Nettoraumgehalt	PS
DCCQ	Ariadne	Borkum	134,9	47,54	75
DCCR	Arion	Norddeich	3,7	1,30	25
DCCS	Arktur	Westrhauderfehn	132,7	46,85	70
DCCT	Armin	Haren/Ems	294,7	104,03	200
DCCU	Arnold	Haren/Ems	253,9	98,62	95
DCCV	Aurora	Borkum	146,9	51,86	50
DCCW	Baldur	Norderney	38,6	13,63	2×75
DCCX	Baltrum I	Baltrum	135,5	47,84	160
DCCY	Baltrum II	Baltrum	68,5	24,19	100
DCCZ	Baltrum	Emden	161,5*	57,01*	240
DCDA	Barbara	Ditzum	27,5	9,69	120
DCDB	Berlin	Emden	227,0	80,15	140
DCDC	Bernhard	Haren/Ems	254,0	89,67	150
DCDD	Bernhardus	Haren/Ems	288,7	101,90	100
DCDE	Berta	Norddeich	7,3	2,58	20
DCDF	Bettje	Norddeich	10,9	3,85	50
DCDG	Brandaris	Langeoog	270,4	95,44	135
DCDH	Burkana	Emden	83,4	29,43	50
DCDI	Capella	Neuharlingersiel	8,8	3,11	75
DCDJ	Capella	Westrhauderfehn	64,5	22,77	90
DCDK	Capella	Greetsiel	216,4	76,41	75
DCDL	Carl Fisser	Emden	259,3	91,53	150
DCDM	Carl Thiele	Emden	258,6	91,29	150
DCDN	Caroline	Flensburg	208,0	77,02	130
DCDO	C. H. Metger	Emden	259,7	91,68	150
DCDQ	Christina	Haren/Ems	248,2	87,63	150
DCDR	Christine	Norddeich	12,9	4,55	50
DCDS	Concordia	Norddeich	30,8	10,86	70
DCDU	Kondor	Norddeich	15,1	5,31	50
DCDV	Cornelia	Warsingsfehn	263,9	93,17	96
DCDW	Cornelia	Leer	261,1	92,18	130
DCDX	Kormoran	Emden	375,3*	132,46*	380
DCDY	Cum Deo	Haren/Ems	282,7	99,80	150
DCDZ	Dede	Leer	131,0	46,23	110
DCEA	Delphin	Greetsiel	5,8	2,05	50
DCEB	Delphin	Neuharlingersiel	8,2	2,90	50
DCEC	Delphin	Norddeich	31,9	11,26	90
DCED	Dia Aubel	Emden	279,4*	98,63*	300
DCEE	Diana	Terborg/Ems	7,5	2,65	50
DCEG	Dina	Warsingsfehn	286,3	94,71	75
DCEH	Dirk Siemering	Emden	3,7	1,31	250
DCEK	Dorothea Siemering	Warsingsfehn	560,4	197,82	240
DCEL	Dortmund	Emden	260,2	91,85	150
DCEM	Dr. Eichelbaum	Neuharlingersiel	32,1	11,34	120
DCEN	Drei Gebrüder	Greetsiel	3,7	1,31	25
DCEO	Ebenezer	Neuharlingersiel	31,4	11,08	80
DCEP	Edelweiß	Greetsiel	9,3	3,29	50
DCEQ	Edelweiß	Norddeich	12,8	4,51	50
DCER	Einigkeit	Westrhauderfehn	141,4	49,91	110

* = Bruttoraumgehalt.

DCES — DCGR

Unterscheidungssignale	Namen der Schiffe	Heimathafen der Schiffe	Kubikmeter Nettoraumgehalt	Registertons Nettoraumgehalt	PS
DCES	Eintracht	Borkum	5,3	1,87	15
DCET	Elfriede	Leer	268,7	94,84	130
DCEU	Elisabeth	Haren/Ems	243,7	86,03	110
DCEV	Elisabeth	Rhaudermoor	123,6	43,65	120
DCEW	Elisabeth	Greetsiel	164,2	57,95	80
DCEX	Elise	Norddeich	10,9	3,84	75
DCEY	Elise	Haren/Ems	308,9	109,05	70
DCEZ	Ledingerland	Leer	370,9	130,92	100
DCFA	Möve	Norddeich	8,4	2,97	36
DCFB	Elli Schaa	Leer	208,8	73,70	75/90
DCFC	Else	Haren/Ems	233,8	82,53	70
DCFD	Else	Emden	244,1	86,17	125
DCFE	Elternsegen	Haren/Ems	234,8	82,89	165
DCFF	Christian I	Koppeln/Schlei	184,5	65,11	70
DCFG	Ems	Haren/Ems	279,3	98,59	145
DCFH	Ems	Varelerhafen	82,9	29,28	36
DCFI	Ems	Rhaudermoor	101,6	35,86	50
DCFJ	Ems	Greetsiel	14,3	5,06	75
DCFK	Emsland	Haren/Ems	277,3	97,69	90
DCFL	Emsstrom	Haren/Ems	237,5	83,82	100
DCFM	Engelbert	Haren/Ems	282,9	99,88	90
DCFN	Eos	Haren/Ems	271,3	95,76	125
DCFO	Erika	Leer	268,7	94,84	130
DCFP	Erna	Warsingsfehn	269,0	94,94	112
DCFR	Exelsior	Holte	134,6	47,50	55
DCFS	Falke	Neuharlingersiel	6,6	2,32	50
DCFU	Fides	Bensersiel	2,9	1,02	25
DCFV	Flott	Greetsiel	237,4	83,80	100
DCFW	Foline	Warsingsfehn	54,8	19,33	25
DCFX	Folt Wilhelm	Borkum	116,0	40,29	120
DCFY	Fortuna	Warsingsfehn	208,9	73,74	85
DCFZ	Fortuna	Rhaudermoor	314,4	111,00	130
DCGA	Fortuna	Bremen	124,5	43,96	80
DCGC	Fortuna I	Spiekeroog	64,9	22,92	50
DCGD	Franziska	Haren/Ems	218,5	77,15	90
DCGE	Frauke	Greetsiel	1,7	0,60	6
DCGF	Frauke	Warsingsfehn	137,9	48,68	50
DCGG	Freya	Dornumersiel	3,9	1,37	25
DCGH	Freya	Oldersum	13,7	4,84	50
DCGI	Frieda	Greetsiel	4,3	1,52	6
DCGJ	Friedrich Brons	Emden	259,2	91,49	150
DCGK	Frisia I	Norderney	589,3	208,01	600
DCGL	Frisia II	Norderney	61,3	21,62	75
DCGM	Frisia III	Norderney	253,1	89,33	450
DCGN	Frisia V	Norderney	100,6	35,52	70
DCGO	Frisia VI	Norderney	123,2	43,48	150
DCGP	Frisia VII	Norderney	82,1	28,98	75
DCGQ	Frisia IX	Norderney	388,7	137,20	250
DCGR	Frisia X	Norderney	385,3	136,00	350

DCGT — DCIX

Unterscheidungssignale	Namen der Schiffe	Heimathafen der Schiffe	Kubikmeter (Nettoraumgehalt)	Registertons (Nettoraumgehalt)	PS
DCGT	Frisia XIV	Norderney	134,1	47,63	90
DCGU	Frisia XV	Norderney	266,1	93,94	2×130
DCGV	Fünf Gebrüder	Ditzum	19,6	6,93	95
DCGW	Gebrüder	Neuharlingersiel	13,0	4,58	20
DCGX	Gebrüder	Carolinensiel	4,4	1,56	40
DCG*Y*	Geen Tied	Greetsiel	16,8	5,94	75
DCGZ	Geeske	Varelerhafen	75,7	26,73	50
DCHA	Georg	Haren/Ems	279,2	98,55	70
DCHB	Gerda	Westrhauderfehn	139,4	49,21	93
DCHC	Gerhard	Haren/Ems	405,5	143,13	110
DCHD	Gerhardine	Borkum	82,1	28,98	75
DCHE	Germania	Rhaudermoor	132,6	46,81	70
DCHF	Gertrud	Haren/Ems	275,8	97,36	180
DCHG	Geschwisterliebe	Haren/Ems	254,0	89,66	165
DCHH	Gesina	Haren/Ems	303,3	107,06	90
DCHI	Gesine	Ostgroßefehn	144,7	51,06	36
DCHL	Gesine	Leer	261,1	92,18	130
DCHM	Gesine	Oldersum	6,5	2,31	36
DCHN	G. F. Zimmermann	Emden	247,8	87,46	150
DCHO	Glückauf	Haren/Ems	365,5	128,84	100
DCHP	Gondel	Westeraccumersiel	5,2	1,82	25
DCHQ	Goode Wind	Nesmersiel	4,9	1,72	10
DCHR	Gorch Fock	Neuharlingersiel	7,0	2,47	45/50
DCHS	Gott mit uns	Haren/Ems	211,4	74,62	100
DCHT	Greta	Haren/Ems	297,9	105,15	100
DCHV	Hanne	Spetzerfehn	174,2	61,51	75
DCHX	Hans	Haren/Ems	301,0	105,94	150
DCHY	Hansgrete	Ostrhauderfehn	114,3	40,35	75
DCIA	Harold	Varelerhafen	8,7	3,07	38
DCIB	Hayo	Leer	294,8	104,05	150
DCIC	Heimat	Haren/Ems	232,1	81,92	50
DCID	Heimkehr	Emden	133,8	47,24	70
DCIE	Heinrich Brons	Emden	263,5	93,00	150
DCIF	Heinrich Elfring	Haren/Ems	231,2	81,62	100
DCIG	Heinrich Kappelhoff	Emden	247,5	87,36	150
DCIH	Heinz	Haren/Ems	295,3	104,24	70
DCIJ	Helene II	Haren/Ems	174,9	61,74	75
DCIL	Helgoland	Emden	123,1	43,47	500
DCIM	Henny	Warsingsfehn	95,4	3,69	25
DCIO	Herm	Haren/Ems	279,1	98,52	200
DCIP	Hermangela	Haren/Ems	296,5	104,66	110
DCIQ	Hermine	Haren/Ems	315,5	111,58	105
DCIR	Hermine	Leer	263,6	93,05	100
DCIS	Herta Schaa	Ostrhauderfehn	337,2	83,72	75/90
DCIT	Hertha Johanne	Rhaudermoor	445,2	157,17	150
DCIU	Hildburg	Leer	188,2	66,44	200
DCIV	Hilde	Leer	236,4	83,46	200
DCIW	Hilde	Norddeich	12,2	4,31	50
DCIX	Hildegard	Westeraccumersiel	13,1	4,63	50

DCIY — DCLH

Unterscheidungssignale	Namen der Schiffe	Heimathafen der Schiffe	Kubikmeter Nettoraumgehalt	Registertons Nettoraumgehalt	PS
DCIY	Hilde-Gertrud	Borkum	5,1	1,80	36
DCIZ	Hinderk Looden	Greetsiel	15,3	5,39	50
DCJA	Hinerika	Norddeich	8,9	3,13	44
DCJB	Hoffnung	Rhaudermoor.......	260,9	92,10	90
DCJC	Hoffnung	Warsingsfehn.......	67,6	23,87	30
DCJE	Hoffnung	Carolinensiel........	6,7	2,35	36
DCJF	Hohenzollern.......	Warsingsfehn.......	7,8	2,77	25
DCJG	Iduna	Haren/Ems	248,6	87,75	120
DCJJ	Immanuel	Holterfehn	206,2	72,79	75
DCJK	Insulaner	Norderney	102,2	36,07	36
DCJM	Janna	Greetsiel	3,7	1,31	25
DCJN	Jantje	Borkum	67,4	23,78	35
DCJP	Johann Hermann ...	Haren/Ems	307,3	108,49	150
DCJQ	Johann Wessels	Emden	149,2	52,60	650
DCJR	Johann Wessels	Emden	262,4	92,62	130
DCJS	Johanna...........	Warsingsfehn	65,5	23,12	50
DCJT	Johanna...........	Warsingsfehn.......	132,4	46,73	50
DCJU	Johanna...........	Greetsiel	1,7	0,59	6
DCJV	Johanne	Haren/Ems	254,3	89,92	95
DCJW	Johanne	Carolinensiel........	6,7	2,38	30
DCJX	Johanne	Friedrichsschleuse...	9,1	3,23	75
DCJY	Johanne	Neuharlingersiel	10,3	3,64	25
DCJZ	Johannes	Haren/Ems	232,0	81,91	90
DCKA	Johannes	Norddeich	21,5	7,59	100
DCKB	Jop	Haren/Ems	279,1	98,52	150
DCKE	Juliane	Greetsiel	10,5	3,71	50/55
DCKF	Jupiter	Warsingsfehn.......	226,3	79,89	150
DCKG	Jupiter	Petkum	107,3	37,88	70
DCKJ	Karl..............	Neuharlingersiel	8,6	3,04	44
DCKK	Katharina..........	Haren/Ems	373,4	131,81	75
DCKL	Katharina Elisabeth.	Juist	373,4	131,81	75
DCKM	Kehrheim	Greetsiel	10,8	3,81	100
DCKN	Kehrewieder........	Ihlowerfehn	149,3	52,71	34
DCKO	Kehrwieder	Oldenburg	142,1	50,18	100
DCKP	Kehrewieder........	Greetsiel	4,5	1,58	30/35
DCKQ	Kehrewieder I	Norden	13,0	4,59	65
DCKR	Kehrewieder II	Westeraccumersiel ..	4,0	1,41	25
DCKS	Kiel	Westeraccumersiel ..	13,0	4,59	30/36
DCKT	Klara Katharina ...	Greetsiel	266,3	94,01	120
DCKV	Konkordia	Haren/Ems	301,2	106,34	90/100
DCKW	Kornhaus IV	Emden	514,0	181,44	200
DCKX	Langeoog	Emden	333,2*	117,63*	400
DCKZ	Langeoog II	Langeoog	551,0	194,4	90
DCLA	Langeoog IV	Langeoog	192,0	67,77	260
DCLB	Caroline	Langeoog	151,3	53,41	50
DCLC	Laurenz	Haren/Ems	245,1	86,53	100
DCLD	Lauria	Haren/Ems	224,5	79,25	75
DCLF	Leda	Borkum	7,9	2,78	35
DCLH	Lena	Haren/Ems	230,1	81,22	100

* = Bruttoraumgehalt.

DCLI — DCNK

Unterscheidungssignale	Namen der Schiffe	Heimathafen der Schiffe	Kubikmeter (Nettoraumgehalt)	Registertons (Nettoraumgehalt)	PS
DCLI	Lena	Haren/Ems	296,6	104,70	75
DCLJ	Lena Katharina	Haren/Ems	290,4	102,50	110
DCLK	Lene	Leer	207,4	73,22	75
DCLL	Liberté	Greetsiel	66,6	23,52	56/60
DCLM	Liesbeth	Haren/Ems	298,8	105,47	70/75
DCLN	Liesbeth-Grete	Haren/Ems	206,3	108,12	70
DCLO	Lilie	Norden	321,5	113,51	50
DCLP	Lina	Holterfehn	40,8	14,39	20
DCLQ	Liny	Greetsiel	66,7	23,55	42
DCLR	Lübbert	Haren/Ems	298,2	105,28	150
DCLT	L. Ruyl	Emden	247,8	87,46	150
DCLU	Margaretha	Haren/Ems	310,5	109,59	125/165
DCLV	Margreth	Haren/Ems	237,1	83,70	155
DCLW	Maria	Haren/Ems	291,6	102,94	120
DCLX	Maria	Haren/Ems	255,7	90,25	90
DCLY	Maria Christina	Haren/Ems	288,5	101,83	70
DCLZ	Maria Elfring	Haren/Ems	198,4	70,22	90/110
DCMA	Maria Elise	Haren/Ems	282,4	99,68	110
DCMB	Maria Gebina	Haren/Ems	214,7	75,80	75
DCMC	Maria Helena	Haren/Ems	196,2	69,25	70
DCMD	Maria Lina	Haren/Ems	392,2	116,22	165
DCME	Marie	Leer	258,0	91,06	130
DCMF	Borkum	Emden	258,7*	91,33*	375
DCMG	Marie Hermine Elise	Ditzum	146,5	51,73	50
DCMH	Mar.BR. Schlichting	Norddeich	30,8	10,86	95
DCMI	Martha	Leer	246,8	93,48	130
DCMK	Mecheline	Ditzum	8,9	3,14	65
DCML	Mein Glück	Greetsiel	16,6	5,85	75
DCMM	Memel	Emden	227,0	80,15	140
DCMN	Meta	Greetsiel	7,7	2,74	50
DCMO	Meta	Neuharlingersiel	11,3	3,98	50
DCMP	Meta Steffens	Neuharlingersiel	7,6	2,67	35
DCMQ	Meteor	Aurich	76,7	27,06	50
DCMS	Minchen	Haren/Ems	241,5	85,26	120
DCMT	Min.-Dir. Streil	Emden	259,7	91,68	150
DCMV	Möve	Borkum	1,7	0,60	15
DCMX	Möwe	Wilhelmshaven	4,3	1,52	20
DCMY	Möwe	Haren/Ems	276,3	97,53	120
DCMZ	Möwe	Ostrhauderfehn	101,6	35,87	50
DCNA	Morgenstern	Neuharlingersiel	7,2	2,54	50
DCNB	Münster	Emden	264,1	93,24	100
DCNC	Mutterliebe	Haren/Ems	246,4	86,98	144
DCND	Muttersegen	Haren/Ems	238,7	84,25	150
DCNE	Nelson	Westeraccumersiel	4,5	1,59	30
DCNG	Norden	Norden	55,9	19,72	50
DCNH	Nordenham I	Nordenham	217,9*	76,92*	270
DCNI	Norderney	Emden	154,7*	54,61*	180
DCNJ	Nordlicht	Norddeich	11,2	3,96	125
DCNK	Nordsee	Carolinensiel	7,8	2,75	25

* = Bruttoraumgehalt.

DCNL — DCPO

Unterscheidungssignale	Namen der Schiffe	Heimathafen	Kubikmeter (Nettoraumgehalt)	Registertons (Nettoraumgehalt)	PS
DCNL	Nordsee	Greetsiel	12,5	4,41	65
DCNN	Nordstern	Warsingsfehn	56,6	19,98	15
DCNO	Nordstern	Greetsiel	5,5	1,93	25
DCNQ	Nordstern	Greetsiel	4,1	1,62	15
DCNR	Odin	Norddeich	12,4	4,39	50
DCNS	Odin	Flensburg	11,4	4,02	2×70
DCNT	Odin	Haren/Ems	246,8	86,92	100
DCNU	Orion	Westrhauderfehn	182,1	64,15	105
DCNV	Osterems	Borkum	25,6	8,84	75
DCNW	Ostfriesland	Juist	59,4	20,96	50
DCNX	Ostfriesland	Oldersum	9,5	3,36	22
DCNZ	Ottina	Haren/Ems	255,4	90,17	200
DCOA	Paula	Haren/Ems	292,6	103,04	120
DCOB	Pauline	Norderney	4,2	1,50	25
DCOC	Perle	Carolinensiel	72,4	25,56	25
DCOD	Pieter	Carolinensiel	3,8	1,35	25
DCOE	Pirola	Neuharlingersiel	9,7	3,41	75
DCOF	Preciosa	Westeraccumersiel	8,4	2,95	25
DCOG	Preußen	Emden	230,8	81,47	290
DCOH	Prinz Homburg	Emden	265,0	93,58	250
DCOI	Pusch	Bensersiel	8,3	2,92	75
DCOJ	Quo Vadis	Haren/Ems	296,0	104,50	120
DCOK	Regina	Emden	17,1	6,04	200
DCOL	Regina	Haren/Ems	255,7	90,26	180
DCON	Regine	Greetsiel	2,0	0,70	12
DCCO	Reimar	Haren/Ems	293,3	103,31	120
DCOP	Reinhard	Haren/Ems	266,8	94,17	75
DCOQ	Reinhold	Haren/Ems	294,5	103,97	75
DCOR	Resi	Norderney	180,7	63,77	100
DCOS	Res Nova	Haren/Ems	267,1	87,23	100
DCOT	Rheinland	Emden	754,2	266,22	400
DCOU	Ria	Haren/Ems	242,3	85,55	150
DCOV	Rina	Carolinensiel	8,5	3,00	50
DCOW	Rudolf	Haren/Ems	362,1	127,83	110
DCOX	Ruth Wiechert	Bensersiel	10,5	3,72	80
DCOY	Salva Nos	Haren/Ems	242,6	85,65	130
DCOZ	Schwalbe	Leer	187,8	66,18	150
DCPD	Schwalbe	Neuharlingersiel	3,7	1,32	25
DCPE	Sechs Gebrüder	Norddeich	15,4	5,43	36
DCPF	Seeadler	Emden	86,7	30,60	40
DCPG	Wangerooge	Emden	110,6	39,04	500
DCPH	Seeadler	Norderney	16,1	5,68	45
DCPI	Seeadler	Norddeich	4,5	1,59	25
DCPJ	Seeadler	Norderney	10,4	3,67	20
DCPK	Seehund	Norden	150,5	53,12	100
DCPL	Seelust	Westeraccumersiel	3,1	1,09	12
DCPM	Seelust	Spiekeroog	59,9	21,13	36
DCPN	Seemöwe	Norddeich	3,0	1,05	6
DCPO	Seestern	Neuharlingersiel	9,8	3,46	40

Unterscheidungssignale	Namen der Schiffe	Heimathafen der Schiffe	Kubikmeter Nettoraumgehalt	Registertons Nettoraumgehalt	PS
DCPP	Seestern	Ostrhauderfehn	127,8	45,11	70
DCPQ	Sina	Haren/Ems	247,4	87,34	135
DCPR	Sirius	Papenburg	95,1	33,50	50
DCPS	Sirius	Norddeich	10,4	3,68	100
DCPT	Spekulant	Ditzum	11,7	4,13	30
DCPU	Spes Mea	Haren/Ems	248,8	87,82	180
DCPV	Spica	Ostrhauderfehn	160,8	56,77	50
DCPW	Spiekeroog	Spiekeroog	70,7	24,97	110
DCPX	St. Joseph	Haren/Ems	383,3	135,31	210
DCPY	St. Nikolaus	Haren/Ems	290,9	102,69	50
DCPZ	Steffi	Haren/Ems	269,7	95,22	90
DCQA	Stephan	Haren/Ems	256,7	90,60	125
DCQB	Störtebecker	Borkum	21,9	7,73	32
DCQC	Sturmvogel	Greetsiel	11,7	4,11	40
DCQD	Susanna-Maria	Haren/Ems	216,4	76,38	70
DCQE	Taucher Picksack	Oldersum	10,1	3,56	75
DCQF	Tempo	Haren-Ems	201,6	71,17	90/110
DCQH	Thea	Haren/Ems	238,1	84,04	95
DCQI	Theda	Oldersum	9,8	3,45	50
DCQJ	Thekla Helene	Haren/Ems	217,4	76,73	75
DCQK	Theo-Grete	Haren/Ems	218,3	98,94	110
DCQL	Tim	Haren/Ems	268,6	94,82	175
DCQM	Tini	Emden	139,1	49,11	75
DCQN	Tjeda	Emden	41,2	14,56	30
DCQP	Trientje	Iheringsfehn	83,7	29,53	35
DCQR	Undine	Ostrhauderfehn	135,2	47,74	50
DCQS	Ursula	Emden	218,2	77,01	100
DCQU	Venus	Norderney	103,2	36,42	50
DCQV	Venus	Warsingsfehn	117,0	41,30	50
DCQX	Venus	Norddeich	9,6	3,39	54
DCQY	Vertrauen	Warsingsfehn	158,7	56,03	50
DCQZ	Vesta	Emden	227,0	80,15	100
DCRA	Vier Gebrüder	Warsingsfehn	60,1	21,22	25
DCRB	Vier Gebrüder	Carolinensiel	47,3	16,71	75
DCRC	Victoria	Emden	218,2	77,01	120/180
DCRD	Vooruit	Norddeich	13,1	4,62	25
DCRE	Vorwärts	Westeraccumersiel	4,9	1,73	25
DCRF	Vorwärts	Langeoog	3,3	1,15	20
DCRG	Vorwärts	Neuharlingersiel	31,2	11,01	90
DCRH	Vorwärts	Greetsiel	11,8	4,16	70
DCRI	Vorwärts	Rhaudermoor	313,8	110,75	70
DCRJ	Wangeroog	Carolinensiel	23,1	8,15	50
DCRK	Wega	Ostrhauderfehn	219,8	77,57	85
DCRL	Wega	Norddeich	12,9	4,55	50
DCRM	Welle	Carolinensiel	7,8	2,75	36
DCRN	Westerems	Borkum	25,0	8,84	75
DCRO	Wienhard	Ditzum	8,9	3,14	75
DCRP	Wiking	Greetsiel	13,0	4,58	75
DCRQ	Liese-Lore	Haren/Ems	272,6	96,24	120

DCRR — DCTX

Unterscheidungssignale	Namen (der Schiffe)	Heimathafen (der Schiffe)	Kubikmeter (Nettoraumgehalt)	Registertons (Nettoraumgehalt)	PS
DCRR	Wilhelmina	Leer	165,4	58,38	50
DCRS	Wilhelmine	Warsingsfehn	268,8	94,88	150
DCRT	Wilhelmine	Westrhauderfehn	49,1	17,34	36
DCRU	Willig	Fedderwardersiel	6,8	2,38	20
DCRV	Willi	Neuharlingersiel	3,6	1,27	20
DCRW	Wilma	Haren/Ems	304,4	107,45	180
DCRX	Zukunft	Wilhelmshaven	30,9	8,20	24
DCRY	Zukunft	Greetsiel	10,3	3,63	70
DCRZ	Zwei Gebrüder	Haren/Ems	325,9	115,03	120
DCSA	Zwei Gebrüder	Warsingsfehn	166,8	58,88	70
DCSB	Zwei Gebrüder	Ditzum	10,6	3,75	40/50
DCSC	Zwei Gebrüder	Leer	91,3	32,24	50
DCSD	Baltic	Haren/Ems	423,4	149,47	120
DCSH	Konsul Schulte	Emden	7912,4	2793,09	1900
DCSI	Hai	Emden	3,2	1,12	45
DCSJ	Petschili	Emden	384,2	135,62	396
DCSL	Langeoog VI	Langeoog	50,4	17,81	25
DCSM	Justine Wessels	Emden	200*	70,61*	195
DCSN	Sophie Wessels	Emden	116,8*	41,22*	150
DCSO	Gerrit Wessels	Emden	163,2*	57,62*	200
DCSP	Carl Danziger	Emden	263,9*	93,27*	430
DCSQ	Consul Lindemann	Emden	256,2*	90,46*	430
DCST	Elise	Ditzum	8,9	3,14	40
DCSU	Almina	Warsingsfehn	93,4	33,14	
DCSV	Elise Schulte	Emden	3693,2	1303,69	1500
DCSW	Hermann	Haren/Ems	273,9	96,68	50
DCSX	Hebefahrzeug IV	Emden	120,6	45,05	
DCSY	Ostfriesland	Greetsiel	10,3	3,63	70/75
DCSZ	Möve	Norddeich	9,6	3,38	17
DCTA	Nordland	Norddeich	12,3	4,36	125
DCTB	Elisabeth	Leer	124,5	43,95	56
DCTC	Helgoland	Westrhauderfehn	166,5*	84,77*	220
DCTE	Edelweiß	Neuharlingersiel	10,4	3,66	72
DCTH	Käthe	Haren/Ems	221,0	78,02	70
DCTI	Heimkehr	Cuxhaven	91,6	32,33	40
DCTJ	Robbe	Norden	172,9	61,03	
DCTK	Nordstern	Jemgum	7,5	2,65	25
DCTL	Heimat	Norderney	20,5	7,22	50
DCTN	Glaube	Neuharlingersiel	6,4	2,25	130
DCTO	E. S. I. 1	Neuharlingersiel	123,5	43,61	—
DCTP	E. S. I. 2	Neuharlingersiel	124,1	43,80	—
DCTQ	E. S. I. 3	Neuharlingersiel	144,7	51,07	—
DCTR	Hermann	Emden	143,9*	50,78*	168
DCTS	Martha Hendrik Fisser	Emden	8402,9	2966,22	2500
DCTT	Karin	Greetsiel	63,0	22,24	120
DCTU	Hendrik Fisser	Emden	3997,7	1411,20	1250
DCTV	Anna	Leer	4,4	1,57	65
DCTW	Pionier II	Emden	219,1	77,34	—
DCTX	Vineta	Norderney	24,5	8,65	60

* = Bruttoraumgehalt.

DCTY — DCVX

Unterscheidungssignale	Namen der Schiffe	Heimathafen der Schiffe	Kubikmeter Nettoraumgehalt	Registertons Nettoraumgehalt	PS
DCTY	Grete	Emden	80,8*	28,51*	275
DCTZ	Bremse	Borkum	15,6	5,49	55
DCUA	Edith	Papenburg	184,4	65,09	50
DCUB	Frieda-Luise	Greetsiel	10,2	3,61	65
DCUC	Otto Schepers	Haren/Ems	340,1	120,00	250
DCUD	Dorothea	Haren/Ems	163,3*	57,66*	245
DCUE	Ems IV	Leer	192,4*	67,91*	225
DCUF	Lilo	Leer	4,3	1,53	44
DCUG	Johann Schulte	Emden	9814,5	3464,53	2750
DCUJ	Bernhard	Haren/Ems	270,3	95,43	75
DCUL	St. Antonius	Haren/Ems	343,8	121,36	250
DCUM	Rudolf Schepers	Haren/Ems	502,6	177,41	250
DCUN	Eliza Nübel	Emden	8808,7	3109,46	2000
DCUO	Hermann	Haren/Ems	274,0	96,12	200
DCUP	Jacobus Fritzen	Emden	2963,4	1046,09	1250
DCUQ	Hermann Schulte	Emden	5462,1	1928,11	1500
DCUR	Karl	Haren/Ems	273,2	96,44	250
DCUS	Otto	Haren/Ems	348,3	122,97	250
DCUT	Uwe	Leer	3,4	1,20	36
DCUU	Franz	Haren/Ems	273,2	96,44	265
DCUV	Neptun	Borkum	1,3	0,47	12
DCUW	Heinrich Schulte	Emden	4443,4	1568,51	1250
DCUX	Kasharina Dorothea Fritzen	Emden	10660,2	3763,06	2200
DCUY	Ditzum-Petkum	Ditzum	50,7	17,90	160
DCUZ	Martha	Bremen	416,1	146,87	160
DCVA	Rolf	Haren/Ems	273,2	96,44	250
DCVB	Wilhelm Nübel	Emden	4474,9	1579,65	1250
DCVC	Christel	Haren/Ems	348,3	122,97	250
DCVD	La Paloma	Leer	442,5	156,21	250
DCVF	Gent Visser	Norderney	59,7	21,09	130
DCVG	Pegasus	Leer	23,9	8,44	250
DCVH	Anne Albrecht	Carolinensiel	7,7	2,72	30
DCVI	Lydia	Carolinensiel	7,6	2,69	20/25
DCVJ	Justizrat Clasen	Leer	431,1	152,34	860
DCVK	Erna	Greetsiel	13,1	4,63	75
DCVL	Jakob Ekkenga	Emden	425,1	150,05	680
DCVM	Nordmeer	Norddeich	11,5	4,04	90
DCVN	Westfalen	Emden	399,2	140,91	520
DCVO	Henriette Schulte	Emden	9251,9	3265,92	4000
DCVP	Hermann Litmeyer	Haren/Ems	389,1	137,36	300
DCVQ	Ostfriesland	Leer	408,8	144,31	250
DCVR	Stadt Leer	Leer	408,8	144,31	250
DCVS	Reimer Edzard Fritzen	Emden	9268,1	3271,64	4000
DCVU	Carl Fisser	Emden	9268,1	3271,64	4000
DCVV	Auguste Schulte	Emden	989,1	349,15	925
DCVW	Anni Schaa	Leer	333,9	117,86	250
DCVX	Adele Ysker	Greetsiel			

* = Bruttoraumgehalt.

DCVY — DDBO

Unterscheidungssignale	Namen der Schiffe	Heimathafen der Schiffe	Kubikmeter (Nettoraumgehalt)	Registertons (Nettoraumgehalt)	PS
DCVY	Petereins	Papenburg	861,0	303,94	925
DCVZ	Odin	Emden	8675,5	3062,46	3200
DCWA	Maria Schulte	Emden	982,7	346,88	925
DCWB	Peterzwei	Papenburg	870,1	307,13	925
DCWC	Franz	Emden	487,1	171,96	—
DCWD	Berni Nübel	Emden	978,2	345,31	925
DCWE	Herta Engeline Fritzen	Emden	9161,9	3234,16	3500
DCWF	Alwin Klein	Emden	459,9	162,33	415
DCWG	Friedrich	Rhaudermoor	189,4*	66,84*	250
DCWH	Gesche Rohden	Leer	312,0	110,13	120
DCWI	Franciska Hendrik Fisser	Emden	9194,9	3245,80	4000
DCWJ	Kondor	Haren/Ems	397,8	140,43	300
DCWK	Conrad	Haren/Ems	512,1	180,76	300
DCWL	Erika Fritzen	Emden	10409,1	3674,41	2200
DCWM	Alwine	Norderney	17,1	6,03	75
DCWN	Julius	Norden	2,4	0,85	100
DDAE	Akke	Varelerhafen	13,5	4,77	100
DDAH	Auster	Wilhelmshaven	11,1	3,92	36
DDAI	Brigitte	Varelerhafen	13,4	4,72	100
DDAJ	Dauens	Bremen	331,8	116,84	150
DDAK	Delphin	Wilhelmshaven	4,0	1,42	36
DDAM	Edo Meyer	Varelerhafen	9,5	3,37	30
DDAN	Elfriede	Wremen	3,1	1,09	10
DDAO	Elke	Wilhelmshaven	9,5	3,37	36
DDAP	Elsa	Wremen	5,1	1,80	26
DDAQ	Fortuna	Rüstersiel	6,4	2,27	25
DDAR	Frauke	Hooksiel	10,8	3,81	75
DDAS	Friesland	Wilhelmshaven	260,1	91,83	310
DDAT	Friesland	Wilhelmshaven	6,3	2,22	20
DDAU	Frisia	Hooksiel	3,9	1,38	24
DDAV	Geeske	Varelerhafen	95,5	33,71	50
DDAW	Gnom	Bremen	503,9	177,89	250
DDAX	Hebelina	Borkum	315,6	111,42	150
DDAY	Heiko	Varelerhafen	13,5	4,75	100
DDAZ	Hein Godenwind	Rüstersiel	4,8	1,70	15
DDBA	Helene-Auguste	Kiel	59,7	21,09	140
DDBB	Helene Margarethe	Wilhelmshaven	5,4	1,92	25
DDBC	H. Meyer	Varelerhafen	15,6	5,51	130
DDBD	Iduna	Varelerhafen	7,3	2,56	50
DDBE	Irene	Varelerhafen	4,4	1,08	25
DDBH	Jan	Varelerhafen	13,5	4,75	65
DDBI	Jan Waalke	Varelerhafen	13,5	4,75	65
DDBJ	Johanne	Varelerhafen	5,7	2,01	12
DDBK	Juist	Bremerhaven	467,2	165,00	200
DDBM	Karl Heinz	Wremen	3,2	1,13	25
DDBN	Kehrwieder	Hooksiel	8,4	2,96	36
DDBO	Kehrwieder	Wilhelmshaven	10,0	3,54	36

* = Bruttoraumgehalt.

DDBP — DDFA

Unterscheidungssignale	Namen der Schiffe	Heimathafen der Schiffe	Kubikmeter (Nettoraumgehalt)	Registertons (Nettoraumgehalt)	PS
DDBP	Klaus Günter	Wilhelmshaven	10,5	3,71	50
DDBQ	Leonore-Johanne	Norddeich	8,7	3,06	50
DDBR	Liebe	Rüstersiel	4,9	1,74	18
DDBS	Margarete	Wremen	8,9	3,14	36
DDBU	Martha	Hooksiel	10,6	3,74	25
DDBV	Martha	Wilhelmshaven	4,4	1,54	25
DDBW	Martha VII	Wilhelmshaven	3,5	1,25	20
DDBX	Meike	Möltenort	50,1	17,69	155
DDBY	Mellum	Wilhelmshaven	135,1	47,70	150
DDBZ	Möwe	Wremen	4,8	1,69	25
DDCA	Möwe	Varelerhafen	6,1	2,17	36
DDCB	Nattnäs	Borkum	5,3	1,86	36
DDCC	Nixe	Wremen	3,5	1,24	15
DDCE	Nordlicht	Varel	6,8	2,41	25
DDCF	Nordstern	Dangast	8,5	3,00	50
DDCG	Ostfriesland	Varelerhafen	3,6	1,26	10
DDCI	Holstein	Lübeck/Travemünde	64,1	22,63	120
DDCJ	Pommern	Wilhelmshaven	5,2	1,83	20
DDCK	Reinhold	Wilhelmshaven	10,9	3,87	68
DDCL	Ria	Wremen	3,4	1,20	26
DDCM	Saturn	Glückstadt	17,6	6,21	50
DDCN	Saturn	Wilhelmshaven	14,2	5,00	32
DDCO	Schwalbe	Hooksiel	4,6	1,61	10
DDCP	Schwalbe	Varel	4,9	1,74	10
DDCQ	Seeadler	Varelerhafen	9,3	3,29	65
DDCR	Seehund	Wilhelmshaven	7,1	2,50	20
DDCS	Sirius	Duisburg	37,7	13,22	75
DDCT	Störtebecker	Varelerhafen	3,1	1,08	20
DDCU	Tide	Varelerhafen	5,7	2,01	30
DDCV	Trotz	Varelerhafen	3,8	1,34	12
DDCW	Venus	Wilhelmshaven	5,9	2,09	20
DDCX	Wal	Varelerhafen	12,0	4,25	60
DDCZ	Holstein	Schulau	57,2	20,21	150
DDDA	Wilma	Varelerhafen	6,4	2,27	8
DDDB	Fortuna	Wilhelmshaven	5,2	1,86	25
DDDD	Fortuna	Varelerhafen	8,9	3,14	40
DDDE	Hans Otto	Wilhelmshaven	2,3	0,81	15
DDDG	Hanne	Wilhelmshaven	18,9	6,95	150
DDDH	Käthe	Wilhelmshaven	20,9	7,37	90
DDDM	Elfe	Wilhelmshaven	38,7	13,65	2×50
DDDN	Anna Bohlen	Varel	147,3	51,98	85
DDDO	Arngast	Wilhelmshaven	137,3	48,64	2×1400
DDDP	J. Kengelbach	Varel	3,6	1,26	75
DDDR	Ina	Rüstersiel	5,4	1,89	25
DDDS	Hinderik Bültjer	Varelerhaven	7,7	2,70	50
DDDT	Vörut	Varelerhaven	8,0	2,71	30
DDDU	Wiking	Varelerhaven	7,7	2,70	50
DDEZ	Adler	Brake	23,1	8,16	80
DDFA	Aenna Jacobs	Brake	140,4	49,56	100

DDFC — DDHB

Unterscheidungssignale	Namen der Schiffe	Heimathafen der Schiffe	Kubikmeter Nettoraumgehalt	Registertons Nettoraumgehalt	PS
DDFC	Alma	Brake	6,9	2,44	30
DDFD	Anna	Brake	186,7	65,91	80
DDFE	Anna	Brake	10,9	3,84	72
DDFF	Anna	Brake	8,8	3,10	75
DDFG	Anna Tekla	Brake	7,8	2,76	40
DDFH	Anne Friede	Brake	6,2	2,19	15
DDFI	Annegret	Brake	98,6	34,80	50
DDFJ	Asathor	Fedderwardersiel	6,2	2,19	45
DDFK	Auguste	Brake	115,6	40,80	75
DDFL	Barsch	Brake	14,4	5,10	120
DDFM	Katharina	Strohausen	12,2	4,32	30
DDFN	Concordia	Barssel	45,2	15,98	22
DDFO	Condor	Brake	35,6	12,58	80
DDFQ	Dietrich Ahrens	Brake	385,4	136,00	150
DDFR	Dora	Fedderwardersiel	12,8	4,53	56
DDFS	Ebenezer	Brake	118,2	41,72	75
DDFT	Ebenezer	Brake	11,7	4,15	50
DDFU	Elsbeth	Großensiel	4,2	1,48	12
DDFV	Erna	Brake	240,0	84,73	75
DDFW	Falke	Burhaversiel	9,1	3,22	45
DDFX	Franz Ohlrogge	Brake	991,0	349,82	400
DDFZ	Frieda	Brake	13,8	4,86	75
DDGA	Frieda Luise	Dedesdorf	147,2	51,97	30
DDGB	Frieden	Hamburg	36,0	12,70	180
DDGC	Friedrich-August	Oldenburg	151,1*	53,34*	400/500
DDGD	Friesenland	Brake	425,1	150,07	150
DDGE	Garneele	Waddensersiel	4,1	1,43	20
DDGF	Gebrüder	Nordenham	29,6	10,44	240
DDGG	Georg	Brake	9,5	3,35	40
DDGH	Gerda	Brake	134,4	47,44	75
DDGI	Gorch Fock	Burhaversiel	8,9	3,16	36
DDGJ	Grete	Brake	140,1	49,46	105
DDGK	Grete	Brake	90,2	31,84	50
DDGL	Grüß Gott	Fedderwardersiel	10,4	3,66	60
DDGM	Hannelore	Leer	12,6	4,45	100
DDGN	Hanni	Burhaversiel	3,1	1,09	30
DDGO	Hans	Brake	9,2	3,42	75
DDGP	Hans Georg	Elsfleth	390,7	137,92	165
DDGQ	Hans Hermann	Brake	106,2	37,50	60
DDGS	Heidina	Barsselermoor	71,3	25,16	36
DDGT	Heinrich	Barssel	188,6	66,60	120
DDGU	Helene	Brake	96,8	34,16	75
DDGV	Georg H. Claussen	Bremen	212,3	74,95	300
DDGW	Helene	Nordenham	4,5	1,59	36
DDGX	Henny	Großensiel	109,9	38,82	60
DDGY	Hermann	Barssel	100,0	35,31	70
DDGZ	Hilde	Großensiel	129,9	38,35	36
DDHA	Hildegard	Brake	5,2	1,84	40
DDHB	Hoffnung	Brake	224,8	79,34	150

* = Bruttoraumgehalt.

DDHC — DDJG

Unter-scheidungs-signale	Namen	Heimathafen	Kubik-meter	Register-tons	PS
	der Schiffe		Nettoraumgehalt		
DDHC	Hoffnung	Fedderwardersiel	13,4	4,68	50
DDHD	Hunte	Oldenburg	46,8*	16,53*	70
DDHE	Ida	Barssel	78,8	27,80	36
DDHF	Iduna	Brake	202,4	71,45	80
DDHG	Iduna	Fedderwardersiel	5,7	2,00	24
DDHH	Ingeborg	Oldenburg	141,2	49,86	70
DDHJ	Irjo	Brake	9,4	3,32	56
DDHK	Johann	Oldenburg	195,5	69,00	110
DDHL	Johann	Barssel	110,8	39,12	67
DDHM	Johanna	Brake	420,2	148,32	165
DDHN	Johannes	Nordenham	6,7	2,35	25
DDHO	Jupiter	Fedderwardersiel	15,8	5,58	50
DDHP	Karl	Oldenburg	98,3*	34,69*	110
DDHQ	Karl Georg	Brake	18,7	6,59	36
DDHR	Karla Baake	Brake	6,4	2,25	56
DDHS	Lene	Brake	11,5	4,05	40
DDHT	Lilly	Brake	218,4	77,11	120
DDHU	Luise Bergmann	Brake	380,6	134,35	165
DDHV	Luki	Nordenham	2,7	0,95	12
DDHW	Margaretha	Fedderwardersiel	17,1	6,04	120
DDHX	Margaretha	Brake	4,3	1,51	15
DDHY	Margarethe	Brake	163,9	57,86	75
DDHZ	Margarethe	Brake	21,1	7,41	50
DDIA	Maria	Barssel	140,6	49,63	95
DDIB	Christoph Kleemeyer	Bremen	302,5	106,78	135
DDIC	Mathilde	Brake	87,0	30,72	50
DDID	Midgard I	Nordenham	724,7	255,81	—
DDIE	Midgard II	Nordenham	728,8	257,26	—
DDIF	Midgard V	Nordenham	892,6	315,08	—
DDIG	Midgard VI	Nordenham	826,7	291,81	—
DDIH	Möwe	Brake	29,3	13,87	150
DDII	Möwe	Brake	122,3	43,16	75
DDIK	Möwe	Burhaversiel	5,2	1,85	24
DDIM	Oldenburg	Bremerhaven	743,8	262,55	450
DDIO	Preußen	Bremerhaven	460,6	162,61	450
DDIP	Regina	Brake	273,1	96,42	120
DDIQ	Reiher	Hamburg	36,0	12,70	150
DDIR	Rosette	Strohausen	78,4	27,68	25
DDIS	Schwalbe	Brake	13,3	4,71	80
DDIT	Schwalbe	Fedderwardersiel	7,2	2,53	75
DDIU	Seeadler	Brake	83,2	29,38	50
DDIV	Seeadler	Brake	125,8	44,43	75
DDIW	Seeadler	Eckwardersiel	14,3	5,05	70
DDIY	Seelöwe	Brake	5,5	1,95	25
DDIZ	Seeschwalbe	Eckwardersiel	3,7	1,31	20
DDJD	Stina	Brake	222,2	78,44	75
DDJE	Sturmvogel	Großensiel	9,4	3,33	50
DDJF	Thekla	Barssel	336,9	118,92	200
DDJG	Uranus	Kleinensiel	3,2	1,14	12

* = Bruttoraumgehalt.

DDJH — DDNI

Unterscheidungssignale	Namen der Schiffe	Heimathafen der Schiffe	Kubikmeter Nettoraumgehalt	Registertons Nettoraumgehalt	PS
DDJH	Ursula	Brake	4,3	1,50	36
DDJI	Vorwärts	Brake	139,5	49,25	75
DDJJ	Weserlust	Fedderwardersiel	5,0	1,77	25
DDJK	Wilhelm Lühring	Brake	332,4	117,35	180
DDJL	Wilhelmine	Brake	15,0	5,30	40
DDJM	Zwei Gebrüder	Fedderwardersiel	29,6	10,44	150
DDJN	Heinz-Herbert	Brake	108,7	38,37	110
DDJO	Midgard III	Nordenham	730,6	257,89	—
DDJP	Nordenham XII	Nordenham	35,1	12,41	360
DDJR	Tiefbau	Blexen	0,7	0,25	90
DDJS	Berta Jacobs	Brake	156,8	55,35	100
DDJT	Schulschiff Deutschland	Oldenburg	2179,2	769,26	5500
DDJU	Dora	Nordenham	7,6	2,70	24
DDJW	Hoffnung	Brake	131,6	46,46	80
DDJX	Seemöve	Brake	66,3	23,42	—
DDJY	Fortschritt	Nordenham	6,5	2,31	36
DDJZ	Johann	Nordenham	8,1	2,86	40
DDKB	Elise	Elsfleth	101,3	35,77	—
DDKC	Welle	Brake	12,6	4,46	15
DDKD	Diana	Eckwardersiel	4,2	1,49	—
DDKE	Assistent I	Lemwerder	34,9	12,32	170
DDKF	Heinz-Werner	Abseriel	7,7	2,71	25
DDKH	Gebrüder	Nordenham	18,5	6,54	
DDKI	Elfriede	Heiligenhafen	59,4	20,97	150
DDKJ	Elisabeth	Brake	266,5	94,09	100
DDKK	Elisabeth	Barssel	401,5	141,73	250
DDKM	Erich	Brake	4474,8	1579,61	1800
DDKN	Charlotte	Elsfleth	450,3	161,79	250
DDKO	Elli Ahrens	Brake	406,3	143,41	250
DDKP	Anton Wilhelm	Brake	420,6	148,49	360
DDKQ	Irmingard	Hamburg	3655,1	1290,25	2400
DDKR	Münsterland	Barssel	403,3	142,35	250
DDKS	Narwal	Oldenburg	35,0	12,36	120
DDKT	Hans	Brake	124,5	43,95	100
DDKU	Freya	Brake	380,5	134,32	250
DDKV	Else	Brake	4010,7	1415,78	1850
DDMR	Aade	Bremen	413,4	145,91	560
DDMS	Adler	Bremen-Vegesack	200,0	70,45	120
DDMT	Adolf	Bremen-Vegesack	193,0	67,98	200
DDMV	Alk	Bremen-Vegesack	170,0	59,98	80
DDMX	Angelika	Wremen	3,4	1,20	15
DDMY	Auerhahn	Bremen-Vegesack	207,0	73,15	130
DDMZ	Bremen	Bremen-Vegesack	224,0	79,04	150
DDNA	Lilo Friederich	Bremen	576,7	203,59	400
DDNB	Brunhild	Bremen-Vegesack	200,0	70,69	75
DDNE	Dankwart	Bremen	443,0	156,37	150
DDNG	Dirk	Bremen	356,6	125,87	200
DDNI	Edward	Bremen-Vegesack	192,6	68,00	200

DDNK — DDPO

Unterscheidungssignale	Namen der Schiffe	Heimathafen der Schiffe	Kubikmeter Nettoraumgehalt	Registertons Nettoraumgehalt	PS
DDNK	Elsfleth	Bremen	533,8*	188,44*	980
DDNL	Emanuel II	Bremen	222,7	78,61	150
DDNM	Ente	Bremen-Vegesack	203,0	71,65	130
DDNN	Fasan	Bremen-Vegesack	214,0	75,67	120
DDNO	Fasolt	Bremen-Vegesack	269,8	95,24	200
DDNP	Feronia	Bremen	971,8	343,04	400
DDNQ	Else Sieg	Flensburg	1165,7	412,00	270
DDNR	Fido	Bremen	751,4	265,26	340
DDNS	Fink	Bremen-Vegesack	189,0	66,74	75
DDNT	Flink	Bremen	144,6*	51,04*	390
DDNW	Geier	Bremen-Vegesack	201,2	71,01	120
DDNX	Gerda	Bremen-Vegesack	253,8	89,59	130
DDNY	Germania	Bremen	436,0	153,91	150
DDNZ	Glück-Auf	Bremen	149,9	52,92	90
DDOA	Gretchen	Bremen	327,2	115,49	200
DDOB	Grundhai	Bremen	98,0*	34,59*	390
DDOD	Habicht	Bremen-Vegesack	198,0	69,72	120
DDOE	Hagen	Bremen-Vegesack	198,0	69,72	70
DDOF	Hinrich Ahrens	Bremen	336,9	118,92	240
DDOG	Irak	Bremen	755,1	266,55	310
DDOH	Modag	Lübeck-Travemünde	517,3	182,60	240
DDOJ	Juno	Bremen	905,6	319,68	270
DDOK	Jupiter	Bremen	932,9	329,92	270
DDOL	Kolibri	Bremen-Vegesack	217,0	76,69	130
DDOM	Kondor	Bremen-Vegesack	201,0	71,02	120
DDON	Kranich	Bremen-Vegesack	214,0	75,39	80
DDOO	Lerche	Bremen-Vegesack	222,0	78,22	130
DDOP	Ludwig Friederich	Bremen	761,5	268,82	535
DDOS	Marie Schwinge	Bremen	432,8	152,79	150
DDOT	Meise	Bremen-Vegesack	225,9	79,76	130
DDOU	Mercur	Bremen	1206,6	425,93	350
DDOV	Mime	Bremen-Vegesack	269,8	95,24	200
DDOW	Nereus	Bremen	1086,2	383,44	350
DDOX	Sleipner II	Hamburg	329,8	116,44	150
DDOY	Norder Till	Bremen	847,8	299,28	350
DDOZ	Nr. 78	Bremen	1086,1	383,39	—
DDPA	Nr. 80	Bremen	1086,1	383,39	—
DDPB	Nr. 94	Bremen	1550,7	547,41	—
DDPC	Nr. 125	Bremen	1109,1	391,53	—
DDPD	Nr. 127	Bremen	1070,1	377,74	—
DDPE	Nr. 129	Bremen	1106,0	390,40	—
DDPF	Nr. 135	Bremen	1077,6	380,39	—
DDPG	Nr. 137	Bremen	1076,5	379,99	—
DDPI	Nr. 144	Bremen	1120,4	395,52	—
DDPK	Nr. 150	Bremen	791,4	279,37	—
DDPL	Nr. 153	Bremen	774,9	273,53	—
DDPM	Nr. 156	Bremen	1124,7	397,02	—
DDPN	Nr. 157	Bremen	1101,9	388,98	—
DDPO	Eichberg	Hamburg	1049,1	370,33	560

* = Bruttoraumgehalt.

DDPP — DDRU					
Unterscheidungssignale	Namen der Schiffe	Heimathafen der Schiffe	Kubikmeter (Nettoraumgehalt)	Registertons (Nettoraumgehalt)	PS
DDPP	Asta Siemering	Emden	1027,5	362,71	520
DDPQ	Nr. 162	Bremen	1188,1	419,41	—
DDPR	Nr. 163	Bremen	1188,1	419,41	—
DDPT	Nr. 167	Bremen	1188,1	419,41	—
DDPU	Nr. 168	Bremen	1143,2	403,55	—
DDPV	Nr. 169	Bremen	1190,0	420,07	—
DDPW	Nr. 170	Bremen	1095,4	386,69	—
DDPX	Nr. 171	Bremen	1094,3	386,28	—
DDPY	Oldenburg	Bremen-Vegesack	210,0	74,24	150
DDPZ	Pelikan	Bremen-Vegesack	214,0	75,39	80
DDQA	Phoebus	Bremen	1025,0	361,07	350
DDQB	Ramsoy	Bremen	191,3	67,74	125
DDQC	Reiher	Bremen-Vegesack	175,0	61,63	100
DDQE	Rotesand	Bremen	589,0	207,95	450
DDQG	Specht	Bremen-Vegesack	171,0	60,28	100
DDQH	Sperber	Bremen-Vegesack	198,0	69,70	120
DDQI	Sperling	Bremen-Vegesack	206,0	72,64	75
DDQJ	Spica	Bremen	241,0*	85,19*	470
DDQK	Stieglitz	Bremen-Vegesack	206,0	72,64	75
DDQL	Strauss	Bremen-Vegesack	201,4	71,11	120
DDQM	Taube	Bremen-Vegesack	214,4	75,67	120
DDQN	Tilly	Bremen	380,9	134,47	150
DDQR	Weser	Bremen	196,2	69,27	100
DDQS	Wester Till	Bremen	628,0	221,70	240
DDQT	Wietze	Hamburg	177,8	62,76	100
DDQV	Wotan	Bremen-Vegesack	260,0	91,72	70
DDQW	Zaunkönig	Bremen-Vegesack	203,0	71,52	130
DDQX	Libelle	Bremen	382,1	134,88	550
DDQY	Stur	Bremen	372,9*	131,64*	700
DDRA	Fasan	Bremen	1780,4	628,48	1100
DDRB	Blumenthal	Bremen	24,4	8,63	560
DDRC	Argenfels	Bremen	10395,9	3669,75	4000
DDRD	Fauna	Bremen	1909,2	673,95	1020
DDRE	Arion	Bremen	5172,6	1852,91	2565
DDRF	Bachus	Bremen	964,3	340,50	350
DDRG	Rebecka E.	Hamburg	267,0	94,25	475
DDRH	Heddernheim	Bremen	4416,6	1559,04	1200
DDRI	Bombay	Bremen	213,0*	75,18*	390
DDRJ	California	Bremen	453,9	160,22	300
DDRK	Ingorata	Bremen	18,4	6,51	23
DDRM	Nr. 134	Bremen	1072,6	378,64	—
DDRN	Bayern	Bremen-Vegesack	217,6	95,89	200
DDRO	Triton	Bremen	23,0	8,10	495
DDRP	Nordstern	Bremen	161,0	56,83	700
DDRQ	Centaur	Bremen	180,2	63,62	690
DDRR	Löwe	Bremen	604,1*	213,25*	1200
DDRS	Nr. 2	Hamburg	809,0	285,59	—
DDRT	Nr. 1	Bremen	808,4	285,38	—
DDRU	Nr. 79	Bremen	1082,1	383,39	—

* = Bruttoraumgehalt.

DDRV — DDTR

Unterscheidungssignale	Namen	Heimathafen	Kubikmeter	Registertons	PS
	der Schiffe		Nettoraumgehalt		
DDRV	Nr. 11	Bremen	820,4	289,61	—
DDRW	Nr. 13	Bremen	848,4	299,47	—
DDRX	Nr. 12	Bremen	828,5	292,58	—
DDRY	Nr. 136	Bremen	1070,1	377,76	—
DDRZ	Lucas Pieper	Hamburg	1049,7	370,53	520
DDSA	Holibri	Bremen	205,5*	72,54*	420
DDSB	Hengst	Bremen	413,4*	145,91*	540
DDSC	Habicht	Bremen	28,3	9,99	430
DDSE	Harle	Bremen	488,0	172,25	1200
DDSF	Iran	Bremen	566,2	199,90	310
DDSG	India	Bremen	116,7	41,21	2×150
DDSH	Porebunder	Bremen	131,6*	46,46*	300
DDSI	Griesheim	Bremen	6818,1	2406,79	2800
DDSJ	Helene	Bremen	6,3	2,21	
DDSK	Hessen	Bremen-Vegesack	271,6	95,89	180
DDSL	Württemberg	Bremen-Vegesack	271,6	95,89	200
DDSM	Catharina Wiards	Bremen	2236,4	789,46	1800
DDSN	Bremerhaven	Bremen	75,1	26,52	1065
DDSO	Geier	Bremen	35,9	12,60	450
DDSP	Sperling	Bremen	286,0*	101,07*	420
DDSQ	Strande I	Bremen	200,0*	70,61*	390
DDSR	Seefalke	Bremerhaven	83,8	29,57	2×1500
DDSS	Henriette Charlotte	Bremen	49,8	17,58	75
DDST	Schleswig	Bremen-Vegesack	271,6	95,89	200
DDSU	Weissesee	Bremen	7422,7	2620,23	2200
DDSV	Frieda Morgenroth	Bremen	412,8	145,71	250
DDSW	Memel	Bremen	306,0	108,03	150
DDSX	Holstein	Bremen-Vegesack	271,6	95,89	200
DDSY	Bogota	Bremen	1738,1	613,54	1680
DDSZ	Käthe Wiards	Bremen	1396,3	492,89	1000
DDTA	Monika Wiards	Bremen	9428,8	3328,38	2000
DDTB	Stadtland	Bremen	277,6	98,00	165
DDTC	Pylades	Bremen	1013,6	357,80	550
DDTD	Vesta	Bremen	2312,2	816,22	1020
DDTE	Ansgaritor	Bremen	9668,7	3413,06	2400
DDTF	Greiffenfels	Bremen	10506,2	3708,70	4000
DDTG	Hans	Bremen	412,8	145,71	250
DDTH	Grete Büscher	Bremen	760,1	268,32	250
DDTI	Magdalene Vinnen	Bremen	8120,5	2866,54	3250
DDTJ	Erna Ronnebaum	Bremen	2015,5	714,48	580
DDTK	Adler	Bremen	2166,3	764,70	1500
DDTL	Onkel Fidi	Bremen-Vegesack	27,5	9,72	
DDTM	Crostafels	Bremen	10599,6	3741,65	3250
DDTN	Geversdorf	Bremen	500,5	176,67	250
DDTO	Oktant	Bremen	398,1	140,53	250
DDTP	Axenfels	Bremen	7524,6	2656,18	2700
DDTQ	Argo	Bremen	2204,1	778,05	1400
DDTR	Falke	Bremen	2166,3	764,07	2400

* = Bruttoraumgehalt.

DDTS — DEAP

Unterscheidungssignale	Namen der Schiffe	Heimathafen der Schiffe	Kubikmeter Nettoraumgehalt	Registertons Nettoraumgehalt	PS
DDTS	Nautilus	Bremen	5103,2	1802,15	1200
DDTT	Industria	Bremen	5602,1	1977,54	1300
DDTU	Adele	Bremen	6367,7	2247,87	1350
DDTV	Zeus II	Bremen	446,3	157,56	250
DDTW	Pauline Friederich	Bremen	10429,7	3681,68	2800
DDTX	Antares	Bremen	4087,7	1442,97	2300
DDTY	Altair	Bremen	2521,7	890,16	1600
DDTZ	Jakob Pollmann	Bremen	398,3	140,61	250
DDUA	Flut	Bremen	408,3	144,15	250
DDUB	Möwe	Bremen	2123,1	749,46	1500
DDUC	Bellona	Bremen	1967,7	594,59	1100
DDUD	Hector	Bremen	3778,6	1332,83	2400
DDUE	Adolf Vinnen	Bremen	7362,6	2599,00	2850
DDUF	Consul Arlt	Bremen	4096,4	1446,02	1650
DDUG	Lumme	Bremen	2075,8	732,75	1500
DDUH	Emmy Friederich	Bremen	16359,7	5774,94	2×2250
DDUI	Baden	Bremen	423,5	149,51	480
DDUJ	Helios	Bremen	3799,0	1341,05	1600
DDUK	Delia	Bremen	1986,6	701,26	1100
DDUL	Erpel	Bremen	2075,7	732,73	1600
DDUM	Hercules	Bremen	3930,3	1387,41	2400
DDUN	Rheinstein	Bremen	4233,8	1494,52	2400
DDUO	Pakistan	Bremen	187,3	66,13	2×200
DDUP	Arion	Bremen	366,2*	129,27*	700
DDUQ	Herkules	Bremen	366,9*	129,50*	700
DDUR	Steinbock	Bremen	366,9*	129,50*	700
DDUS	Vulcan	Bremen	366,2*	129,27*	700
DDUT	Hestia	Bremen	3926,8	1386,16	2400
DDUU	Lahnstein	Bremen	4234,0	1494,59	2400
DDUV	Milos	Bremen	417,1	147,25	300
DDUW	Lahneck	Bremen	1945,9	686,90	1200
DDUX	Saarstein	Bremen	4234,0	1494,59	2400
DDUY	Elsbeth Wiards	Bremen	9171,1	3237,41	3000
DDUZ	Nordland	Bremen	375,0	132,36	300
DEAA	Atlas	Bremen	4013,2	1416,67	2400
DEAB	Niedersachsen	Bremen	280,0	98,91	400
DEAC	Sirius	Bremen	368,7*	130,15*	700
DEAE	Innstein	Bremen	4234,0	1494,59	2400
DEAF	Eschersheim	Bremen	4663,2	1646,11	1200
DEAG	Emsstein	Bremen	4242,4	1497,56	2400
DEAH	Levante	Bremen	4013,2	1416,67	2400
DEAI	Maja	Bremen	413,5	145,95	300
DEAJ	Marga Kiepe	Bremen	392,0	138,37	300
DEAK	Lesummünde	Bremen	327,7	115,67	150
DEAL	Ruhrstein	Bremen	4238,7	1496,27	3900
DEAM	Geschwister Raabe	Bremen	560,0	197,66	520
DEAN	Buntentor	Bremen	4632,9	1635,43	1400
DEAO	Gazelle	Bremen	760,3	268,39	500
DEAP	Westsee	Bremerhaven	7419,4	2619,06	2200

* = Bruttoraumgehalt.

DEAQ — DECL

Unter-scheidungs-signale	Namen der Schiffe	Heimathafen der Schiffe	Kubikmeter (Nettoraumgehalt)	Registertons (Nettoraumgehalt)	PS
DEAQ	Fechenheim	Bremen............	11057,5	3903,29	6200
DEAR	Traunstein	Bremen............	7353,2	2595,68	4800
DEAS	Bärenfels	Bremen............	11297,9	3988,17	3820
DEAT	Lichtenstein........	Bremen............	3612,5	1275,23	3900
DEAU	Friedenau..........	Bremerhaven.......	8871,9	3131,78	2900
DEAV	Horst Arlt	Bremen............	423,9	149,63	300
DEAW	Birkenfels..........	Bremen............	11280,9	3982,17	3820
DEAX	Liebenstein.........	Bremen............	3612,5	1275,23	3900
DEAY	Thule II	Bremen............	420,0	148,25	300
DEAZ	Braunfels	Bremen............	11313,9	3993,80	3820
DEBA	Seefahrer	Bremen............	1588,0	560,56	720
DEBB	Gloria	Bremen............	7461,4	2633,87	2750
DEBC	Dudizol I	Bremen............	138,4	48,86	120
DEBD	Albert	Bremen............	402,7	142,16	300
DEBE	Alice	Bremen............	356,6	125,86	450
DEBF	Heinrich	Bremen............	402,7	142,16	360
DEBG	Medea	Bremen............	1800,2	635,47	1040
DEBH	Castor	Bremen............	1543,2	544,75	1200
DEBI	Altenwall	Bremen............	1613,3	569,51	650
DEBJ	Galtgarben.........	Bremen............	624,0	220,26	550
DEBK	Bernhard	Bremen............	335,2	118,33	500
DEBL	Arcturus	Bremen............	2294,8	810,08	1840
DEBM	Ann-Christin	Bremen............	413,5	145,95	300
DEBN	Nabob	Bremen............	13110,5	4628,00	6800
DEBO	Gisela Meyer-Gerhards.........	Bremen............	398,0	140,50	360
DEBP	Joach. Hendr. Fisser	Bremen............	715,2	252,47	1000
DEBQ	Bremen............	Bremen............	115,7	40,86	1200
DEBR	Diamant	Bremen............	1481,5	522,95	800
DEBS	Neptun	Bremen............	6864,9	2423,30	3050
DEBT	Arktos.............	Bremen............	506,0	178,62	380
DEBU	Stahleck	Bremen............	2468,9	871,52	1800
DEBV	Eifel	Bremen............	2124,1	749,81	1000
DEBW	Justus Haslinger....	Bremen............	714,8	252,31	420
DEBX	Ägäis.............	Bremen............	4231,8	1493,82	2×1200
DEBY	Barbara Meentzen...	Bremen............	1476,9	521,33	800
DEBZ	Adolf Ronnebaum...	Bremen............	11133,4	3930,09	2400
DECA	Ciandra............	Bremen............	1303,4	460,10	1400
DECB	Erika L Meentzen...	Bremen............	1476,9	521,33	800
DECC	Brandenstein	Bremen............	8938,8	3155,39	7800
DECD	Kondor	Bremen............	588,4	207,00	1250
DECE	Bremer Roland	Bremen............	337,7	133,33	450
DECF	Blockland..........	Bremen............	949,1	335,02	1000
DECG	Aldebaran..........	Bremen............	4325,5	1526,89	3200
DECH	Greif	Bremen............	1431,3	505,26	800
DECI	Brillant............	Bremen............	1481,5	522,95	800
DECJ	Seewanderer........	Bremen............	640,3	226,01	720
DECK	Pan	Bremen............		687*	1400
DECL	Ehrenfels	Bremen............	8455,6	2984,82	4650

DECM — DEPX

Unterscheidungssignale	Namen der Schiffe	Heimathafen der Schiffe	Nettoraumgehalt Kubikmeter	Nettoraumgehalt Registertons	PS
DECM	Paul Honold	Bremen	10061,6	3551,74	3×1200
DECN	Bieberstein	Bremen	8946,6	3158,16	7800
DECO	Rolandseck	Bremen	1019,7	359,96	1380
DENP	Alice	Bremerhaven	19,2	6,78	22
DENQ	Andreas	Bremerhaven	63,8	22,52	120
DENR	Anita	Bremerhaven	3,5	1,23	40
DENS	Anna	Wremen	11,2	3,95	40
DENU	Athlet	Hamburg	18,7	6,60	320
DENV	August	Bremerhaven	7,9	2,79	28
DENW	Bärbel	Bremerhaven	63,6	22,45	120
DENX	Magnet III	Hamburg	986,0	348,07	—
DENY	Bernhard	Norddeich	5,1	1,80	80
DENZ	Berta	Bremerhaven	62,6	22,11	125
DEOA	Bertha	Bremerhaven	22,4	7,91	16
DEOD	Castor	Lübeck-Travemünde	63,7	22,49	120
DEOE	Chronik	Bremerhaven	1046,8	365,53	
DEOH	Elfriede	Bremerhaven	18,9	6,67	120
DEOI	Else Marie	Bremerhaven	63,5	22,41	120
DEOJ	Emma	Bremerhaven	5,8	2,05	40
DEOK	Emmy	Bremerhaven	10,0	3,50	20
DEOL	Eva	Bremerhaven	4,7	1,66	8
DEOM	Falke	Bremerhaven	9,5	3,35	60
DEOO	Forelle	Hambg.-Altenwerder	29,5	10,40	120
DEOP	Franziska	Bremerhaven	3,6	1,27	20
DEOQ	Freya	Bremerhaven	12,4	4,38	60/70
DEOR	Friedel	Bremerhaven	60,9	21,50	120
DEOV	Gerda	Bremerhaven	59,7	21,06	150
DEOW	Gier	Bremerhaven	193,1	68,17	
DEOX	Glattesee	Bremerhaven	969,0	342,06	400
DEOY	Gladiator	Bremerhaven	8,5	3,00	40
DEPA	Harald	Bremerhaven	3,8	1,34	12
DEPB	Heike	Bremerhaven	64,2	22,66	150
DEPC	Hertha II	Bremerhaven	10,4	3,67	45
DEPD	Hertha	Bremerhaven	64,5	22,77	120
DEPE	Hever	Hamburg	647,2	228,45	275
DEPG	H. Klopp	Bremerhaven	26,6	9,39	80
DEPH	Hoffnung	Neustadt/Holst	37,5	13,24	125
DEPI	Horst Wilhelm	Bremerhaven	63,5	22,42	125
DEPJ	Iduna	Bremerhaven	6,2	2,19	25
DEPK	Iris	Bremerhaven	64,0	22,60	150
DEPN	Ingrid	Laboe	63,5	22,43	120
DEPO	Jan von Gent	Bremerhaven	61,7	21,78	120
DEPP	Jochen	Hamburg	39,6	13,98	230
DEPQ	Niederelbe	Bremerhaven	61,7	21,78	120
DEPR	Karin I.	Friedrichskoog	12,2	4,31	10
DEPS	Karoline	Bremerhaven	65,1	22,98	120
DEPU	Lotte	Bremerhaven	6,6	2,33	28
DEPW	Magnet	Bremerhaven	803,4	283,60	—
DEPX	Makrele	Bremerhaven	63,8	22,50	120

DEPY — DESG

Unter-scheidungs-signale	Namen der Schiffe	Heimathafen der Schiffe	Kubikmeter Nettoraumgehalt	Registertons Nettoraumgehalt	PS
DEPY	Magda-Lene	Neustadt	29,7	10,48	125
DEPZ	Martha	Bremerhaven	12,9	4,55	20
DEQB	Mia	Bremerhaven	8,5	3,00	75
DEQD	Nation	Bremerhaven	1050,6	370,87	—
DEQE	Nordfjord	Bremerhaven	68,1	24,05	125
DEQF	Katharina	Hamburg	116,8	41,24	100
DEQG	Nordland	Bremerhaven	70,6	24,81	125
DEQH	Margarethe	Bremerhaven	109,8	38,76	150
DEQI	Freddy	Hamburg	87,9	31,01	150
DEQJ	Sancta Maria	Bremerhaven	69,0	24,35	125
DEQK	Nordsee	Kiel	35,1	12,39	240
DEQM	Nordstern	Bremerhaven	71,0	25,08	100
DEQN	Fatima	Bremen	71,1	25,11	125
DEQO	Nordwind	Bremerhaven	70,3	24,83	100
DEQQ	Otto	Bremerhaven	65,2	23,01	120
DEQR	Paul	Bremerhaven	8,5	3,00	60/70
DEQS	Paula	Bremerhaven	5,1	1,80	35
DEQT	Peterle	Bremerhaven	61,7	21,78	150
DEQU	Preil	Bremerhaven	40,0	14,12	130
DEQV	Preciosa	Wremen	5,4	1,92	20
DEQX	Schwalbe	Bremerhaven	10,8	3,81	40
DEQY	Seenixe	Bremerhaven	8,0	2,81	36
DEQZ	Sturmvogel	Bremerhaven	2,7	1,00	120
DERA	Sylt	Bremerhaven	62,8	22,17	120
DERC	Traute Schumacher	Bremerhaven	15,5	5,31	120
DERD	Uranus	Lübeck-Travemünde	26,8	9,47	100/150
DERE	Vorwärts	Bremen	12,0	4,20	75
DERH	Wesermarsch	Bremerhaven	172,0	60,70	165
DERI	Weser-River	Bremerhaven	21,3	7,52	50
DERK	Wilhelm Peter	Bremerhaven	64,2	22,67	120
DERL	Willkommen	Bremerhaven	5,9	2,09	40
DERM	Wilma	Bremerhaven	59,0	20,83	125
DERN	Unverzagt	Bremerhaven	220,7*	77,90*	90
DERO	Dora	Bremerhaven	12,1	4,29	75
DERP	Ingeborg	Bremerhaven	87,5	30,90	75
DERR	Frankfurt/Main	Bremerhaven	465,3	164,24	750
DERS	Ludwig Janssen	Bremerhaven	680,1	240,08	1000
DERV	Odin	Bremerhaven	474,7	167,58	850
DERX	Straßburg	Bremerhaven	632,1	231,62	850
DERY	Nei-ut	Wremen	4,3	1,52	50
DERZ	Helga	Bremerhaven	10,7	3,76	40
DESA	Oliva	Bremerhaven	532,8	188,09	300
DESB	Elbing V	Bremerhaven	328,3	115,87	260
DESC	Buxta	Bremerhaven	543,6	191,89	900
DESD	Wartburg	Bremerhaven	656,1	231,62	850
DESE	Koopmann Bohn	Bremerhaven	62,7	22,12	150
DESF	Ingrid Breuers	Bremerhaven	247,9	87,50	132
DESG	Sirius	Arnis/Schlei	30,7	10,82	120

* = Bruttoraumgehalt.

DESH — DEUF

Unter-scheidungs-signale	Namen der Schiffe	Heimathafen der Schiffe	Kubikmeter (Nettoraumgehalt)	Registertons (Nettoraumgehalt)	PS
DESH	Bremerhaven	Bremerhaven	292,9	103,41	285
DESI	Ursula Marie	Bremerhaven	3,9	1,37	6
DESJ	Paul Meentzen	Bremerhaven	646,6	228,25	800
DESK	Milda	Bremerhaven	60,9	21,49	125
DESL	Hermine	Bremerhaven	85,4	30,16	28
DESM	Grönland	Bremerhaven	651,1	229,84	1000
DESN	Island	Bremerhaven	664,8	234,67	1000
DESO	Schleswig-Holstein	Bremerhaven	653,6	230,71	800
DESP	Marlies	Bremerhaven	64,5	22,82	150
DESQ	Osnabrück	Bremerhaven	640,1	225,95	750
DESR	Fladengrund	Bremerhaven	657,5	232,10	860
DEST	Christiana	Bremerhaven	57,0	20,13	120
DESU	Sonne	Bremerhaven	582,4	205,60	800
DESV	Sch 11	Bremerhaven	7,7	2,72	25
DESW	Schütting	Bremerhaven	705,1	248,90	750
DESX	Hans vom Hoff	Bremerhaven	667,4	239,12	850
DESY	Hans Kunkel	Bremerhaven	582,4	205,60	800
DESZ	Heinrich Bueren	Bremerhaven	679,6	239,88	875
DETA	Neptun	Bremerhaven	58,9	20,70	125
DETB	Orion	Bremerhaven	61,3	21,51	120
DETC	Germania	Bremerhaven	60,4	21,21	120
DETE	Margarete Elisabeth	Bremerhaven	62,7	22,0	120
DETF	Inge	Bremerhaven	62,1	21,96	120
DETG	Wega	Bremerhaven	59,5	21,04	120
DETH	Rolano	Bremerhaven	55,8	19,71	120
DETI	Gebr. Meyer	Bremerhaven	59,5	21,02	120
DETJ	Seelust	Bremerhaven	60,4	21,22	120
DETK	Hanne	Bremerhaven	60,5	21,30	120
DETL	Pollux	Bremerhaven	60,9	21,51	120
DETM	Atlantic	Bremerhaven	62,4	22,03	120
DETN	Fortuna	Bremerhaven	59,2	20,89	120
DETO	Tübingen	Bremerhaven	509,6	179,88	700
DETP	Rainer Falko	Bremerhaven	64,4	22,20	120
DETQ	Bernhard Grundmann	Bremerhaven	679,6	239,88	850
DETR	Christel	Bremerhaven	60,4	21,23	120
DETS	Tagila	Bremerhaven	63,6	22,46	150
DETT	Ostpreußen	Bremerhaven	60,2	21,24	125
DETU	Anneliese	Bremerhaven	60,9	21,51	150
DETV	Richard Kaselowsky	Bremerhaven	648,8	229,01	875
DETW	Käppen John	Bremerhaven	58,1	20,51	120
DETX	Pirola	Bremerhaven	63,6	22,44	125
DETY	Wanderer	Bremerhaven	59,7	21,09	120
DETZ	Hella	Bremerhaven	63,6	22,44	120
DEUA	Gotland	Kiel-Friedrichsort	58,9	20,78	120
DEUB	Friedrich Busse	Bremerhaven	679,6	239,88	875
DEUC	Hannelore	Bremerhaven	59,5	21,02	120
DEUD	Peter von Danzig	Bremerhaven	59,6	21,04	120
DEUE	Gudrun	Bremerhaven	58,6	20,70	120
DEUF	Neuwerk	Bremerhaven	66,3	23,41	120

DEUH — DFFR

Unterscheidungssignale	Namen der Schiffe	Heimathafen	Kubikmeter (Nettoraumgehalt)	Registertons (Nettoraumgehalt)	PS
DEUH	Roland	Bremerhaven	676,9	238,95	1000
DEUI	Gerh. van Heukelum	Bremerhaven	709,5	250,46	875
DEUJ	Haltenbank	Bremerhaven	672,7	237,46	1000
DEUK	Wesel	Bremerhaven	402,1	141,95	750
DEUL	Cornelia Sieghold	Bremerhaven	365,2	128,91	500
DEUM	August Bösch	Bremerhaven	555,1	195,95	850
DEUN	Mond	Bremerhaven	555,1	195,95	800
DEUO	Hoherweg	Bremerhaven	541,5	191,16	800
DEUP	Saarland	Bremerhaven	675,4	238,40	750
DEUQ	Hein Davidsen	Bremerhaven	578,0	204,05	875
DEUS	Bonn	Bremerhaven	507,4	179,11	720
DEUT	Anna Busse	Bremerhaven	537,4	189,70	800
DEUU	Süderau	Bremerhaven	1971,9	696,09	1430
DEUV	Norderau	Bremerhaven	1969,6	695,28	1430
DEUW	Andenes	Bremerhaven	674,9	238,24	1000
DEUX	Rogge I	Bremerhaven	370,9	130,93	—
DEUY	Rogge XVII	Bremerhaven	686,7	242,40	—
DEUZ	Rogge XVIII	Bremerhaven	686,7	242,40	—
DFAA	Carl	Bremerhaven	101,0*	35,67*	145
DFAB	Nordsee	Bremerhaven	205,6*	72,59*	350
DFAC	Rogge 25	Bremerhaven	318,8	112,55	—
DFAD	Rogge 26	Bremerhaven	318,8	112,55	—
DFAE	Dortmund	Bremerhaven	670,9	236,82	990
DFAF	Regulus	Bremerhaven	671,9	237,19	1000
DFAG	Max Gundelach	Bremerhaven	557,3	196,72	850
DFAH	van Ronzelen	Bremerhaven	771,3	272,27	800
DFAI	Teutonia	Bremerhaven	571,0	201,56	800
DFAJ	Bootsmann Johnson	Bremerhaven		.	
DFAK	Max Pust	Bremerhaven	668,2	235,86	1000
DFAL	Delphin	Bremerhaven	458,1	161,71	800
DFAM	Nürnberg	Bremerhaven	713,4	251,82	880
DFAN	Bremen	Bremerhaven	670,9	236,82	990
DFEX	Aegir	Otterndorf	3,8	1,34	40
DFEY	Anna-Catharina	Cuxhaven	3,6	1,26	25
DFEZ	Antilope	Otterndorf	9,5	3,35	60
DFFA	Auguste	Cuxhaven	10,0	3,54	60
DFFC	Betty	Cuxhaven	8,8	3,11	25
DFFE	Condor	Cuxhaven	7,3	2,58	50
DFFF	Diana	Otterndorf	4,6	1,62	40
DFFI	Edelweiß	Helgoland	5,3	1,89	17
DFFJ	Edelweiß	Otterndorf	7,6	2,68	18
DFFK	Edith	Cuxhaven	3,0	1,05	15
DFFL	Edith	Cuxhaven	3,3	1,16	12
DFFM	Eiche	Cuxhaven	3,6	1,27	28
DFFO	Elbbutt	Cuxhaven	7,6	2,68	30
DFFP	Elisabeth	Dorum	3,8	1,34	20
DFFQ	Elli	Dorum	4,5	1,59	50
DFFR	Elli	Cuxhaven	9,0	3,18	25

* = Bruttoraumgehalt.

DFFS — DFHZ

Unter-scheidungs-signale	Namen der Schiffe	Heimathafen der Schiffe	Kubikmeter Nettoraumgehalt	Registertons Nettoraumgehalt	PS
DFFS	Else	Dorum	6,7	2,37	25
DFFU	Emmi	Cuxhaven	8,0	2,82	50
DFFW	Ernst	Cuxhaven	38,2	11,80	40
DFFX	Eva	Cuxhaven	9,0	3,18	50
DFFY	Falke	Cuxhaven	11,7	4,13	75
DFFZ	Forelle	Cuxhaven	8,6	3,04	36
DFGB	Fortuna	Cuxhaven	7,7	2,72	36
DFGC	Fortuna	Dorum	9,0	3,18	50
DFGE	Franz	Cuxhaven	4,8	1,69	16
DFGF	Frieda	Cuxhaven	4,2	1,48	40/45
DFGG	Fritz Hermann	Dorum	4,2	1,48	25
DFGH	Fritz Walter	Cuxhaven	10,8	3,81	25
DFGI	Gebrüder	Otterndorf	19,7	6,95	100
DFGJ	Gerda	Cuxhaven	4,9	1,75	50
DFGK	Gerhard	Geversdorf	113,5	40,07	50
DFGL	Germania	Dorum	5,8	2,04	36
DFGM	Gertrud	Cuxhaven	8,3	2,93	50
DFGN	Gertrud	Neuhaus	2,2	0,77	12
DFGO	Gertrud	Cuxhaven	2,8	0,98	26
DFGR	Grete	Cuxhaven	31,3	11,04	75
DFGS	Grete	Dorum	4,2	1,47	25
DFGT	Grete	Dorum	4,3	1,51	20
DFGU	Gretl	Altenbruch	8,0	2,82	18
DFGV	Guschi	Cuxhaven	6,9	2,44	60
DFGW	Hans	Cuxhaven	5,4	1,91	24
DFGX	Hans Friedrich	Oberndorf	126,4	44,61	60
DFGY	Heike	Altenbruch	3,4	1,20	12
DFGZ	Heimkehr	Borkum	18,3	6,46	100
DFHA	Helene Caecilia	Cuxhaven	3,7	1,31	16
DFHC	Hertha	Cuxhaven	9,9	3,49	20
DFHE	Hoffnung	Dorum	5,1	1,80	30
DFHG	Hüxter	Cuxhaven	299,0	105,53	400
DFHH	Ilse	Cuxhaven	5,2	1,84	40
DFHI	Inge	Otterndorf	8,9	3,14	25
DFHJ	Ingrid	Otterndorf	9,2	3,26	40
DFHK	Insulaner	Helgoland	148,0	52,10	80
DFHL	Irmgard	Cuxhaven	20,0	7,06	75
DFHM	Jans	Cuxhaven	4,6	1,62	35
DFHN	Jens	Cuxhaven	2,9	1,02	15
DFHO	Johann	Oberndorf	80,3	28,33	30
DFHQ	Johannes	Cuxhaven	143,4	50,62	120
DFHR	Catharina Auguste	Cuxhaven	9,4	3,32	16
DFHS	Roland von Wedel	Cuxhaven	80,0	28,24	150
DFHT	Keen Tied	Dorum	4,2	1,48	32
DFHU	Kehrwieder	Otterndorf	7,0	2,46	25
DFHV	Kehrwieder	Dorum	5,8	2,05	18
DFHX	Klara	Cuxhaven	3,0	1,08	18
DFHY	Knurrhahn	Cuxhaven	3,5	1,24	18
DFHZ	Krabbe	Cuxhaven	7,6	2,68	24

DFIA — DFKL

Unter-scheidungs-signale	Namen der Schiffe	Heimathafen der Schiffe	Kubik-meter Nettoraumgehalt	Register-tons Nettoraumgehalt	PS
DFIA	Kugelbake	Cuxhaven	4,7	1,66	15
DFIB	Liesel	Cuxhaven	10,9	3,85	16
DFIC	Lucie	Cuxhaven	5,8	2,05	50
DFID	Margretha	Ostrhauderfehn	128,4	45,32	75
DFIE	Marie	Cuxhaven	4,4	1,55	30
DFIG	Marion	Cuxhaven	13,8	4,87	40
DFIH	Memelland	Cuxhaven	4,4	1,55	24
DFII	Meta	Cuxhaven	4,2	1,48	16
DFIJ	Minna	Cuxhaven	4,1	1,46	25
DFIL	Möve II	Dorum	3,0	1,11	35
DFIN	Nautilus	Dorum	4,9	1,73	25
DFIO	Nige Oge	Cuxhaven	20,8	7,35	80
DFIP	Nordcap	Otterndorf	10,2	3,60	75
DFIQ	Nordlicht	Cuxhaven	19,6	6,92	100
DFIR	Nordriff	Cuxhaven	12,6	4,45	75
DFIS	Nordstern	Otterndorf	9,7	3,42	40
DFIT	Oesterreich	Cuxhaven	280,9	99,15	400
DFIU	Die Liebe	Cuxhaven	9,8	3,44	40
DFIV	Olendiek	Dorum	6,5	2,29	20
DFIX	Paul	Cuxhaven	11,2	3,95	45
DFIZ	Präsident Freiherr von Maltzahn	Cuxhaven	49,4	17,43	120
DFJA	Renate	Cuxhaven	5,1	1,80	36
DEJC	Rügen	Cuxhaven	18,9	6,67	100
DFJD	Sathurn	Hamburg	261,0	92,13	160
DFJF	Schwalbe	Cuxhaven	5,1	2,08	16/18
DFJH	Seeadler	Otterndorf	7,4	2,60	30
DFJI	Seehund	Cuxhaven	4,4	1,55	24
DFJJ	Seehund	Dorum	4,0	1,41	20
DFJK	Seemöwe	Cuxhaven	5,2	1,84	18
DFJL	Seemöwe	Cuxhaven	18,1	6,37	70
DFJM	Seerose	Dorum	4,1	1,45	18
DFJN	Seeschwalbe	Friedrichskoog	8,9	3,15	60
DFJO	Seestern	Cuxhaven	16,9	5,96	75
DFJU	Siegrid	Neuhaus/Oste	8,1	2,86	12
DFJV	Siegrid	Cuxhaven	8,2	2,89	30
DFJW	Sonny Boy	Cuxhaven	3,1	1,09	25
DFJX	Sophia	Cuxhaven	5,4	1,90	25
DFJY	Sophie	Otterndorf	6,0	2,12	25
DFKB	Sybille	Cuxhaven	5,5	1,94	60
DFKC	Taube	Cuxhaven	8,8	3,11	28
DFKD	Taucher O. Wulf	Cuxhaven	89,1	31,44	160
DFKE	Taucher Sievers	Cuxhaven	63,6	22,49	150
DFKG	Traute	Neuhaus/Oste	79,6	28,09	22
DFKH	Ursula	Cuxhaven	4,0	1,43	25
DFKI	Ursula	Friedrichskoog	4,2	1,48	25
DFKJ	Vaterland	Cuxhaven	3,4	1,20	36
DFKK	Victoria	Dorum	3,8	1,43	10
DFKL	Walter	Cuxhaven	3,1	1,10	20

DFKN — DFMK

Unterscheidungssignale	Namen der Schiffe	Heimathafen der Schiffe	Kubikmeter Nettoraumgehalt	Registertons Nettoraumgehalt	PS
DFKN	Welle	Cuxhaven	4,6	1,63	16
DFKO	Werner	Cuxhaven	7,4	2,62	50
DFKP	Wilhelmine	Cuxhaven	8,5	3,01	20
DFKQ	Willkomm	Cuxhaven	11,5	4,06	30
DFKR	Zukunft	Dorum	19,9	5,80	18
DFKS	Schlesien	Cuxhaven	656,1	231,61	750
DFKU	Sachsen	Cuxhaven	656,1	231,62	750
DFKV	Koblenz	Cuxhaven	645,5	227,87	800
DFKW	Taucher Otto Wulf IV	Cuxhaven	31,5	11,11	100
DFKX	Hochsee I	Cuxhaven	136,7*	48,25*	225
DFKY	Liesel Denker	Cuxhaven	8,9	3,15	40
DFKZ	Seeteufel	Cuxhaven	799,1	282,08	300
DFLA	Franken	Cuxhaven	608,4	214,78	850
DFLB	Hornsriff	Bremerhaven	60,1	21,09	120
DFLC	Dithmarschen	Bremerhaven	60,9	21,51	120
DFLD	Jürgen Dieter	Cuxhaven	61,7	21,77	120
DFLE	Anita	Cuxhaven	59,0	21,08	120
DFLF	Bayern	Cuxhaven	608,4	214,78	850
DFLG	Alte Liebe	Cuxhaven	60,3	21,30	120
DFLH	Gretchen	Otterndorf	75,6	26,68	
DFLI	Butendiek	Cuxhaven	60,1	21,09	100
DFLJ	Witten	Cuxhaven	640,1	225,95	750
DFLK	Münster	Cuxhaven	528,7	186,62	850
DFLL	Schwaben	Cuxhaven	602,3	212,63	850
DFLM	Albinus	Cuxhaven	59,9	21,02	120
DFLN	Karlsruhe	Cuxhaven	640,1	225,95	800
DFLO	Freiburg i. Br.	Cuxhaven	509,6	178,88	900
DFLP	Waltraut	Cuxhaven	62,9	22,21	120
DFLQ	Fladengrund	Cuxhaven	60,5	21,23	120
DFLR	Fischereidirektor Meinken	Bremerhaven	134,72	47,56	120
DFLS	Ronald	Cuxhaven	405,0	142,96	250
DFLT	Helgoland	Bremerhaven	63,2	22,31	125
DFLV	Günther	Cuxhaven	86,4	30,51	
DFLW	Darmstadt	Cuxhaven	476,0	168,1	920
DFLX	Elbe	Cuxhaven	406,7	143,56	750
DFLZ	Hermann Fischer	Cuxhaven	39,6	13,09	120
DFMA	Hildesheim	Cuxhaven	640,1	225,95	800
DFMB	John Olbers I	Cuxhaven	101,6	35,87	100
DFMD	Helene	Otterndorf	91,9	32,44	
DFME	Hermann	Oberndorf	42,9	15,13	12
DFMF	Anita	Oberndorf	83,4	29,45	
DFMG	Otto F. C. Bertram	Cuxhaven	548,4	193,58	750
DFMH	Finkenwärder	Cuxhaven	548,4	193,58	750
DFMI	Emmy Ottens	Cuxhaven	2129,4	751,67	670
DFMJ	Heidelberg	Cuxhaven	506,5	178,51	900
DFMK	Taucher O. Wulf II	Cuxhaven	68,5	24,19	250

* = Bruttoraumgehalt.

DFML — DFVS

Unterscheidungssignale	Namen der Schiffe	Heimathafen der Schiffe	Kubikmeter Nettoraumgehalt	Registertons Nettoraumgehalt	PS
DFML	Lore Ottens	Cuxhaven	2149,4	758,75	850
DFMM	Hannes	Cuxhaven	1836,9	648,44	675
DFMN	Kurmark	Cuxhaven	678,2	239,42	1000
DFMO	Mark Brandenburg	Cuxhaven	671,6	237,06	1000
DFMP	Duisburg	Cuxhaven	548,3	193,54	850
DFMQ	Hannover	Cuxhaven	670,8	236,78	1000
DFMR	Wuppertal	Cuxhaven	713,4	251,82	875
DFMS	Harald Ottens	Cuxhaven	2284,6	806,48	750
DFSJ	Luci	Barnkrug	138,7	48,96	25
DFSK	Henny	Assel	110,2	38,89	20
DFSL	Frieda	Assel	67,1	23,69	
DFSM	Stadersand	Stade	863,6	304,87	500
DFSN	Waltraut	Grünendeich	110,5	38,99	60
DFUH	Adda	Abbenfleth	355,1	125,36	160
DFUJ	Adele	Wischhafen	108,8	38,40	60
DFUK	Adele	Bützfleth	94,5	33,36	36
DFUL	Agnes	Krautsand	136,2	48,20	60
DFUM	Alma	Bützfleth	126,6	44,69	75
DFUN	Alwine	Assel	108,0	38,11	70
DFUO	Amalie	Krautsand	121,0	42,73	50
DFUP	Amalie	Abbenfleth	121,9	43,02	80
DFUQ	Amanda	Ritsch/Kehdingen	128,0	45,19	80
DFUR	Amanda	Grünendeich	119,1	42,04	36
DFUT	Anna	Wischhafen	123,4	43,56	48
DFUU	Anna	Krautsand	110,8	39,12	60
DFUV	Anna	Assel	140,3	49,51	50
DFUW	Anna Dieckmann	Emden	113,6	40,09	25
DFUX	Anna-Maria	Dornbusch	113,0	39,88	100
DFUY	Anne	Krautsand	158,2	55,84	75
DFUZ	Anni	Wischhafen	150,0	52,93	75
DFVA	Anni Louise	Wischhafen	117,2	41,38	75/90
DFVB	Anny Umland	Ritsch/Kehdingen	93,3	32,95	36
DFVC	Bertha	Grünendeich	121,8	42,99	60
DFVD	Betty	Krautsand	120,8	42,64	60
DFVE	Catharina	Abbenfleth	222,1	78,39	120
DFVF	Comet	Krautsand	117,6	41,52	75
DFVG	Contentia	Bützfleth	106,0	37,43	35
DFVH	Cremon	Dornbusch	116,9	41,28	50
DFVI	Daheim	Krautsand	149,2	52,65	50
DFVK	Dora	Dornbusch	83,2	29,36	18
DFVL	Edelweiß	Krautsand	118,8	41,94	75
DFVM	Elisabeth	Wischhafen	163,0	57,55	80
DFVN	Elise	Abbenfleth	96,5	34,07	25
DFVO	Ella	Bützfleth	207,1	73,09	70
DFVP	Else Marie	Dornbusch	101,4	35,78	35
DFVQ	Emma	Krautsand	4,2	1,48	25
DFVR	Erato	Stade	130,2	45,97	45
DFVS	Frieda	Dornbusch	91,1	32,15	50

DFVT — DFXO

Unterscheidungssignale	Namen der Schiffe	Heimathafen der Schiffe	Kubikmeter Nettoraumgehalt	Registertons Nettoraumgehalt	PS
DFVT	Frieda Elisabeth	Wischhafen	229,8	81,14	75
DFVU	Fritz-Alfred II	Krautsand	375,6	132,59	150
DFVV	Anna	Stade	64,7	22,84	
DFVW	Grete	Krautsand	199,7	70,50	70
DFVX	Günter	Wischhafen	119,2	42,08	50
DFVY	Gunda von Stade	Stade	5,9	2,10	36
DFVZ	Hans	Krautsand	167,8	59,22	75
DFWA	Walter	Lübeck	218,7	77,19	120
DFWB	Heini	Hamburg-Neuenfelde	260,7	92,04	150
DFWC	Heinrich	Dornbusch	109,4	38,60	75
DFWD	Helios	Stade	112,9	39,84	50
DFWE	Hoffnung	Königreich	147,7	52,15	90
DFWF	Hoffnung	Krautsand	143,6	50,68	60
DFWG	Ro. 14	Hamburg	124,6	43,97	36
DFWH	Ida	Krautsand	116,1	40,97	50
DFWI	Irma	Gauensiek	110,5	39,02	50
DFWJ	Johanna	Gauensiek	116,6	41,16	75
DFWK	Johanne	Neuland/Kehdingen	122,0	43,05	50/60
DFWL	Johanne	Bützfleth	119,5	42,19	50
DFWM	Johanne	Mühlenhafen	135,8	47,94	45/55
DFWN	Johannes Emil	Krautsand	108,3	38,22	70
DFWO	John Friedrich	Krautsand	153,3	54,11	80
DFWP	Jupiter	Büsum	5,6	1,96	75
DFWQ	Käte	Hamburg	334,5	118,07	200
DFWR	Käthe	Bremervörde	169,5	59,83	75
DFWS	Karin	Wischhafen	4,0	1,41	18
DFWT	Katharina	Mühlenhafen	111,4	39,31	70
DFWU	Kehrwieder	Wischhafen	119,8	42,28	75
DFWV	Lisa	Gauensiek	89,4	31,55	75
DFWW	Magda	Krautsand	141,6	49,98	100
DFWX	Margaretha	Stade	110,9	39,14	50
DFWY	Margaretha	Gauensiek	125,8	44,42	75
DFWZ	Margaretha	Krautsand	114,6	40,45	75/95
DFXA	Margrid	Krautsand	405,6	143,19	150
DFXB	Maria	Abbenfleth	90,7	32,03	35
DFXC	Maria Dorothea	Assel	77,4	27,32	25
DFXD	Marie	Bützfleth	69,4	24,49	120
DFXE	Marie	Ritsch/Kehdingen	100,4	35,45	75
DFXF	Martha	Hamburg	147,5	52,05	75
DFXG	Mary	Königreich	112,8	39,83	25
DFXH	Mathilde	Wischhafen	132,2	46,67	50
DFXI	Merkur	Freiburg/Elbe	106,0	37,41	50
DFXJ	Meta Adele	Gauensiek	119,7	42,27	75
DFXK	Norderelbe	Hamburg	123,0	43,43	60
DFXL	Paul Gährs	Estebrügge	399,6	141,06	150
DFXM	Persia	Dornbusch	111,8	39,46	75
DFXN	Peter	Krautsand	130,7	46,15	45
DFXO	Peter	Ritsch/Kehdingen	87,5	30,89	55

* = Bruttoraumgehalt.

DFXQ — DFZM

Unter-scheidungs-signale	Namen der Schiffe	Heimathafen der Schiffe	Kubik-meter Nettoraumgehalt	Register-tons Nettoraumgehalt	PS
DFXQ	Rebecka	Barnkrug	91,9	32,45	50
DFXR	Ruhr	Bützfleth	191,8	67,72	110
DFXS	Seeadler	Wischhafen	132,0	46,60	80
DFXT	Sirius	Wischhafen	8,3	2,94	35
DFXU	Sophie	Laboe	118,8	41,95	36
DFXV	Süderelbe	Dornbusch	164,3	57,99	75
DFXW	Swanhild	Cuxhaven	5,4	1,93	16
DFXX	Telse-Inge	Krautsand	128,3	45,27	75
DFXY	Uta	Stade	198,8	70,19	75
DFXZ	Venus	Wisch/Jork	134,5	47,47	50
DFYA	Venus	Gauensiek	111,1	39,20	70
DFYB	Vineta	Barnkrug	116,5	41,14	60
DFYC	Walter	Estebrügge	113,6	40,10	80
DFYD	Windhuk	Assel	100,7	35,54	70
DFYE	Windsbraut	Borstel/Jork	161,8	57,11	100
DFYF	Windsbraut	Wischhafen	125,2	44,21	80
DFYG	Windsbraut	Laboe	100,5	35,51	50
DFYH	Anna	Lühe	115,1	40,61	80
DFYI	Lisa	Krautsand	45,9	16,21	15
DFYJ	Adele	Neuland/Kehdingen	100,0	35,30	70
DFYK	Trinchen	Barnkrug	115,2	40,67	25
DFYL	Johanna	Wischhafen	182,3	64,34	60
DFYM	Frankfurt	Bremen	189,9	67,03	
DFYN	Uranus	Abbenfleth	130,0	46,02	60
DFYO	Johanna	Freiburg/Elbe	128,5	45,30	80
DFYP	Dora	Freiburg/Elbe	99,6	35,15	25
DFYQ	Frieda	Bützfleth	108,4	38,27	25
DFYR	Sirene	Freiburg/Elbe	81,5	28,77	25/28
DFYS	Bertha	Abbenfleth	170,7	60,26	80
DFYT	Cäcilie	Freiburg/Elbe	79,8	28,17	25
DFYU	Marie	Gauensiek	85,5	30,16	25
DFYV	Johanne	Grünendeich	143,2	50,55	75
DFYW	Johannes	Estebrügge	222,1	78,39	100
DFYX	Frieda	Gräpel	76,4	29,96	30
DFYY	Anni	Gräpel	108,8	38,40	30
DFYZ	Friedrich	Hechthausen	86,2	30,43	25
DFZA	Betty	Gräpel	94,1	33,23	30
DFZB	Frieda	Barnkrug	65,4	23,07	75
DFZC	Sophie	Wischhafen	124,6	43,98	18
DFZD	Jürgen	Stade	405,0	142,96	250
DFZE	Ruth-Dieter	Stade	268,9	94,94	250
DFZF	Anna Sietas	Grünendeich	427,4	150,86	250
DFZG	Pohlmann I	Assel	55,0	19,42	25
DFZH	Fortuna	Wischhafen	63,3	22,36	
DFZI	Jut'n Feldmann	Stade	386,6	136,45	250
DFZJ	Magda Elfers	Assel	114,2	40,32	40
DFZK	Heinz	Lühe	192,6	67,99	
DFZL	Elfriede	Assel	32,6	11,50	
DFZM	Gerda Adele	Elm/Stade	130,2	45,95	25

DFZN — DGBM

Unterscheidungssignale	Namen der Schiffe	Heimathafen der Schiffe	Nettoraumgehalt Kubikmeter	Nettoraumgehalt Registertons	PS
DFZN	Courier	Dornbusch	76,4	26,95	18
DFZO	Ponape	Grünendeich	122,1	43,09	40
DFZP	Johannes Leopold	Itzehoe	111,3	39,28	70
DFZQ	Johanne-Marie	Bützfleth	101,8	35,92	70
DFZR	Claus	Bützfleth	63,9	22,54	70
DFZS	Hanni-Lene	Krautsand	424,2	149,75	250
DFZT	Anna	Assel	110,7	39,09	
DFZU	Gretchen	Ritsch	83,4	29,44	50
DFZV	Adele	Barnkrug	44,2	19,38	
DFZW	Rolf Behrmann	Krautsand	422,8	149,24	250
DFZX	Schwinge	Stade	338,5	119,49	180
DFZY	Renate	Stade	462,6	163,30	250
DFZZ	Cremona 2	Dornbusch	438,0	154,52	240
DGAA	Heinrich	Stade	82,0	28,96	
DGAB	Aar	Hamburg	497,6	175,64	250
DGAC	Achim Griese	Kiel	402,0	142,08	200
DGAD	Activ	Hamburg	52,2	18,43	163
DGAE	Adalbert	Hamburg	282,9	99,87	165
DGAF	Adele	Hamburg	299,9	105,88	150
DGAG	Magdalene	Rendsburg	280,4	98,98	110
DGAH	Adele	Hamburg	237,8	83,93	75
DGAI	Adelheid	Hamburg	142,8	50,42	80
DGAJ	Adelheid	Hamburg	111,0	39,20	75
DGAK	Adelheit	Hamburg	113,3	40,01	120
DGAL	Adler	Hamburg	182,4	64,40	75
DGAM	Adler	Hamburg-Finkenwdr.	60,2	21,24	130
DGAN	Adler	Hamburg-Altenwdr.	7,3	2,58	60
DGAO	Adolf	Hamburg	372,8	131,60	120
DGAP	Agnes	Hamburg	106,4	37,56	70
DGAR	A. H. Both	Hamburg	757,1	267,26	200
DGAS	Albatross	Hamburg-Finkenwdr.	41,7	14,72	100
DGAT	Albert	Hamburg	110,0	38,84	50
DGAV	Eversand	Bremen	175,1*	61,81*	735
DGAW	Albert Gido	Hamburg	127,2	44,90	50
DGAX	Alida	Hamburg	160,4	56,64	75
DGAY	Hans Bornhofen	Hamburg	839,2	296,29	250
DGAZ	Alita III	Hamburg	191,3	67,53	120
DGBA	Fehmarn III	Hamburg	89,8	31,70	60
DGBB	Allegro	Hamburg	213,4	75,34	110
DGBC	Alma	Hamburg	208,8	73,71	165
DGBD	Alma	Hamburg	122,3	43,17	70
DGBE	Alma	Hamburg	140,9	49,75	75
DGBF	Alma	Hamburg	118,1	41,69	75
DGBG	Alster	Hamburg	103,6	36,56	50
DGBI	Alteland	Hamburg	120,9	42,68	72
DGBJ	Altona	Hamburg	5,1	1,81	15
DGBK	Alwine	Hamburg	194,3	68,59	75
DGBL	A. M. 1	Hamburg	137,8	48,64	100
DGBM	A. M. 2	Hamburg	78,2	27,62	55

* = Bruttoraumgehalt.

DGBO — DGDM

Unterscheidungssignale	Namen der Schiffe	Heimathafen der Schiffe	Kubikmeter Nettoraumgehalt	Registertons Nettoraumgehalt	PS
DGBO	Amalie	Laboe	121,7	42,97	75
DGBP	Amandus	Hamburg	142,9	50,46	75
DGBQ	Anne II	Kiel	169,4	59,79	90
DGBR	Amazone	Hamburg	353,1	124,63	150
DGBS	Amor	Hamburg-Finkenwdr.	38,9	13,74	120
DGBT	Andome	Hamburg	124,1	43,82	75
DGBU	Anita	Hamburg	281,8	85,35	135
DGBV	Anke	Hamburg	60,7	21,41	130
DGBW	Anna	Hamburg	174,0	61,44	120
DGBX	Anna	Hamburg	196,6	69,40	90
DGBY	Anna	Hamburg	306,5	108,18	50
DGBZ	Anna	Hamburg	109,2	38,55	60
DGCA	Anna	Hamburg	98,7	34,85	50
DGCB	Anna	Ostgroßefehn	102,2	36,09	50
DGCC	Anna	Hamburg-Finkenwdr.	49,7	17,54	120
DGCD	Anna	Dorum-Neufeld	6,2	2,19	36
DGCG	Anna-Frieda	Hamburg	135,1	47,68	90/115
DGCH	Anna-Helene	Hamburg	250,7	88,49	90
DGCI	Anna-Magdalena	Hamburg	128,6	45,39	50
DGCJ	Anna-Maria	Hamburg	141,4	49,91	50
DGCK	Anna Marie	Hamburg	276,3	97,55	110
DGCL	Anna Marta	Hamburg	378,1	133,47	200
DGCM	Anna Thekla	Hamburg	169,6	59,88	84
DGCN	Anna Woldmann	Hamburg-Finkenwdr.	70,9	25,04	200
DGCO	Annchen Peters	Hamburg	971,3	342,87	350
DGCP	Anne-Elfriede	Hamburg	136,1	48,05	100
DGCQ	Anne Helene	Hamburg	145,5	51,38	95
DGCR	Anne-Lene	Leer	102,9	36,33	75
DGCS	Annemarie	Hamburg	459,1	126,06	150
DGCT	Anni	Hamburg	183,9	64,93	90
DGCU	Anni	Hamburg	156,9	55,24	80
DGCV	Anni Lina	Hamburg	269,2	95,04	144
DGCW	Antares	Hamburg	324,9	114,70	100
DGCX	Antje	Hamburg	735,9	259,76	150
DGCY	Antje Mahler	Hamburg	369,9	130,58	120
DGCZ	Antje Oltmann	Hamburg	410,1	144,75	300
DGDA	Aquarius	Emden	146,6	51,74	125
DGDB	Argonaut	Hamburg	236,5	83,50	80
DGDC	Arnolde	Hamburg	421,3	148,74	165
DGDD	Astarte	Hamburg	314,6	111,05	100
DGDE	Astrid	Hamburg	95,9	33,84	150
DGDF	Atlantik	Hamburg	413,1	145,82	150
DGDG	Audieck	Hamburg-Finkenwdr.	60,9	21,51	130
DGDH	Auguste	Hamburg	330,7	116,73	120
DGDI	Auguste	Hamburg	4,3	1,53	525
DGDJ	Aurora	Hamburg	117,5	41,49	100
DGDK	Ausdauer	Hamburg	4905,1	1731,50	2×180
DGDL	Aventura	Hamburg	275,4	97,22	150
DGDM	Baldur	Hamburg	111,4	39,31	60

DGDO — DGFT

Unterscheidungssignale	Namen der Schiffe	Heimathafen der Schiffe	Kubikmeter (Nettoraumgehalt)	Registertons (Nettoraumgehalt)	PS
DGDO	Barnkrug	Hamburg	159,5	56,32	110
DGDQ	Baumwall	Hamburg	10,2	3,59	525
DGDR	B. D. 494	Hamburg	1253,3	442,41	—
DGDS	Magnet	Hamburg	869,4	306,88	—
DGDT	Berger V	Bremerhaven	915,3	232,12	—
DGDU	Berger VII	Hamburg	907,9	320,49	—
DGDV	Berta Louise	Hamburg	134,8	47,59	70
DGDW	Bertha	Hamburg	185,9	65,61	110
DGDX	Bertha	Hamburg	125,8	44,41	50
DGDY	Berta Hermine	Hamburg-Finkenwdr.	21,5	7,59	85
DGDZ	Bertha-Johanna	Hamburg	205,6	72,59	110
DGEA	Berta Köhlmann	Hamburg	392,7	138,62	150
DGEB	Bertha Troles	Hamburg	226,4	79,93	115
DGEC	Betty	Hamburg	96,0	33,87	50
DGED	Langeoog III	Langeoog	129,8	45,81	200
DGEE	Brake	Hamburg	953,1	336,44	230
DGEG	Brigitta	Strande	35,6	12,57	100
DGEH	Brix Hansen	Hamburg-Finkenwdr.	53,6	18,91	90
DGEJ	Bürgermeister Ross	Hamburg	772,2	272,57	1000
DGEL	Bussard	Hamburg-Finkenwdr.	61,9	21,86	130
DGEM	Bussard	Hamburg	66,2	23,35	120
DGEN	Bützfleth	Hamburg	224,7	79,34	100
DGEO	B. & V. Kranich	Hamburg	526,2	185,75	1000
DGEP	Canopus	Hamburg	424,2	149,76	250
DGEQ	Capella	Hamburg	189,7	66,95	85
DGER	Carl Rehder	Hamburg	754,2	266,23	400
DGES	Carlshütte	Hamburg	261,7	92,37	100
DGET	Catharina	Bremerhaven	7,8	2,75	60
DGEU	Catharina	Hamburg-Finkenwdr.	10,0	3,53	40
DGEV	Catharina	Hamburg-Altenwdr.	10,1	3,55	60
DGEX	C. A. Woldmann	Hamburg-Finkenwdr.	50,1	17,69	120
DGEY	Charlotte	Hamburg	161,5	57,02	70
DGEZ	Charlotte	Hamburg	653,8	230,81	350
DGFC	C. H. Kreft	Hamburg-Finkenwdr.	61,9	21,83	130
DGFD	Christa	Hamburg	393,0	138,73	200
DGFE	Christa Juls	Hamburg	188,5	66,53	100
DGFF	Christel	Hamburg	213,5	75,35	120
DGFG	Christine	Hamburg-Altenwdr.	9,2	3,26	70
DGFH	Clara	Hamburg	198,8	70,19	75
DGFI	Claus	Hamburg	341,6	120,60	150
DGFJ	Claus	Hamburg	276,3	97,53	90
DGFK	Claus	Hamburg	57,1	20,16	18
DGFL	Jenny Porr	Hamburg	637,2	224,54	300
DGFM	Claus Erich	Hamburg	168,8	59,59	100
DGFN	Claus Johannes	Hamburg	122,1	43,09	36
DGFO	Condor	Hamburg	233,2	82,33	100
DGFP	Condor	Hamburg	88,0	31,06	30
DGFQ	Condor	Hamburg	2,0	0,72	120
DGFT	Courier	Hamburg	114,8	40,51	80/100

DGFU — DGHT

Unterscheidungssignale	Namen der Schiffe	Heimathafen	Kubikmeter Nettoraumgehalt	Registertons	PS
DGFU	Frieda Jonas	Hamburg	355,4	125,46	200
DGFV	Ida Kuhlencort	Hamburg	106,0	37,41	55
DGFW	Delphin III	Hamburg	411,0	145,08	150
DGFX	Delphin IV	Hamburg	344,4	121,58	200
DGFZ	Derfflinger	Hamburg	501,7	177,10	150
DGGA	Deutschland	Hamburg	414,3	146,24	200
DGGB	Diamant	Hamburg-Finkenwdr.	32,7	11,55	85
DGGC	Diana	Hamburg	111,5	39,34	120
DGGD	Dide	Hamburg	175,2	61,85	100
DGGE	Die Liebe	Kiel	141,5	49,94	75
DGGF	Dora	Hamburg	232,0	81,90	90
DGGG	Dora	Hamburg	350,2	123,62	150
DGGH	Dora	Hamburg	138,3	48,81	70
DGGI	Dora Ahrens	Hamburg	1497,6	528,65	450
DGGJ	Dorotea	Hamburg	179,1	63,23	90/100
DGGK	Dorothea	Hamburg	276,5	97,59	120
DGGL	Dorothea	Hamburg	226,9	80,10	110
DGGM	Drochtersen	Hamburg-Finkenwdr.	139,1	49,12	120
DGGN	Düsseldorf	Hamburg-Finkenwdr.	27,6	9,73	85
DGGO	Norderelbe II	Hamburg	118,5	41,84	65
DGGP	Eben Ezer	Hamburg-Finkenwdr.	31,2	11,02	85
DGGQ	Edith	Hamburg	197,6	69,74	90
DGGR	Egerland	Hamburg	271,0	95,67	180
DGGS	Haru	Hamburg	506,7	178,86	2×130
DGGT	Odin	Kiel	73,3	25,83	320
DGGU	Elbe	Hamburg	283,2	99,98	200
DGGV	Elbe	Hamburg	137,8	48,65	75
DGGX	Elbe	Hamburg	99,8	35,22	25
DGGY	Elbe	Hamburg	697,0	246,05	—
DGGZ	Tankleichter Elbe	Hamburg	2199,9	776,55	—
DGHA	Elenore	Hamburg	215,9	76,22	90
DGHB	Eleonore	Hamburg	243,4	85,91	180
DGHC	Elisabeth	Hamburg	1391,2	491,11	550
DGHD	Elisabeth	Hamburg	1026,7	362,41	450
DGHF	Elisabeth	Hamburg-Finkenwdr.	7,0	2,47	50
DGHG	Elise	Hamburg	169,0	59,67	90
DGHH	Ella	Hamburg	136,5	48,20	75
DGHI	Ellen	Hamburg	759,9	268,23	420
DGHK	Elsa	Hamburg	191,4	67,55	80
DGHL	Elster	Hamburg	228,2	80,54	150
DGHM	Emanuel	Hamburg	281,7	99,45	90
DGHN	Emanuel	Hamburg	131,7	46,49	70
DGHO	Emden	Hamburg	1093,4	385,98	400
DGHP	Emil	Hamburg	4,4	1,55	525
DGHQ	Emma	Hamburg	140,1	49,44	70
DGHR	Emma	Hamburg	103,7	36,60	50
DGHS	Emma	Hamburg	223,3	78,82	150
DGHT	Emma	Hamburg	166,4	58,76	120

DGHU — DGJV

Unter-scheidungs-signale	Namen der Schiffe	Heimathafen der Schiffe	Nettoraumgehalt Kubikmeter	Nettoraumgehalt Registertons	PS
DGHU	Emma	Hamburg	128,3	45,28	50
DGHV	Emma	Hamburg-Altenwdr.	9,0	3,09	50
DGHW	Emma	Hamburg-Altenwdr.	22,3	7,87	60
DGHX	Emma	Hamburg	219,0	77,31	85
DGHY	Emma Diercks	Hamburg	127,2	44,91	75
DGHZ	Emma Irene	Hamburg	146,3	51,65	125
DGIA	Emma Louise	Hamburg	119,5	42,19	100
DGIB	Emma Lucie	Hamburg	127,6	45,05	75
DGIC	Emma Oltmann	Hamburg	158,2	55,84	80
DGID	Energie	Hamburg	4905,1	1731,50	800
DGIE	Enz	Hamburg	415,1	146,54	200
DGIF	Erich	Hamburg	122,4	43,22	60
DGII	Erika	Hamburg	168,2	59,36	85
DGIJ	Erna	Heiligenhafen	126,6	44,68	50
DGIK	Erna	Hamburg	92,8	32,74	50
DGIL	Erna Elisabeth	Hamburg	122,2	43,05	35
DGIM	Erna Marie	Hamburg	225,9	79,73	90
DGIN	Erna Meyer	Hamburg	314,2	110,91	100
DGIO	Erni	Rendsburg	263,7	93,10	90
DGIP	Ernst	Hamburg	129,5	45,73	90
DGIS	Ernst August	Hamburg	130,5	46,07	100
DGIT	Erwin	Hamburg	148,3	52,36	50
DGIU	Erwin	Hamburg	225,1	79,45	100
DGIV	Esriel	Hamburg	106,4	37,54	50
DGIW	Esso 60	Hamburg	382,4	134,98	—
DGIX	Estetal	Hamburg	163,4	57,67	120
DGIZ	Euroland	Hamburg	1299,5	458,73	525
DGJA	Ewald Ehlert	Rendsburg	229,7	81,07	200
DGJB	Richard	Hamburg	181,1*	66,71*	329
DGJC	Fairplay II	Hamburg	193,5*	68,31*	358
DGJD	Ingrid	Hamburg	192,2*	67,84*	325
DGJE	Gustav	Hamburg	193,4*	68,29*	361
DGJF	Fairplay VI	Hamburg	193,2*	68,20*	353
DGJG	Fairplay VIII	Hamburg	254,8*	89,95*	379
DGJH	Fairplay IX	Hamburg	209,6*	73,98*	349
DGJI	Fairplay X	Hamburg	140,8	49,70	650
DGJJ	Fairplay XI	Hamburg	210,9*	74,44*	347
DGJK	Fairplay XII	Hamburg	230,9*	81,85*	312
DGJL	Wolfgang	Hamburg	146,9*	58,22*	300
DGJM	Fairplay XVI	Hamburg	165,8*	58,53*	410
DGJN	Fritz	Hamburg	285,8*	100,90*	329
DGJO	Falke	Hamburg	293,4	103,58	200
DGJP	Falke	Hamburg	252,9	89,28	100
DGJQ	Falkenstein	Hamburg	280,7	99,08	150
DGJR	Fanto XVIII	Hamburg	235,8	83,24	125
DGJS	Fiducia	Hamburg	144,7	51,07	50
DGJT	Finkwarder	Hamburg	406,4	143,45	180/215
DGJU	Fischland	Hamburg	317,5	112,07	120
DGJV	Marie Allwardt	Hamburg	394,8	139,40	216

* = Bruttoraumgehalt.

DGJW — DGLV

Unterscheidungssignale	Namen der Schiffe	Heimathafen der Schiffe	Kubikmeter Nettoraumgehalt	Registertons Nettoraumgehalt	PS
DGJW	Flottweg	Hamburg	147,2	51,97	80
DGJX	F. M. Harmstorf	Hamburg	171,8	60,65	—
DGJY	Fortuna	Hamburg	135,4	47,79	75
DGJZ	Fortuna	Brunsbüttelkoog	148,3	52,33	100
DGKA	Fortuna	Hamburg	334,2	117,96	150
DGKB	Fortuna	Hamburg	314,4	110,97	200
DGKC	Fortuna	Hamburg	102,9	36,33	55
DGKD	Fortuna	Hamburg	136,6	48,21	90
DGKE	Franz Holm	Hamburg	337,8	133,37	150
DGKF	Franziska	Hamburg	267,3	94,35	125
DGKG	Palmyra	Hamburg	220,8	77,95	120
DGKH	Freia	Lübeck	147,3	52,00	50
DGKI	Freia	Hamburg-Finkenwdr.	22,1	7,80	96
DGKJ	Freia	Hamburg-Finkenwdr.	331,8	11,23	120
DGKK	Freiherr vom Stein	Hamburg	435,7	135,81	150
DGKL	Frida	Hamburg	91,2	32,19	25
DGKM	Fridmariwalt	Hamburg	139,1	49,10	120
DGKN	Frieda	Hamburg	324,7	114,61	110
DGKO	Frieda	Hamburg	167,5	59,14	110
DGKP	Frieda	Hamburg	141,6	49,98	70
DGKQ	Frieda	Hamburg	107,4	37,91	75
DGKR	Frieda	Hamburg	131,4	46,38	50
DGKS	Frieda	Hamburg	108,5	38,29	80
DGKT	He ke Schlüter	Rendsburg	565,2	199,52	250
DGKU	Frieda	Hamburg	4,5	1,60	—
DGKV	Frieda Mariechen	Hamburg	113,8	40,16	50
DGKW	Friedrich Campsen	Hamburg	161,9*	57,14*	240
DGKY	Friedrich Wilhelm	Hamburg	293,9	103,73	100
DGKZ	Fritz Reuter	Hamburg	86,4	30,51	120
DGLA	Fritz Schindler	Hamburg	392,7	138,62	110
DGLB	Fritz Vollmers	Hamburg	304,4	107,46	150
DGLC	Gebrüder	Hamburg	22,2	7,85	75
DGLD	Gebrüder	Hamburg	13,8	4,88	50
DGLE	Geheimrat Koenigs	Hamburg	298,8	105,48	150
DGLF	Gemeinschaft	Bremerhaven	264,7	93,44	—
DGLG	Gerda	Hamburg	121,4	42,84	40
DGLH	Gerda II	Hamburg	345,8	122,07	150
DGLI	Gerda-Luise	Hamburg	378,8	133,73	200
DGLJ	Gerda Waller	Hamburg	272,0	96,01	110
DGLK	Gerfried	Hamburg	456,3	161,06	150
DGLM	Gertha	Hamburg	210,4	74,28	90
DGLN	Gertrud	Hamburg	498,8	176,06	329
DGLO	Gertrud	Hamburg	357,9	126,35	150
DGLP	Gertrud	Hamburg	149,5	52,76	90
DGLQ	Gertrud	Cranz/Elbe	280,7	99,08	150
DGLR	Gertrud	Hamburg	140,7	49,67	75
DGLS	Gertrud II	Hamburg	494,4	174,53	150
DGLU	Gesche	Hamburg	93,5	33,00	50
DGLV	Gesine	Hamburg	128,5	45,37	50

* = Bruttoraumgehalt.

DGLW — DGOC

Unterscheidungssignale	Namen der Schiffe	Heimathafen der Schiffe	Kubikmeter Nettoraumgehalt	Registertons Nettoraumgehalt	PS
DGLW	Gisela	Glückstadt	20,1	7,08	80
DGLX	Gloria	Hamburg	404,1	142,64	200
DGLY	Glückauf	Hamburg	63,2	22,31	150
DGLZ	Glückstern	Hamburg-Finkenwdr.	5,6	1,96	40
DGMA	Goden Wind	Hamburg-Finkenwdr.	75,1	26,52	180
DGMB	Götaälv	Hamburg	828,7	292,54	600
DGMC	Golm	Hamburg	788,2	278,20	450
DGMD	Gorch Fock	Hamburg	348,8	123,12	150
DGME	Gorch Fock	Hamburg-Finkenwdr.	72,6	25,82	180
DGMF	Gossi	Hamburg	183,2	64,66	50
DGMG	Grauerort	Hamburg	146,6	51,74	70
DGMH	Greif	Hamburg	297,4	104,73	450
DGMI	Greifswald	Hamburg	178,3	62,93	180
DGMJ	Greta	Hamburg	136,2	48,09	60
DGMK	Greta	Hamburg	344,1	121,95	200
DGML	Gretchen	Hamburg	142,1	50,17	120
DGMM	Gretchen	Hamburg	114,1	40,27	50
DGMO	Grete	Hamburg	117,6	41,50	80
DGMP	Grete	Hamburg	108,9	38,43	50
DGMQ	Grete	Hamburg	139,1	49,11	90
DGMR	Grete	Hamburg-Finkenwdr.	6,0	2,11	50
DGMS	Gretl	Hamburg	253,5	89,48	100
DGMT	Griep	Hamburg	1905,6	672,67	—
DGMV	Gudrun	Hamburg	335,0	118,27	100/135
DGMW	Gudrun V	Hamburg	2,5	0,89	20
DGMY	Günther	Hamburg	247,7	87,44	105
DGNA	Gustav Adolf	Hamburg	121,9	43,03	130
DGNB	Halmstad	Hamburg	1301,0	459,26	700
DGNC	Hamburg	Hamburg	226,1	79,82	150
DGND	Hamburg	Hamburg	264,3	93,30	2×300
DGNE	Hanna	Hamburg	214,2	75,62	112
DGNF	Hanna	Hamburg	210,3	74,25	200
DGNG	Hannchen Allers	Hamburg	333,2	117,61	100
DGNH	Hannchen Camper	Hamburg-Finkenwdr.	85,4	30,15	150
DGNI	Hannover	Hamburg	214,5	75,73	120
DGNJ	Hans	Hamburg	136,7	48,26	75
DGNK	Hans	Hamburg	126,3	44,58	50
DGNL	Hans	Hamburg	138,7	48,96	70
DGNM	Erika Reinhold	Hamburg	139,3	49,19	60
DGNN	Hans	Hamburg	352,7	124,50	175
DGNO	Hans Albert	Hamburg	151,1	53,34	75
DGNQ	Hans Günther	Hamburg	135,0	47,65	100
DGNR	Hanshinrich	Hamburg	145,6	51,39	120
DGNS	Hans Hinrich	Hamburg	192,2	67,86	100/120
DGNW	Hans und Grete	Hamburg	121,4	42,87	75
DGNX	Elli	Hamburg	202,4	71,46	100
DGNY	Hans Werner	Hamburg	210,5	74,31	100
DGNZ	Hanseat	Neuß/Rhein	188,1	66,41	150
DGOC	Hartwig	Hamburg	208,5	73,60	120

DGOE — DGQD

Unterscheidungssignale	Namen der Schiffe	Heimathafen der Schiffe	Kubikmeter Nettoraumgehalt	Registertons Nettoraumgehalt	PS
DGOE	Hebe	Hamburg	162,7	57,45	150
DGOF	Hedi	Hamburg	11,5	4,07	50
DGOH	Heidberg	Hamburg	2279,6	804,70	1500
DGOI	Heimat	Hamburg	396,2	139,86	180
DGOJ	Heimat	Hamburg	271,8	95,96	120
DGOK	Heimatland	Hamburg	271,9	96,00	150
DGOL	Heimkehr	Hamburg	265,9	93,85	180
DGOM	Heimkehr	Hamburg	184,6	65,16	70
DGON	Heimwärts	Hamburg	187,5	66,17	105
DGOP	Hein Godenwind	Hamburg	163,6	57,76	45
DGOR	Heinrich	Cranz	99,0	34,95	50
DGOS	Heinrich Block	Hamburg	400,2	141,27	225
DGOT	Heinz	Hamburg	159,5*	56,45*	180
DGOU	Heinz Brey	Hamburg	189,6	66,95	100
DGOV	Heinz-Helmut	Hamburg	352,1	124,28	75
DGOW	Heinz Schriewer	Hamburg	346,2	122,20	150
DGOX	Helene	Hamburg	281,8	99,49	150
DGOY	Helene	Hamburg	122,7	43,31	75
DGOZ	Helene	Hamburg-Altenwdr.	11,5	4,06	60
DGPA	Helene	Hamburg-Altenwdr.	2,3	0,82	18
DGPB	Helene	Hamburg	1111,9	392,50	520
DGPC	Helga	Hamburg	297,8	105,11	90
DGPD	Helga	Hamburg-Finkenwdr.	60,9	21,48	150
DGPE	Helga	Hamburg	54,0	19,07	25
DGPF	Helga	Hamburg	162,5	57,37	70
DGPG	Helios	Hamburg	1851,6	653,62	—
DGPH	Hellmuth	Hamburg	228,2	80,56	75
DGPI	Helmuth	Hamburg	321,1	113,36	180
DGPJ	Helmut	Büsum	6,2	2,18	20
DGPK	Helmut	Hamburg	220,3	77,78	85
DGPL	Hendricka	Neufeld	5,0	1,75	15
DGPM	Henry Six	Hamburg-Altenwdr.	21,4	7,57	100
DGPN	Herbert	Hamburg	87,6	30,93	60
DGPO	Herbert	Hamburg	240,4	84,85	115
DGPP	Bernd	Hamburg	128,6	45,38	75
DGPQ	Herma	Hamburg	133,8	47,22	75
DGPR	Hermann	Rendsburg	341,8	120,66	100
DGPS	Hermann	Hamburg	115,1	40,62	50
DGPT	Hermann	Hamburg	87,7	30,94	55
DGPU	Hermine	Hamburg	167,4	59,11	90
DGPV	I. C. Ertel	Hamburg	1003,0	354,05	600
DGPW	Heros	Hamburg	133,4	47,09	35
DGPX	Herta	Neuenfelde	184,2	65,02	140
DGPY	Hertha	Hamburg	258,8	91,37	75
DGPZ	Hertha	Hamburg	82,9	29,25	120
DGQA	Hertha	Hamburg	94,5	33,34	50
DGQB	Hiev	Hamburg	1785,3	630,22	—
DGQC	Hilda	Hamburg-Finkenwdr.	72,5	25,59	120
DGQD	Hilda	Hamburg-Harburg	11,9	4,21	60

* = **Bruttoraumgehalt.**

DGQE — DGSH

Unterscheidungssignale	Namen der Schiffe	Heimathafen der Schiffe	Kubikmeter Nettoraumgehalt	Registertons Nettoraumgehalt	PS
DGQE	Hilde Loop	Hamburg-Finkenwdr.	60,9	21,48	120
DGQF	Rüstringen	Bremen	135,1	47,70	2×900
DGQG	Hinrich Kiehn	Hamburg	1065,1	376,00	—
DGQH	Hinrich Peters	Hamburg	1368,3	483,01	450
DGQI	Hinrich Wilhelm	Hamburg	315,0	111,18	150
DGQJ	Hoffnung	Hamburg	529,1	186,77	214
DGQK	Hoffnung	Hamburg	162,2	57,27	80
DGQL	Mignon	Hamburg	123,8	43,71	150/165
DGQN	Hugbert	Hamburg	511,8	180,66	260
DGQO	Hummel	Hamburg	632,0	223,09	400
DGQP	Husumer Koje	Hamburg	557,7	203,93	—
DGQQ	Ida	Hamburg	210,7	74,36	155
DGQS	Immanuel	Hamburg	378,9	133,74	180
DGQT	Inge	Rendsburg	284,4	109,39	150
DGQU	Ingeborg	Hamburg	453,9	160,22	150
DGQW	Ingeborg	Hamburg	186,8	65,94	90
DGQX	Ingeborg III	Hamburg	216,1	76,28	125
DGQY	Irene	Hamburg	405,9	143,28	210
DGQZ	Irene	Kiel	34,0	12,01	150
DGRA	Irene Kiehn	Hamburg	1412,6	498,65	—
DGRB	Marie-Elise	Flensburg	163,9	57,85	80/100
DGRC	Irma-Marie	Hamburg	224,0	79,07	100
DGRD	Irma Rolf	Hamburg	124,6	43,98	75
DGRE	Irmgard	Hamburg	165,6	58,45	90
DGRF	Irmgard	Hamburg	420,5	148,42	100
DGRG	Isar	Hamburg	148,7	52,84	80
DGRH	Jacobus	Hamburg	245,1	86,50	175
DGRJ	Jason	Cuxhaven	65,8	23,22	250
DGRK	J. C. Wriede	Hamburg-Finkenwdr.	54,7	19,31	120
DGRL	Jessica	Hamburg	1712,7	604,57	700
DGRM	Johann	Cranz/Elbe	105,0	37,07	50
DGRO	Johanna	Hamburg	124,9	44,10	50
DGRP	Anke Tiedemann	Hamburg	205,3	72,47	50
DGRQ	Johanna	Hamburg	143,3	50,60	50
DGRR	Johanna	Hamburg-Finkenwdr.	30,4	10,73	90
DGRS	Johanna Höge	Hamburg	300,3	105,99	75
DGRT	Johanne	Hamburg	139,9	49,38	75
DGRU	Johanne	Hamburg	127,3	44,95	75
DGRV	Falke	Lübeck	64,4	22,72	25
DGRW	Johanne Becker	Hamburg	248,0	87,53	150
DGRX	Johannes	Hamburg	235,3	83,05	75
DGRY	Johannes	Hamburg	289,4	102,15	120
DGRZ	Johannes	Hamburg	139,5	49,25	90
DGSA	Johannes Matthies	Hamburg	291,7*	102,98*	400
DGSC	Johannes II	Hamburg	194,2	68,54	150
DGSD	John	Hamburg	177,1	62,52	105
DGSE	John Rehder	Hamburg	996,7	351,82	500
DGSF	Jonni Wilhelmine	Hamburg	244,4	86,26	110
DGSH	Juliane	Hamburg	136,3	48,12	75

* = Bruttoraumgehalt.

DGSI — DGUH

Unterscheidungssignale	Namen der Schiffe	Heimathafen	Nettoraumgehalt Kubikmeter	Nettoraumgehalt Registertons	PS
DGSI	Jung Dietrich	Kiel	55,0	19,40	150
DGSK	Justizia	Hamburg	147,9	52,19	50
DGSL	Jutta	Hamburg	149,8	52,89	75
DGSM	Jutta	Hamburg	17,5	6,18	—
DGSN	Käte	Hamburg	168,4	95,45	50
DGSO	Käte	Hamburg	141,0	49,77	80
DGSP	Käte Hamm	Hamburg	448,7	156,39	200
DGSQ	Käte Oltmann	Hamburg	434,5	153,37	150
DGSR	Sibylle	Flensburg	562,0	198,74	240
DGSS	Käthe	Hamburg	131,0	46,23	120
DGST	Kaethe	Hamburg-Finkenwdr.	61,9	21,86	130
DGSU	Käthe	Hamburg-Altenwdr.	2,3	0,81	10
DGSV	Käthe Block	Hamburg	166,6	58,81	75
DGSW	Käte Danckers	Hamburg	138,5	48,89	75
DGSX	Käthe Ritscher	Hamburg	402,8	142,20	200
DGSY	Kamerad	Hamburg	179,9	63,50	110
DGSZ	Kaptaube	Hamburg	137,0	48,37	75
DGTA	Karl	Hamburg	280,1	98,88	80
DGTB	Karl	Hamburg	112,4	39,66	75
DGTC	Karl Jochen	Hamburg-Finkenwdr.	0,1	0,05	25
DGTD	Karla	Burg/Fehmarn	130,7	46,14	100
DGTE	Kastor	Hamburg	78,2*	27,61*	230
DGTF	Katerine	Hamburg-Finkenwdr.	60,9	21,48	130
DGTG	Katharina	Hamburg	103,6	36,57	150
DGTH	Kattegat	Hamburg-Finkenwdr.	54,9	19,38	180
DGTI	Kehdingen	Hamburg	398,4	140,63	150
DGTJ	Kehdingen	Hamburg	240,3	84,82	150
DGTK	Kehrwieder II	Hamburg	498,3	175,90	250
DGTL	Uhlenhorst	Hamburg	1773,3	625,96	450
DGTM	Königsberg	Hamburg	280,1	98,88	145
DGTN	Kondor	Hamburg	279,6	98,70	90
DGTO	Kurt	Hamburg	423,9	149,65	180/200
DGTP	Kurt Both	Hamburg	357,7	126,27	165
DGTQ	Landkirchen	Hamburg	281,5	99,36	150
DGTR	Landrat Helferich	Hamburg-Altenwdr.	13,1	4,61	70
DGTS	Landrath Küster	Hamburg-Finkenwdr.	34,1	12,03	85
DGTU	Leda	Hamburg	109,6	38,68	75
DGTV	Lene Reinhold	Hamburg	140,3	49,54	75
DGTW	Libau	Hamburg	934,0	329,71	375
DGTY	Liesbeth	Hamburg	137,9	48,66	70
DGTZ	Lilly	Hamburg	312,4	110,28	90
DGUA	Lily	Hamburg	274,6	96,95	150
DGUB	Line Hinsch	Hamburg	146,9	51,85	70
DGUC	Lisa	Hamburg	791,4	279,37	500
DGUD	Lisa	Hamburg	369,2	130,32	165
DGUE	Lisa	Hamburg	169,6	59,91	100
DGUF	Lisa	Hamburg-Finkenwdr.	66,7	23,54	150
DGUG	Lisa Oltmann	Hamburg	275,5	97,26	125
DGUH	Liselotte	Hamburg	155,1	58,27	100

* = Bruttoraumgehalt.

DGUI — DGWI

Unter-scheidungs-signale	Namen der Schiffe	Heimathafen der Schiffe	Kubikmeter Nettoraumgehalt	Registertons Nettoraumgehalt	PS
DGUI	Lothar	Hamburg	1215,1	428,93	450
DGUJ	Louise Schupp	Hamburg	18,2	6,44	450
DGUK	Ursel	Hamburg	145,4	51,33	50
DGUL	Lühe	Hamburg	1276,7	450,67	750
DGUM	Luise	Hamburg	114,5	40,41	40
DGUN	Luise	Hamburg	125,7	44,38	50
DGUO	Luise Raabe	Flensburg	238,1	84,04	160
DGUP	Magdalena	Hamburg	123,9	43,73	70
DGUR	Magret-Inge	Hamburg	209,2	73,84	200
DGUS	Maja	Hamburg	243,1	85,83	100
DGUT	Marga	Hamburg	190,1	67,10	120
DGUU	Margaretha	Hamburg	185,0	65,30	75
DGUV	Margaretha	Hamburg	140,9	49,73	60
DGUW	Margaretha	Hamburg	164,8	58,18	80
DGUX	Margaretha	Hamburg-Altenwdr.	9,7	3,41	50
DGUY	Margaretha Nibbe	Cranz/Elbe	390,8	137,97	200
DGUZ	Gerda I	Hamburg	297,8	105,11	120
DGVB	Elli	Hamburg	141,9	50,08	70
DGVC	Margarethe	Hamburg-Finkenwdr.	6,5	2,29	60
DGVD	Margaretha	Hamburg-Finkenwdr.	13,5	4,77	25
DGVE	Margit	Hamburg-Finkenwdr.	68,9	24,33	180
DGVF	Maria	Hamburg	105,1	37,09	75
DGVG	Maria	Hamburg	135,2	47,73	100
DGVH	Maria	Hamburg	115,5	40,76	50
DGVI	Maria	Hamburg-Finkenwdr.	11,3	3,98	80
DGVJ	Maria	Hamburg-Finkenwdr.	7,8	2,76	60
DGVL	Maria Elisabeth	Hamburg	218,7	77,21	100
DGVM	Marianne	Hamburg	565,0	199,43	260
DGVN	Marianne	Brake	102,9	36,34	50
DGVO	Marianne	Hamburg	111,4	39,31	80
DGVP	Marianne	Hamburg	135,2	47,74	75
DGVQ	Marieanne	Hamburg	129,2	45,63	36
DGVR	Marido	Hamburg	259,0	91,41	80
DGVS	Marie	Hamburg	149,1	52,62	90
DGVT	Marie	Hamburg	148,7	52,49	60
DGVU	Marie	Hamburg	139,7	49,31	90
DGVV	Marie	Hamburg	97,8	34,53	50
DGVW	Marie	Hamburg-Altenwdr.	8,6	3,04	50
DGVX	Marie	Hamburg-Altenwdr.	7,0	2,46	60
DGVY	Marie	Hamburg-Altenwdr.	3,0	1,04	15
DGVZ	Mariechen	Hamburg	141,2	49,86	75
DGWA	Mariechen	Hamburg	132,8	46,88	90
DGWB	Marie Hilck	Hamburg	167,3	59,07	115
DGWC	Marie Luise	Lübeck	670,5	36,67	400
DGWD	Marie Schloo	Hamburg-Finkenwdr.	6,0	2,11	40
DGWE	Marie Steffens	Hamburg	147,2	51,96	95
DGWG	Martha	Hamburg	362,6	128,00	100
DGWH	Martha	Hamburg	106,1	37,44	50
DGWI	Martha	Hamburg	117,9	41,64	45

DGWK — DGYK

Unter-scheidungs-signale	Namen der Schiffe	Heimathafen der Schiffe	Kubikmeter Nettoraumgehalt	Registertons Nettoraumgehalt	PS
DGWK	Vegesack	Bremen	42,9	15,15	555
DGWM	Martha Ahrens	Hamburg	342,0	120,71	200
DGWN	Martha Christine	Hamburg	223,5	78,89	120
DGWO	August Peters	Hamburg	1615,4	570,25	750
DGWP	Martha Wolther	Hamburg	210,0	74,12	150
DGWQ	Mary	Hamburg	177,3	62,67	100
DGWR	Matador	Hamburg	117,5	41,49	70
DGWS	Matador	Hamburg	242,0	85,41	75
DGWT	Matador II	Hamburg	145,8	51,48	70
DGWU	Mathilde	Hamburg	139,2	49,13	75
DGWX	Max	Hamburg	79,9	28,20	60
DGWY	Max	Hamburg	147,1	51,93	150
DGWZ	Melpomene	Hamburg	321,3	113,41	120
DGXA	Memelland	Hamburg	315,2	111,28	200
DGXB	Meridian	Hamburg	127,3	44,93	120
DGXC	Merkur	Hamburg	181,0	63,91	100
DGXD	Meta	Hamburg	131,3	46,34	75
DGXE	Meta	Hamburg	114,9	40,54	75
DGXF	Meta	Hamburg-Finkenwdr.	2,6	0,91	25
DGXG	Meta Buck	Hamburg	199,2	70,33	100
DGXH	Meta-Grete	Hamburg	215,0	75,91	100
DGXI	Meta Holst	Hamburg-Finkenwdr.	74,1	26,15	180
DGXJ	Meta Osterwisch	Hamburg	258,7	91,32	150
DGXK	Meta Schröder	Hamburg-Finkenwdr.	59,2	20,89	150
DGXL	Meteor	Hamburg	131,1	46,28	75
DGXM	Meteor	Hamburg-Finkenwdr.	10,5	3,77	35
DGXN	Methan	Hamburg	964,9	340,61	350
DGXO	Mimi	Hamburg	126,0	44,48	75
DGXP	Minna	Hamburg	179,8	63,48	60
DGXQ	Minna	Hamburg	2,8	0,97	30
DGXR	Minna Catharina	Hamburg	234,6	82,81	90
DGXS	Minna Marie	Hamburg	163,1	57,56	50
DGXT	Modaag	Kappeln/Schlei	153,5	54,20	75
DGXU	Möve	Hamburg-Altenwdr.	7,4	2,61	50
DGXV	Möwe	Hamburg	111,5	39,36	75
DGXW	Mollex III	Hamburg	18,3	6,46	14
DGXX	Monica	Lübeck	503,6	117,77	400
DGXZ	Mulli	Hamburg	156,3	55,16	70
DGYA	Muschi	Hamburg-Finkenwdr.	29,1	10,27	90
DGYB	Najade	Lübeck	141,2	49,83	320
DGYC	Neckar	Hamburg	546,9	193,07	300
DGYD	Neptunes	Hamburg	142,6	50,33	60
DGYE	Nessdiek	Hamburg-Finkenwdr.	57,2	20,18	120
DGYF	Neuenfelde	Hamburg	281,6	99,42	200
DGYG	Niederelbe	Hamburg	262,2	92,71	150
DGYH	Niedersachsen	Hamburg	376,6	132,93	165
DGYI	Niobe	Hamburg	137,4	48,52	80
DGYJ	Niobe	Hamburg	123,5	43,61	75
DGYK	Nixe	Hamburg	149,2	52,66	75

DGYL — DHAR

Unterscheidungssignale	Namen der Schiffe	Heimathafen der Schiffe	Nettoraumgehalt Kubikmeter	Nettoraumgehalt Registertons	PS
DGYL	Nobiskrug	Hamburg	452,4	159,69	175
DGYM	Norden	Hamburg	316,4	111,70	180
DGYN	Norderdiek	Hamburg-Finkenwerder	60,9	21,48	120
DGYO	Clara Blumenfeld	Hamburg	4365,1	1540,88	1200
DGYP	Nordmark	Hamburg	277,7	98,04	200
DGYQ	Nordstern	Hamburg-Finkenwdr.	60,9	21,48	125
DGYS	Nymphe	Hamburg-Finkenwdr.	38,6	13,63	100
DGYT	Tankleichter Oder	Hamburg	2572,1	907,96	
DGYU	Odermünde	Hamburg	787,2	277,88	400
DGYV	Olga	Hamburg	477,7	168,64	200
DGYW	Ingrid Becker	Rendsburg	394,5	139,25	108
DGYX	Orion	Hamburg	315,8	111,47	200
DGYY	Oskar Friedrich	Hamburg	697,1	246,08	300
DGYZ	Oste	Hamburg	136,5	48,17	100
DGZA	Ostetal	Hamburg	225,6	79,65	180
DGZB	Ostmark	Hamburg	485,0	171,22	300
DGZC	Ostsee	Hamburg	258,9	91,41	150/155
DGZD	Pallos	Hamburg	149,5	52,76	75
DGZE	Palme	Hamburg	146,9	51,86	70
DGZG	Erik Seyd	Hamburg	728,6	257,21	300
DGZH	Peter	Cranz/Elbe	124,2	43,86	25
DGZI	Luise Weitert	Hamburg	394,8	139,37	240/300
DGZJ	Petrolina	Hamburg	1006,0	355,11	
DGZK	Pinnau	Hamburg	273,6	96,58	70
DGZL	Pionier	Hamburg	655,2	231,28	300
DGZN	Pirat	Hamburg	496,6	175,28	200
DGZR	Polaris	Hamburg	166,2	58,66	100/135
DGZS	Polarstern	Hamburg	126,2	44,54	60
DGZT	Portia	Hamburg	1255,1	443,04	800
DGZU	Preciosa	Hamburg	121,6	42,92	70
DGZV	Presto	Hamburg	39,5	13,95	85
DGZW	Quo Vadis	Hamburg	157,1	55,46	75
DGZX	Regina	Hamburg	138,5	48,90	70
DGZY	Reina	Hamburg	131,3	46,34	50
DGZZ	Reinhard	Hamburg	523,3	184,70	2×108
DHAB	Roland	Hamburg	411,6	145,31	150
DHAC	Rolf	Hamburg	369,9	130,58	
DHAD	Rolf Hubert	Hamburg	202,8	71,58	100
DHAF	Rügen	Flensburg	14,0	4,99	35
DHAG	Rungholt	Hamburg	566,5	199,99	300
DHAH	Rungholt	Tönning	11,3	3,98	50
DHAK	Samoa	Hamburg	19,5	6,89	250
DHAM	Schichau	Hamburg	320,0	113,67	200
DHAN	Schlei	Hamburg	155,9	55,04	120
DHAO	Schwalbe	Hamburg	436,5	154,08	120
DHAP	Schwalbe	Hamburg	106,9	37,73	
DHAQ	Schwalbe	Hamburg	273,6	96,36	90
DHAR	Schwalbe	Hamburg-Finkenwdr.	73,4	13,32	90

DHAS — DHCT

Unterscheidungssignale	Namen der Schiffe	Heimathafen der Schiffe	Kubikmeter (Nettoraumgehalt)	Registertons (Nettoraumgehalt)	PS
DHAS	Schwalbe II	Hamburg	237,1	83,71	150
DHAT	Schwan	Rendsburg	71,8	25,35	50
DHAU	Seeadler	Hamburg	109,9	38,78	80
DHAV	Bayern	Leer	282,1	99,57	300
DHAW	Seefalke	Hamburg	143,6	50,71	75
DHAX	Seehund	Hamburg	367,9	129,99	200
DHAY	Seemöve	Hamburg	214,9	75,85	150
DHAZ	Seemöve	Hamburg	191,8	67,70	50
DHBA	Seestern	Hamburg	171,7	60,62	135
DHBB	Seeteufel	Hamburg	140,7	49,68	70
DHBC	Sellin	Hamburg	70,2	24,78	135
DHBD	Selma	Hamburg	455,7	160,87	150
DHBE	Seute Deern	Hamburg	1955,2	690,18	
DHBF	Sextant	Bremen	330,4	116,62	150
DHBG	Siegfried Brey	Hamburg	293,4	103,59	110
DHBH	Silvana	Hamburg	391,9	138,36	180
DHBI	Sirene	Hamburg	132,6	46,82	70
DHBJ	Sleipner	Hamburg	141,3	49,88	100
DHBK	Sleipner	Hamburg	423,4	149,46	200
DHBM	Sperber	Hamburg	55,5	19,61	150
DHBN	Spika	Hamburg	157,4	55,55	60
DHBP	Spongia	Hamburg	97,1	34,29	90
DHBQ	Stade	Hamburg	429,6	151,65	2×290
DHBS	Steinburg	Hamburg	433,3	152,94	165
DHBT	Joachim	Lübeck	1,3	0,46	525
DHBU	Stör	Hamburg	399,6	141,05	150
DHBV	Stör	Hamburg-Altenwdr.	6,8	2,40	36
DHBX	Süderilw	Hamburg-Finkenwdr.	45,8	16,16	120
DHBY	Sülfmeister	Hamburg	173,6	61,27	120
DHCA	Taube	Hamburg	134,7	47,56	40
DHCC	Taucher Flint I	Hamburg	86,9	30,66	150
DHCD	Taucher Flint II	Hamburg	54,7	19,29	80
DHCE	Taucher Flint III	Hamburg	60,1	21,21	180
DHCF	Taucherfahrzeug III	Hamburg	45,4	16,02	65
DHCG	Taucher Harmstorf 5	Hamburg	47,8	16,87	75
DHCH	Taucher Harmstorf 6	Hamburg	23,2	8,20	50
DHCI	Taucher Ottar Harmstorf IX	Hamburg	274,6	96,92	
DHCJ	Thea	Hamburg	125,2	44,18	120
DHCK	Thea	Hamburg	136,3	48,13	100
DHCL	Thomas	Hamburg	790,8	279,16	250
DHCM	Thomas Wiechert	Hamburg	19,9	7,04	
DHCN	Tina Meta	Hamburg	14,4	5,08	66
DHCO	Tine Schröder	Hamburg	140,1	49,44	70
DHCP	Tinka	Hamburg	313,7	110,75	150
DHCQ	Toni	Hamburg	71,4	25,19	100
DHCR	Treue	Hamburg	394,8	139,38	214
DHCS	Triton	Hamburg	121,2	42,80	60
DHCT	Undine	Hamburg	422,6	149,17	150

DHCU — DHEV

Unterscheidungssignale	Namen der Schiffe	Heimathafen der Schiffe	Kubikmeter (Nettoraumgehalt)	Registertons (Nettoraumgehalt)	PS
DHCU	Undine	Hamburg	139,0	49,08	75
DHCV	Uranus	Hamburg	130,1	45,92	50
DHCW	Uwe	Rendsburg	97,2	34,30	50
DHCX	Uwe-Ursula	Hamburg	295,4	104,26	180
DHCY	Valborg	Hamburg	387,1	136,65	150
DHCZ	Vertrauen	Hamburg	138,4	48,87	50
DHDA	Vertrauen	Hamburg	539,5	190,43	240
DHDB	Victor	Emden	1329,7	469,37	450
DHDC	Vorsetzen	Hamburg	11,8	4,17	475
DHDD	Vorwärts	Hamburg	225,0	79,43	90
DHDE	Vorwärts	Hamburg	138,3	48,83	80
DHDG	Walküre	Hamburg	279,8	98,75	100
DHDH	Walter	Hamburg	127,2	44,89	90
DHDI	Walter	Hamburg	122,0	43,06	100
DHDJ	Marita	Haren/Ems	385,2	135,97	200
DHDK	Ane Jess	Rendsburg	210,8	74,42	120
DHDL	Wanda	Hamburg	131,1	46,26	60
DHDM	Wega	Bremen	169,7	59,90	275
DHDN	Wega	Hamburg	54,6	19,26	
DHDO	Weißer Greif	Kappeln/Schlei	389,9	137,62	150
DHDP	Welf	Hamburg	292,5	103,27	165
DHDR	Werner	Hamburg	1358,0	479,39	650
DHDS	Weser	Hamburg	749,2	264,45	—
DHDT	Westerdiek	Hamburg-Finkenwdr.	59,6	21,04	130
DHDU	Wilfried	Hamburg	424,7	149,93	150
DHDV	Wilfriede Klünder	Hamburg	292,5	103,25	100
DHDW	Wilhelmina	Hamburg	264,5	93,36	90
DHDX	Wilhelmine	Hamburg	128,1	45,22	45
DHDY	Wilhelmine	Hamburg-Altenwdr.	7,6	2,68	60
DHDZ	Willida	Hamburg	138,1	48,74	50
DHEA	Willy Charles	Hamburg	244,7*	86,36*	525
DHEB	Willy Marie	Hamburg	194,9	68,80	110
DHEC	Windhund	Hamburg	322,0	113,66	150
DHED	Wolf	Hamburg	262,4	92,63	165
DHEF	Wotan	Hamburg	140,9	49,74	100
DHEG	Woterküken	Hamburg-Finkenwdr.	15,3	5,39	70
DHEH	Mangan	Hamburg	1681,3	593,49	500
DHEJ	B. D. 1265	Hamburg	1405,3	496,08	—
DHEK	Minna Schupp	Hamburg	28,8	10,17	650
DHEL	Pollux	Oldersum	74,1	26,15	16/18
DHEM	Fairplay V	Hamburg	289,0*	102,01*	510
DHEO	Franziska Joerk	Bremerhaven	372,4	131,46	300
DHEP	Süd-West	Hamburg	346,2	122,22	250
DHEQ	Asgard	Hamburg	23,1	8,16	45
DHER	Paul	Hamburg	660,2	233,05	250
DHES	Ingeborg	Hamburg	170,0	60,01	150
DHET	Gesine	Cuxhaven	5,5	1,95	38
DHEU	Henry Böge	Hamburg	3154,8	1113,64	1200
DHEV	Helmut	Hamburg	70,1	24,74	

* = Bruttoraumgehalt.

DHEW — DHHA

Unter-scheidungs-signale	Namen der Schiffe	Heimathafen	Kubik-meter Nettoraumgehalt	Register-tons Nettoraumgehalt	PS
DHEW	Aufbau	Hamburg	422,7	149,20	2×207
DHEX	Emma Sauber	Hamburg	4288,5	1513,84	1320
DHEY	Emsriff	Hamburg	9030,7	3187,83	1800
DHEZ	Bergungsschute 4	Hamburg	246,3	86,95	—
DHFB	Oda	Hamburg	681,2	240,45	330
DHFC	Martha Russ	Hamburg	2119,0	748,01	1200
DHFD	Brook	Hamburg	2252,3	795,08	1250
DHFE	Adolph	Hamburg	98,2	34,67	200
DHFF	Dorothea Weber	Hamburg	396,9	140,10	250
DHFH	Klaus Wilhelm	Hamburg	513,2	181,17	360
DHFI	West	Bremerhaven	523,4	184,76	—
DHFK	Helgoland	Hamburg	18,2	6,43	120
DHFL	Hans	Hamburg	38,9	13,72	150
DHFN	Meta	Hamburg	192,1	67,80	120
DHFO	Hubert Schröder	Hamburg	4010,5	1415,70	1450
DHFR	Cranz	Hamburg	610,8	215,60	250
DHFS	Johannes Friedrich	Hamburg	237,0	83,65	
DHFT	Gertrud	Hamburg	161,5	57,00	75
DHFU	Carlshütte IV	Rendsburg	110,4	38,96	50
DHFV	E. Russ	Hamburg	2102,5	742,18	1200
DHFY	Paul J. Müller	Hamburg	421,9	148,92	825
DHFZ	Artus	Hamburg	2435,0	859,54	700
DHGA	Genius	Hamburg	387,0	136,59	200
DHGB	Hermann Hans	Hamburg	521,0	183,91	250
DHGC	Tilly Russ	Hamburg	2129,0	751,53	1200
DHGD	Charlotte Schröder	Hamburg	2264,9	799,50	1250
DHGE	Welle	Hamburg	369,9	140,10	350
DHGF	Bernd Leonhardt	Hamburg	8892,0	3138,88	1800
DHGG	Ulmbrüder 3	Hamburg	471,0	166,27	2×300
DHGH	Carla	Hamburg	95,6	33,73	30
DHGI	Adele	Hamburg	139,5	49,26	50
DHGJ	Lucy Essberger	Hamburg	4101,0	1447,66	1200
DHGK	Berta-Marie	Hamburg	61,8	21,81	
DHGL	Friedel	Hamburg	415,7	146,74	250
DHGM	Este	Hamburg	410,8	145,00	250
DHGN	Erna	Hamburg	139,5	49,25	30
DHGO	Alte Liebe	Hamburg	149,6	52,81	80
DHGP	Pergamon	Hamburg	6084,4	2147,80	4500
DHGQ	Hans Hermann	Hamburg	559,4	197,48	250
DHGR	Thetis	Hamburg	407,4	143,80	250
DHGS	Ulmbrüder 4	Hamburg	471,0	166,27	2×300
DHGT	Leopard	Hamburg	511,9	180,71	250
DHGU	Lilli-Hilda-Johanna	Hamburg	9,8	3,45	
DHGV	Annie Hugo Stinnes	Hamburg	2071,5	731,22	600
DHGW	Annaliese Wehlen	Hamburg	280,7	99,08	80
DHGY	Sonderburg	Hamburg	31,3	11,04	640
DHGZ	Hamburg	Hamburg	382,6	135,07	150
DHHA	Bravo I	Hamburg	2476,7	874,28	1100

DHHB — DHJD

Unter-scheidungs-signale	Namen der Schiffe	Heimathafen der Schiffe	Kubikmeter Nettoraumgehalt	Registertons Nettoraumgehalt	PS
DHHB	Julius Pickenpack	Hamburg	627,7	221,59	800
DHHC	Virgilia	Hamburg	2323,4	820,17	880
DHHD	Europa	Hamburg	15797,8	5576,61	4800
DHHE	Ulmbrüder 5	Hamburg	471,0	166,27	2×300
DHHF	Alfred	Bremen	1297,9	458,64	460
DHHG	Tross	Hamburg	117,8	41,59	60
DHHH	Elisabeth Arlt	Bremen	2110,0	744,83	900
DHHI	Reinbek	Hamburg	4449,4	1588,29	1850
DHHJ	Ella Feldtmann	Hamburg	612,7	216,27	250
DHHK	Triton	Hamburg	18,1	6,39	90
DHHL	Günter Hartmann	Hamburg	444,8	157,03	250
DHHM	Rheinland	Hamburg	4562,4	1610,52	1200
DHHN	Thor	Hamburg	3440,4	1214,48	1800
DHHO	Gretchen v. Allwörden	Hamburg	509,9	179,98	250
DHHP	Edelgard	Hamburg	391,6	138,24	250
DHHR	Paul Lübcke	Hamburg	627,7	221,59	800
DHHS	Doggerbank	Burg/Fehmarn	57,3	20,21	150
DHHU	Wolfsburg	Hamburg	9318,8	3289,53	3100
DHHV	Mühlheim-Ruhr	Hamburg	6354,7	2243,20	2×950
DHHW	Hugo	Hamburg	341,5	120,54	150
DHHX	Thüringen	Hamburg	519,9	183,53	250
DHHY	Harald Schröder	Hamburg	3179,1	1122,21	1250
DHHZ	Asgard	Hamburg	2643,7	934,16	1120
DHIA	Midgard	Hamburg	3435,4	1212,71	1300
DHIB	Rügen	Hamburg	379,5	133,95	250
DHIC	Simson	Hamburg	690,7	243,81	
DHID	Klaus	Hamburg	143,6	50,69	125
DHIE	Annemarie Renate	Hamburg	391,0	138,01	300
DHIF	Martha Peters	Hamburg	1833,6	647,23	900
DHIG	Claus Möller	Hamburg	627,1	221,59	800
DHIH	Hanseat	Hamburg	411,7	145,34	250
DHII	Kilwa	Hamburg	1515,6	534,99	2×675
DHIJ	Weser	Hamburg	566,8	200,10	—
DHIK	Wandrahm	Hamburg	2261,4	798,27	1250
DHIN	Matador	Hamburg	149,9*	52,74*	280
DHIO	Otto Schubert	Hamburg	691,0	243,92	800
DHIP	Fritz Hugo Stinnes	Hamburg	2157,0	761,40	800
DHIS	Gebina	Haren/Ems	1061,3	374,63	300
DHIT	Katja	Hamburg	477,3	168,50	255
DHIU	Lisken	Hamburg	2548,2	899,51	1000
DHIV	Tanga	Hamburg	9532,7	3365,06	2×2000
DHIW	Wotan	Hamburg	177,3	62,58	2×850
DHIX	REG. I	Hamburg	9357,1	3303,06	2800
DHIY	Alpha	Hamburg	2044,6	721,74	900
DHIZ	Stralsund	Hamburg	429,9	151,74	750
DHJA	Willem Mennen	Hamburg	2987,2	1054,48	2200
DHJB	Rita	Hamburg	425,9	150,33	250
DHJC	Quadriga	Hamburg	4888,4	1724,29	5800
DHJD	Möve	Hamburg	5,1	1,79	10

* = Bruttoraumgehalt.

DHJE — DHLD

Unter-scheidungs-signale	Namen der Schiffe	Heimathafen	Kubikmeter (Nettoraumgehalt)	Registertons (Nettoraumgehalt)	PS
DHJE	Matthias Föcher	Hamburg	609,5	215,15	880
DHJF	Alteland	Hamburg	561,2	198,11	850
DHJG	Esso Baltic	Hamburg	15764,3	5564,80	2×1500
DHJH	Bahrenfeld	Hamburg	428,4	151,23	970
DHJI	Bellatrix	Hamburg	6877,3	2427,70	1750
DHJJ	Falkenberg	Hamburg	2622,4	925,70	750
DHJK	Roter Sand	Hamburg	1693,3	597,75	700
DHJL	Arktis	Hamburg	291,7	102,99	550
DHJM	Bertha	Hamburg	94,1	33,33	
DHJN	Keitum	Rendsburg	2549,0	899,79	1600
DHJO	Lühesand	Hamburg	1317,7	465,16	700
DHJP	Kapt. Wilh. Joerk	Hamburg	1538,5	543,09	750
DHJQ	Frieden	Hamburg	6957,1	2455,86	1750
DHJR	Heinrich Colsmann	Hamburg	561,2	198,11	800
DHJS	Cordelia	Hamburg	3140,5	1108,59	1000
DHJT	Vano S	Hamburg	209,8	74,07	100
DHJU	Änne-Ursula	Hamburg	348,2	122,93	250
DHJV	Antilope	Hamburg	434,5	153,37	350
DHJW	Harriet Siedler	Hamburg	3272,3	837,42	700
DHJX	Sachsenwald	Hamburg	7018,2	2477,43	4000
DHJY	Maria Schröder	Hamburg	3123,6	1102,65	1000
DHJZ	Morsum	Rendsburg	2549,0	899,79	1600
DHKA	Barmbek	Hamburg	428,4	151,23	970
DHKB	Montan	Hamburg	10514,1	3711,48	2400
DHKC	Seeadler	Hamburg	200,2	70,67	125
DHKD	Claus Böge	Hamburg	3581,8	1264,38	1200
DHKE	Hilda-Rebecka	Hamburg	654,2	230,94	250
DHKF	Delphin	Hamburg	1538,7	543,16	750
DHKG	Glückauf	Hamburg	8664,3	3058,50	2200
DHKH	Carl	Hamburg	1556,0	549,26	685
DHKI	Winnetou	Hamburg	10810,6	3816,16	3500
DHKJ	REG II	Hamburg	7041,5	2485,58	2240
DHKK	MargaretheReckmann	Hamburg	632,1	223,13	800
DHKL	Bernhard Blumenfeld	Hamburg	3054,0	1078,06	800
DHKO	Käthe	Hamburg	77,5	27,37	48
DHKP	Annemarie Krüger	Hamburg	1898,2	670,07	850
DHKQ	Süllberg	Hamburg	2412,0	851,45	1100
DHKR	Kormoran	Kiel	14,3	5,05	45
DHKS	Ägäis	Hamburg	401,5	141,73	250
DHKT	Otto Porr	Hamburg	764,3	269,79	500
DHKU	Vogtland	Hamburg	8432,4	2976,62	3100
DHKV	Lystum	Rendsburg	2552,7	901,12	1600
DHKW	Alstertor	Hamburg	8811,9	3110,61	2500
DHKX	Luise Bornhofen	Hamburg	5126,8	1809,78	1500
DHKY	Franz Mathies	Hamburg	1285,8	453,90	550
DHKZ	Zuversicht	Hamburg	382,4	134,97	120
DHLA	Oldenburg	Hamburg	1861,9	657,24	2×700
DHLB	Millerntor	Hamburg	7834,0	2765,41	2300
DHLC	Wilhelm Russ	Hamburg	1514,4	534,58	675

DHLD — DHNC

Unterscheidungssignale	Namen der Schiffe	Heimathafen der Schiffe	Nettoraumgehalt Kubikmeter	Nettoraumgehalt Registertons	PS
DHLD	Robert Eckelmann..	Hamburg	666,2	235,16	2×160
DHLE	Hamburg	Hamburg	3507,2	1238,04	1600
DHLF	Sylvia............	Hamburg	908,3	320,62	660
DHLG	Ravensberg	Hamburg	11923,6	4209,02	2900
DHLH	Günther Russ	Hamburg	1526,4	538,81	675
DHLI	Glückauf...........	Hamburg	423,0	149,31	250
DHLJ	Pollux............	Hamburg	86,1	30,38	
DHLK	Krautsand	Hamburg	399,1	137,70	250
DHLL	John Aug. Essberger	Hamburg	15190,0	5362,06	2800
DHLM	Las Palmas	Hamburg	4926,6	1739,10	2×1000
DHLN	Holstein	Hamburg	7454,4	2631,40	1750
DHLO	Berlin	Hamburg	9179,5	3240,38	2600
DHLP	Beteigeuze	Hamburg	7896,6	2777,96	1800
DHLQ	Rabat	Hamburg	1860,7	656,82	1400
DHLR	Wilhelm Bornhofen..	Hamburg	5229,3	1845,95	1450
DHLS	Kapt. Jan Reinecke .	Hamburg	2013,6	710,81	1060
DHLT	Blinkfür	Hamburg-Finkenwdr.	59,3	20,92	120
DHLU	Tenerife	Hamburg	4953,6	1748,63	2000
DHLV	Cläre Hugo Stinnes..	Hamburg	3896,8	1375,56	1950
DHLW	Köhlfleet	Hamburg	420,7	148,52	250
DHLX	Maria Weitert	Hamburg	2739,3	966,97	700
DHLY	Kolonius...........	Hamburg	8041,5	2838,65	1750
DHLZ	Tanger	Hamburg	4946,3	1746,05	2000
DHMA	Mai Rickmers	Hamburg	7945,8	2804,86	1700
DHMB	Elke..............	Bremerhaven.......	61,6	21,73	120
DHMC	Ellen Hugo Stinnes..	Hamburg	6130,4	2164,01	2000
DHMD	Jacob Becker.......	Hamburg	342,2	120,78	300
DHMF	Brandenburg	Hamburg	4146,3	1463,64	2350
DHMG	Messina...........	Hamburg	3548,8	1252,37	2000
DHMH	Luise	Hamburg	17,6	6,23	40
DHMI	Svealand...........	Hamburg	3484,2	1229,93	2400
DHMJ	Algier	Hamburg	3548,5	1252,63	1600
DHMK	Heinrich Ihde	Hamburg	546,8	193,03	750
DHML	Lisboa............	Hamburg	1858,6	665,10	1400
DHMM	REG III...........	Hamburg	9584,7	3383,39	2200
DHMO	Valencia	Hamburg	3566,0	1258,79	1600
DHMP	Santa Ursula.......	Hamburg	11612,6	4099,25	3600
DHMR	Marabu	Hamburg	551,0	194,49	540
DHMS	Hai	Hamburg	34,2	12,06	120
DHMT	Hecht	Hamburg	34,2	12,06	120
DHMU	Timandra	Hamburg	640,0	225,90	800
DHMV	Palermo	Hamburg	3562,3	1257,50	1600
DHMW	Pleugerpumpe 2	Hamburg	87,4	30,86	200
DHMX	Norrland..........	Hamburg	3487,0	1230,91	1600
DHMY	Charles E. Eckelmann	Hamburg	1132,6	399,82	750
DHMZ	Marianne	Hamburg	74,9	26,44	18
DHNA	Energie...........	Hamburg	96,1	33,94	200
DHNB	Atlantic	Hamburg	12031,2	4247,01	2250
DHNC	Süllberg	Hamburg	524,7	185,21	2×270

DHND — DHPB

Unterscheidungssignale	Namen der Schiffe	Heimathafen der Schiffe	Kubikmeter Nettoraumgehalt	Registertons Nettoraumgehalt	PS
DHND	Antje	Bremerhaven	62,9	22,70	120
DHNE	Jersbek	Hamburg	2829,0	998,65	1850
DHNF	Benno	Hamburg	3631,8	1282,02	2000
DHNG	Planet	Hamburg	479,8	169,35	300
DHNI	Amanda	Hamburg	136,9	48,33	35
DHNJ	Steinhöft	Hamburg	1428,4	504,21	1500
DHNK	Esther Schulte	Hamburg	8078,9	2851,87	2100
DHNL	Santa Elena	Hamburg	11607,5	4097,45	4000
DHNM	Roland	Hamburg	19328,8	6823,05	4700
DHNN	Titania	Hamburg	640,0	225,92	800
DHNO	Käthe Jonas	Hamburg	374,3	132,13	300
DHNP	Helene	Kiel	52,7	18,62	18
DHNQ	Medemsand	Hamburg	1873,5	661,34	1200
DHNR	Leichter 1	Hamburg	943,8	333,17	—
DHNS	Klaus Schoke	Hamburg	9241,4	3262,22	3000
DHNT	Lina Robert Müller	Hamburg	2185,1	771,35	1480
DHNU	Hammonia	Hamburg	1062,1	374,93	650
DHNV	Palme II	Hamburg	669,7	236,40	1200
DHNW	Achilles	Hamburg	359,2	126,79	350
DHNX	Finkwarder	Hamburg	59,6	21,05	120
DHNY	Duisburg	Hamburg	4180,7	1475,78	2350
DHNZ	Elisabeth Bornhofen	Hamburg	3387,0	1195,63	2300
DHOA	L. F. Mathies	Hamburg	1931,5	681,83	750
DHOB	Liselotte Essberger	Hamburg	3604,9	1272,54	1200
DHOC	Proteus	Hamburg	4284,1	1512,28	4100
DHOD	Hans Hinnick	Hamburg	65,9	23,28	1500
DHOE	Odenwald	Hamburg	8043,1	2839,21	4200
DHOF	Röpkesien	Hamburg	397,9	140,45	125
DHOG	Rehhorst	Hamburg	2142,4	756,26	900
DHOH	Anke Harmstorf	Hamburg	442,9	174,00	360
DHOI	Heluan	Hamburg	2423,4	855,46	1200
DHOJ	Ostpreussen	Hamburg	8544,5	3016,22	2000
DHOK	Atlanta	Hamburg	1389,7	490,58	1400
DHOM	Cremon	Hamburg	642,8	226,89	800
DHON	Eider	Hamburg	1076,5	380,00	—
DHOO	Hans-Erich J. Nimtz	Hamburg	6062,8	2140,17	1650
DHOP	Herta Johanne III	Hamburg	416,0	146,85	300
DHOQ	Nita	Hamburg	14,3	5,04	
DHOR	Ulmbrüder 6	Hamburg	603,6	213,08	500
DHOS	Pollux	Hamburg	77,9*	27,50*	200
DHOT	Paula	Hamburg	396,6	140,00	250
DHOU	Perseus	Hamburg	4284,1	1512,28	4100
DHOV	Bernd Wesch	Hamburg	1567,7	553,41	900
DHOW	Ocean	Hamburg	138,2	48,79	75
DHOX	Spreewald	Hamburg	8120,9	2866,66	4200
DHOY	Esso 61	Hamburg	88,4	31,21	88
DHOZ	Krautsand	Hamburg	917,0	323,70	750
DHPA	Fairplay I	Hamburg	19,7	6,95	970
DHPB	Adolf Leonhardt	Hamburg	11272,8	3379,28	3500

* = Bruttoraumgehalt.

DHPC — DHQZ					
Unter-scheidungs-signale	Namen der Schiffe	Heimathafen	Kubik-meter Nettoraumgehalt	Register-tons	PS
DHPC	Santa Catarina	Hamburg	11651,6	4113,01	3520
DHPE	Vangard	Hamburg	2660,2	939,06	840
DHPF	Frieda Peters.......	Hamburg	1555,5	549,10	800
DHPG	Hornfels	Hamburg	6386,8	2254,53	2700
DHPH	Stadeland..........	Hamburg	411,4	145,24	300
DHPI	Pinguin............	Hamburg	37,6	13,26	150
DHPJ	Max Bornhofen	Hamburg	8241,2	2909,16	1740
DHPK	Reinhart Lorenz Russ	Hamburg	4261,2	1504,19	2800
DHPL	August Bolten......	Hamburg	4236,6	1495,50	2300
DHPM	Heimo Reckmann...	Hamburg	958,2	338,35	1200
DHPN	Gretchen Müller	Hamburg	1496,4	528,22	1100
DHPO	Kaltehofe	Hamburg	263,4	92,97	150
DHPP	Transvaal..........	Hamburg	6202,1	2189,34	3300
DHPQ	Esso 65............	Hamburg	93,2	32,89	120
DHPR	Diana	Hamburg	75,6	26,70	108
DHPS	Aktiv..............	Hamburg	172,8	60,99	120
DHPT	Hornsund	Hamburg	6392,4	2256,53	2700
DHPU	Bruno	Hamburg	71,8	25,36	40
DHPV	Amrum.............	Hamburg	1525,1	538,38	750
DHPW	Süd-Amerika VII ...	Hamburg	208,7*	73,66*	350
DHPX	Athen	Hamburg	4270,1	1507,34	2750
DHPY	Hermann Sauber....	Hamburg	3942,6	1391,73	1700
DHPZ	Angelburg..........	Hamburg	4298,6	1517,42	4800
DHQA	Monika	Hamburg	1450,8	512,15	1000
DHQB	Anneliese Gleue.....	Hamburg	662,4	233,84	660
DHQC	Flottbek	Hamburg	3723,7	1314,48	2200
DHQD	Kamerun	Hamburg	6163,9	2186,45	3330
DHQE	Anni	Hamburg	72,2	25,49	36
DHQF	Konsul Nimtz	Hamburg	7144,7	2522,09	2300
DHQG	Passat.............	Hamburg	1636,5	577,68	925
DHQH	Ernst Blumenfeld...	Hamburg	7805,3	2755,26	2400
DHQI	Ehrenfeld	Hamburg	3334,6	1177,11	1400
DHQJ	Burg Sparrenberg...	Hamburg	6699,8	2365,02	3500
DHQK	Kapitän Schröder...	Hamburg	477,4	168,54	750
DHQL	Pegasus............	Hamburg	4295,3	1516,23	5100
DHQM	Eifeltal	Hamburg	1461,8	516,02	800
DHQN	Jan	Hamburg	144,4	50,99	750
DHQO	Hildegard Z. Nimth .	Hamburg	5849,5	2064,86	2100
DHQP	Konsul Nimtz	Hamburg	7144,7	2522,09	1620
DHQQ	Otterberg	Cuxhaven..........	2812,8	992,91	1000
DHQR	Santa Isabel	Hamburg	11618,1	4101,19	3520
DHQS	Onabe.............	Hamburg	110,2	36,89	250
DHQT	Westfalen..........	Hamburg	7649,6	2700,30	2×1200
DHQU	Nady..............	Hamburg		332,83	700
DHQV	Assel	Hamburg	412,9	145,76	300
DHQW	Ulmbrüder 7	Hamburg	603,1	212,90	2×250
DHQX	Moseltal	Hamburg	1461,8	516,02	800
DHQY	Anita..............	Hamburg	6702,5	2365,97	4000
DHQZ	Helga Böge	Hamburg	3730,4	1316,83	1450

* = Bruttoraumgehalt.

DHRA — DIAV

Unterscheidungssignale	Namen der Schiffe	Heimathafen der Schiffe	Kubikmeter (Nettoraumgehalt)	Registertons (Nettoraumgehalt)	PS
DHRA	Otto Blumenfeld....	Hamburg	4698,8	1658,69	1500
DHRB	Teutonia...........	Hamburg	2161,2	762,89	655
DHRC	Magdeburg.........	Hamburg	4183,2	1476,67	2350
DHRD	Nigeria	Hamburg	6188,2	2184,45	2750
DHRE	Else Müller.........	Hamburg	1493,7	527,27	1150
DHRF	Marga	Hamburg	7752,1	2736,49	2200
DHRG	REG Do Brasil.....	Hamburg	2238,4	790,16	900
DHRH	Eilenau	Hamburg	8874,2	3132,59	2800
DHRI	Poseidon...........	Hamburg	9287,9	3275,63	3700
DHRJ	Venus	Hamburg	68,5	24,19	
DHRK	Sarrius	Hamburg	76,9	27,16	25
DHRL	Holnis.............	Hamburg	7654,4	2702,03	2000
DHRM	Jacob Rüsch	Hamburg	1479,1	522,11	730
DHRN	Albert	Hamburg	161,1	56,88	120
DHRO	Claus Bischoff	Hamburg	7473,3	2638,08	1700
DHRP	Klara Köpke	Hamburg	94,2	33,25	40
DHRQ	Rehhof	Hamburg		700	900
DHRR	Niedermehnen	Hamburg	635,4	224,28	850
DHRS	Editha W. Gleue....	Hamburg	665,9	235,07	660
DHRT	Rolf...............	Hamburg	423,9	149,64	250
DHRU	Rügen	Hamburg		411,46	860
DHRV	Habicht	Lübeck	144,7*	51,06*	400
DHRW	Olga..............	Hamburg	11470,8	4049,19	582
DHRX	Isebeck	Hamburg	764,9	270,00	520
DHRY	Christine...........	Hamburg	1211,3	427,58	650
DHRZ	Taucher Ottar Harmsdorf IV	Hamburg	94,9*	33,50*	325
DIAA	Desdemona.........	Hamburg	3296,5	1163,68	1470
DIAB	Atlantik	Hamburg	6076,9	2145,14	3000
DIAC	Helga	Hamburg	14813,7	5229,23	2200
DIAD	Esso 62............	Hamburg	78,5	27,72	90
DIAE	Peter Frese	Hamburg	410,3	144,83	250
DIAF	Ulmbrüder 8	Hamburg	599,7	211,69	500
DIAG	Estetal	Hamburg	1461,8	516,02	800
DIAH	Osterbek...........	Hamburg	765,1	270,08	520
DIAI	Galata.............	Hamburg	4266,0	1505,90	2750
DIAJ	St. Michael.........	Hamburg	3110,9	1098,15	2100
DIAK	Hans Bröhan.......	Hamburg	1817,4	641,56	1000
DIAL	Brunshausen	Hamburg	6099,6	2153,14	3100
DIAM	Cleopatra	Hamburg	3296,5	1163,68	1470
DIAN	Baldur.............	Hamburg	8675,7	3062,53	4000
DIAO	Transportör II......	Hamburg	534,1	188,54	360
DIAP	Komet.............	Hamburg	46,6	16,44	—
DIAQ	Paul Hoop	Hamburg	526,2	185,73	300
DIAR	Irmgard Pleuger	Hamburg	3082,5	1088,13	1500
DIAS	Amazonas..........	Hamburg	3928,1	1386,64	2700
DIAT	Mok Wi	Hamburg	959,9	338,84	360
DIAU	Roland Russ	Hamburg	4292,0	1515,08	2750
DIAV	Agnes Essberger	Hamburg	801,4	282,91	360

* = Bruttoraumgehalt.

DIAW — DICT

Unterscheidungssignale	Namen der Schiffe	Heimathafen der Schiffe	Nettoraumgehalt Kubikmeter	Nettoraumgehalt Registertons	PS
DIAW	Rheinland	Hamburg	1923,3	678,94	1500
DIAX	Hans	Hamburg	1501,6	530,06	550
DIAY	St. Katharina	Hamburg	3110,9	1098,15	2000
DIAZ	Helene	Hamburg	84,0	29,64	
DIBA	Käthe-Marie	Hamburg	382,2	134,91	300
DIBB	Heilbronn	Hamburg	1220,9	430,98	750
DIBC	Leada	Hamburg	3766,6	1329,60	1400
DIBD	Martha	Hamburg-Finkenwdr.	31,7	11,20	120
DIBE	Hermann Tiedemann	Hamburg-Finkenwdr.	53,7*	18,96*	
DIBF	Vulkan	Hamburg	6820,3	2407,55	4200
DIBG	Evelyn	Hamburg	50,3	17,77	45
DIBH	Pazifik	Hamburg	6145,5	2169,35	3000
DIBI	Esso Bolivar	Hamburg	17100,6	6036,51	3600
DIBJ	Werratal	Hamburg	3546,4	1251,87	2560
DIBK	Isartal	Hamburg	1471,3	519,36	900
DIBL	Hinrich Hey	Hamburg	627,5	221,49	1100
DIBM	Kaspir Robert Müller	Hamburg	2839,9	1002,49	1800
DIBN	Idol	Hamburg	21,3	7,52	100
DIBO	Sturmvogel	Hamburg	170,7	60,26	65
DIBP	Brunsbüttel	Hamburg	6093,0	2150,82	2940
DIBQ	Alstertor	Hamburg	3808,9	1344,53	4670
DIBR	Mathilde	Hamburg	219,4	77,45	100
DIBS	Carl L. Eckelmann	Hamburg			750
DIBT	Günther	Hamburg	103,8	36,65	45
DIBU	Usedom	Hamburg	120,08	42,43	200
DIBV	Libanon	Hamburg	7448,4	2629,27	2750
DIBW	Augsburg	Hamburg	4172,5	1472,89	3600
DIBX	Hein Hoyer	Hamburg	10107,0	3567,77	2600
DIBY	Christa	Hamburg	3865,9	1364,67	1400
DIBZ	Quartole	Hamburg	4195,6	1481,05	4200
DICA	Flottbek	Hamburg	107,9	38,07	180
DICB	Spitzerdorf	Hamburg	1095,1	386,57	475
DICC	Grimm	Hamburg	654,5	230,98	800
DICD	Heinrich Erich	Hamburg	82,3	29,05	18
DICE	Marie	Hamburg	49,8	17,58	30
DICF	Helmuth	Hamburg	59,6	21,05	150
DICG	Eduard Becker	Hamburg	2047,1	722,64	1050
DICH	Alstertal	Hamburg	3546,4	1251,87	2560
DICI	Terror	Hamburg	79,7	28,14	25
DICJ	William	Hamburg	381,0	134,48	180
DICK	Peka	Hamburg	557,9	196,94	700
DICL	Mollex VI	Hamburg		452	
DICM	Georg Russ	Hamburg	3531,6	1246,66	2400
DICN	Julin	Hamburg	1614,3	569,84	750
DICO	Köln	Hamburg	670,9	236,82	1000
DICP	Alsterdamm	Hamburg	620,3	218,97	800
DICQ	Carl Mathies	Hamburg	1267,8	447,53	600
DICS	Würzburg	Hamburg	1549,6	547,03	700
DICT	Eduard Schupp	Hamburg	1869,3	659,87	525

* = Bruttoraumgehalt.

DICU — DIQP

Unterscheidungssignale	Namen der Schiffe	Heimathafen der Schiffe	Kubikmeter (Nettoraumgehalt)	Registertons (Nettoraumgehalt)	PS
DICU	Harriet E.	Hamburg	742,7	262,17	1000
DICV	Quadrivium	Hamburg	4182,4	1476,39	4200
DICW	Bugsier 1	Hamburg	68,0	23,99	600
DICX	Hansestadt Hamburg	Hamburg	1182,0	417,23	750
DICY	Lautertal	Hamburg	1456,6	514,19	900
DICZ	Monsun	Hamburg	2367,3	835,65	1000 /1400
DIDA	Värmland	Hamburg	971,6	342,99	1000
DIDB	Simplon	Hamburg	827,3	292,03	840
DIDC	Anni Ahrens	Hamburg	1507,6	532,18	1050
DIDD	St. Patrick	Hamburg	527,5	186,21	500
DIDE	Fina	Hamburg	1827,4	645,06	1000
DIDF	Margarethe IV	Hamburg	122,8*	43,69*	300
DIDG	Ausdauer	Hamburg	10,7	3,78	25
DIDH	Trostbrücke	Hamburg	652,9	230,46	720
DIDI	Elsa Essberger	Hamburg	18731,9	6612,35	6650
DIDJ	Johannes Schupp	Hamburg	1863,8	657,92	650
DIDK	Bugsier 2	Hamburg	68,2	24,06	850
DIDL	Anna Catharina	Hamburg	3490,1	1232,00	1800
DIDM	Andrea	Hamburg	4153,7	1466,26	3600
DIDN	Anneliese Porr	Hamburg	717,3	253,21	660
DIDO	Pelion	Hamburg	3325,5	1173,90	1500
DIDP	Kassel	Hamburg	8967,1	3165,40	8000
DIDQ	Johanna	Hamburg	3827,2	1351,01	1400
DIDR	Marxburg	Hamburg	590,8	205,55	400
DIDS	Helene Mathies	Hamburg	2017,0	712,01	900
DIDT	Steckelhörn	Hamburg	3866,7	1364,49	2600
DIDU	Passau	Hamburg	670,9	236,82	990
DIDV	Santa Teresa	Hamburg	18928,8	6681,88	4000
DIDW	Lumpina	Hamburg	223,9	79,0	440
DIDX	Serena	Hamburg	1419,7	501,15	800
DIEA	Margaret C. Ertel	Hamburg	1951,3	547,60	928
DIEB	Hans Gosch	Hamburg	676,8	238,90	1000
DIEC	Caribia	Hamburg	1735,9	612,78	1200
DIED	von Beckerath	Hamburg	422,4	149,10	750
DIEE	Jan Keiken	Hamburg	369,5	130,42	300
DIEF	Württemberg	Hamburg	13694,9	4834,28	6400
DIEG	Lissy Schulte	Hamburg	1074,2	379,20	1150
DIEH	Jutta Schröder	Hamburg	1832,2	646,78	1500
DIEI	Bugsier 3	Hamburg	68,1	24,05	850
DIEJ	Berlin	Hamburg	6062,0	2139,89	3360
DIQH	Adele	Dieksanderkoog	6,3	2,24	40
DIQI	Adelheid	Uetersen	274,9	97,06	150
DIQJ	Adler	Cuxhaven	7,5	2,63	50
DIQK	Adler	Friedrichskoog	3,6	1,27	20
DIQL	Adler	Friedrichskoog	5,7	2,02	50
DIQM	Albatros	Borstel	4,1	1,45	25
DIQN	Albert	Friedrichskoog	5,0	1,76	28
DIQP	Alice	Dieksanderkoog	9,6	3,39	40

* = Bruttoraumgehalt.

DIQQ — DISP

Unter-scheidungs-signale	Namen der Schiffe	Heimathafen der Schiffe	Kubikmeter Nettoraumgehalt	Registertons Nettoraumgehalt	PS
DIQQ	Alma	Dieksanderkoog	2,9	1,02	10
DIQS	Anita	Friedrichskoog	4,3	1,52	25
DIQU	Anna	Bützfleth	126,0	44,47	50
DIQV	Anna	Seester	9,4	3,32	50
DIQW	Anna	Schulau	30,3	10,69	90
DIQX	Anna	Friedrichskoog	3,0	1,05	18
DIQY	Anna	Meldorf	3,4	1,20	36
DIQZ	Anna Helene	Kaiser-Wilhelmkoog	3,1	1,09	16
DIRA	Anne-Lore	Friedrichskoog	7,3	2,58	28
DIRB	Anni	Friedrichskoog	7,4	2,61	50
DIRC	Antares	Dieksanderkoog	10,0	3,53	50
DIRD	Astarte	Schulau	32,6	11,52	50
DIRE	Bernd	Hamburg	322,4	113,81	150
DIRF	Bertha	Friedrichskoog	3,4	0,85	15
DIRG	Bertha	Friedrichskoog	6,2	2,19	35
DIRH	Berta	Dieksanderkoog	3,7	1,31	28
DIRI	F. Werner	Uetersen	362,9	127,80	200
DIRJ	Bodenwinkel	Brunsbüttelkoog	3,5	1,24	66
DIRK	Bornhofen	Glückstadt	8,7	3,07	28
DIRL	Eleonore	Uetersen	411,4	145,24	240
DIRM	Catharina	Brunsbüttelkoog	9,4	3,30	50
DIRN	Christine	Friedrichskoog	8,6	3,04	50
DIRO	Christine	Friedrichskoog	7,1	2,51	40
DIRP	Condor	Schulau	66,2	23,37	150
DIRQ	Condor	Friedrichskoog	6,1	2,15	40
DIRR	Delphin	Dieksanderkoog	5,6	1,96	28
DIRS	Diamant	Friedrichskoog	14,3	5,05	50
DIRT	Donar	Glückstadt	266,9	94,22	150
DIRU	Dora	Friedrichskoog	3,1	1,09	16
DIRV	Dorothea	Dieksanderkoog	3,1	1,11	28
DIRX	Düneck	Uetersen	343,5	121,25	160
DIRY	Ebenezer	Friedrichskoog	9,4	3,32	35
DIRZ	Elfriede	Neufeld	4,1	1,45	12
DISA	Elfriede	Friedrichskoog	3,8	1,34	24
DISB	Elise	Friedrichskoog	5,3	1,87	16
DISC	Else	Neufeld	5,7	2,01	25
DISD	Emma	Dieksanderkoog	2,3	0,81	12
DISE	Emma Johanna	Uetersen	263,9	93,14	120
DISF	Erna	Dieksanderkoog	11,2	3,95	50
DISG	Erna	Friedrichskoog	5,1	1,80	35/40
DISH	Ernst Heinrich	Moorege	109,0	38,49	72
DISI	Ernte	Oberndorf	86,3	30,46	24
DISJ	Fahrewohl	Friedrichskoog	6,0	2,12	18
DISK	Fahrewohl	Neufeld	5,7	2,01	50
DISL	Falke	Schulau	59,6	21,04	135
DISM	Fortuna	Glückstadt	300,7	106,16	150
DISN	Fortuna	Friedrichskoog	6,1	2,81	28
DISO	Freia	Friedrichskoog	6,2	2,19	25
DISP	Frieda	Dieksanderkoog	5,5	1,94	27

DISQ — DIUT

Unterscheidungssignale	Namen der Schiffe	Heimathafen	Kubikmeter (Nettoraumgehalt)	Registertons (Nettoraumgehalt)	PS
DISQ	Frieda	Schulau	36,6	12,90	100
DISR	Friede	Dieksanderkoog	4,0	1,41	18
DISS	Frieda	Neufeld	6,7	2,36	25
DIST	Friedo	Friedrichskoog	4,5	1,58	20
DISU	Frija	Glückstadt	251,7	88,86	150
DISW	Alfred Hinsch	Hamburg	199,2	70,31	75
DISX	Grete	Neufeld	11,1	3,93	70
DISZ	Hans	Neufeld	7,0	2,47	38
DITA	Heimat	Glückstadt	10,1	3,57	30
DITB	Heinz	Brunsbüttelkoog	3,9	1,38	16
DITC	Helene	Seester	4,3	1,52	30
DITE	Helgo	Friedrichskoog	11,3	3,98	35/40
DITG	Holstein	Uetersen	420,7	148,51	200
DITH	Hooge	Dieksanderkoog	13,5	4,76	50
DITI	Ida Joerk	Hamburg	1524,7	538,22	550
DITJ	Iduna	Friedrichskoog	3,9	1,38	16/18
DITK	Ilse-Elfriede	Friedrichskoog	8,4	2,97	50
DITL	Ina	Friedrichskoog	1,2	0,42	7
DITM	Inge	Neufeld	2,8	0,98	12
DITN	Ingerta	Hamburg	39,9	14,08	145
DITO	Irmgard	Haseldorf	133,7	47,21	50
DITP	Johanna	Seesteraudeich	5,5	1,94	50
DITQ	Johanna	Friedrichskoog	3,8	1,34	20
DITR	Käthe	Friedrichskoog	6,6	2,33	40
DITS	Käte	Seesteraudeich	34,5	12,19	100
DITT	Käthe Theunert	Uetersen	374,4	132,17	200
DITU	Karin	Neufeld	11,8	4,17	40
DITV	Karin II	Friedrichskoog	3,5	1,24	12
DITW	Keen Tied	Dieksanderkoog	2,0	0,71	12
DITX	Kehrwieder	Burg/Dithm.	111,3	39,29	50
DITY	Kehrwieder	Seester	35,5	12,53	105
DITZ	Lena	Cuxhaven	2,8	0,99	15
DIUA	Lene	Friedrichskoog	4,0	1,41	16/18
DIUB	Lilli	Friedrichskoog	1,9	0,67	12
DIUD	Luise	Neufeld	2,3	0,83	8
DIUE	Lucia	Friedrichskoog	9,4	3,34	50
DIUF	Margarethe	Seester	11,4	4,02	80
DIUG	Maria	Brunsbüttelkoog	4,6	1,64	24
DIUI	Adlergrund	Lübeck-Travemünde	32,3	11,40	150
DIUJ	Marie-Eleonore	Helgoland	247,9	87,52	85
DIUK	Marie Falk	Möltenort	21,1	7,45	100
DIUL	Martha	Friedrichskoog	4,1	1,45	20
DIUM	Mary	Neufeld	9,6	3,41	50
DIUN	Max	Schulau	35,5	12,53	75
DIUO	Meta	Dieksanderkoog	6,1	2,15	25
DIUQ	Minna	Dieksanderkoog	9,3	3,28	40
DIUR	Möve	Neufeld	3,0	1,10	18
DIUS	Möve	Neufeld	2,6	0,91	18
DIUT	Morian	Uetersen	234,1	82,64	60

DIUU — DIWY

Unterscheidungssignale	Namen der Schiffe	Heimathafen der Schiffe	Nettoraumgehalt Kubikmeter	Nettoraumgehalt Registertons	PS
DIUU	Muschel	Brunsbüttelkoog	3,3	1,16	45
DIUV	Nathurn	Glückstadt	10,1	3,56	38
DIUW	Nelson	Friedrichskoog	4,3	1,52	35
DIUZ	Resi	Hamburg	6,5	2,3	68
DIVA	Nordstern	Dieksanderkoog	4,0	1,43	16
DIVB	Odin	Glückstadt	252,0	88,86	150
DIVC	Orion	Burg/Dithm.	140,4	49,56	40
DIVD	Paloma	Friedrichskoog	5,1	1,80	40
DIVE	Paloma	Hallig Hooge	15,7	5,55	12
DIVF	Pauline	Neufeld	2,0	0,72	12
DIVG	Pidder Lüng	Friedrichskoog	6,7	2,38	15
DIVH	Polarstern	Friedrichskoog	7,8	2,75	40
DIVI	Regenpfeifer	Friedrichskoog	11,4	4,02	25
DIVJ	Regina	Glückstadt	14,7	4,50	72
DIVK	Rheingold	Hamburg	277,6	98,00	120
DIVL	Rolf Detlef	Wedel	6,3	2,22	30
DIVN	Schwalbe	Friedrichskoog	2,1	0,74	16/18
DIVO	Schwan	Friedrichskoog	3,6	1,28	25
DIVP	Seeadler	Friedrichskoog	5,4	1,91	16
DIVQ	Seefalke	Friedrichskoog	4,3	1,52	10/14
DIVR	Seemöve	Friedrichskoog	10,5	3,71	75/90
DIVS	Seerose II	Neufeld	7,9	2,79	60
DIVT	Seestern	Neufeld	3,1	1,08	10
DIVU	Seestern	Burg/Dithm.	98,4	34,75	36
DIVV	Sirius	Seester	18,6	6,56	90
DIVW	Sneppfalk	Brunsbüttelkoog	12,1	4,27	18/20
DIVZ	Sturmvogel	Friedrichskoog	2,9	1,02	12/14
DIWB	Sturmvogel	Friedrichskoog	4,5	1,59	20
DIWC	Sturmvogel	Kasenort	7,0	2,47	12
DIWD	Süderau	Pellworm	2,8	1,00	20
DIWE	Thea	Kollmar/Holstein	258,9	91,37	120
DIWF	Thor	Büsum	6,8	2,40	50
DIWG	Tiu	Glückstadt	253,9	89,62	150
DIWH	Traute	Glückstadt	249,1	87,94	240
DIWI	Urania	Friedrichskoog	45,9	11,10	40
DIWJ	Vorwärts	Brunsbüttelkoog	8,0	2,81	60
DIWK	Walter	Hamburg	133,2	47,01	50
DIWL	Wedel	Glückstadt	225,0	79,41	80
DIWN	Wilhelmine	Brunsbüttelkoog	5,3	1,90	35
DIWO	Windsbraut	Dieksanderkoog	20,4	7,20	20
DIWP	Zukunft	Uetersen	349,0	123,19	150
DIWQ	Grete	Friedrichskoog	3,7	1,32	15
DIWR	Karl Heinz	Friedrichskoog	10,5	3,69	28
DIWT	Widder	Bremen	415,9	146,81	250
DIWU	Saxnot	Friedrichskoog	416,3	146,98	550
DIWV	Helga	Meldorf	2,8	1,00	
DIWW	Erna	Elmshorn	283,1	99,95	120
DIWX	Frieda	Elmshorn	272,0	96,02	100
DIWY	Tine	Friedrichskoog	2,4	0,84	8

DIWZ — DJAZ

Unterscheidungssignale	Namen der Schiffe	Heimathafen	Kubikmeter Nettoraumgehalt	Registertons Nettoraumgehalt	PS
DIWZ	Gretchen Vollmers	Uetersen	412,6	146,64	250
DIXA	Amanda	Friedrichskoog	3,0	1,08	30
DIXB	Hanna	Friedrichskoog	11,0	3,91	40
DIXC	Emmy	Dieksanderkoog	4,4	1,55	16
DIXD	Henry	Friedrichskoog	4,1	1,47	
DIXF	Hildegard Bülow	Kollmar/Holstein	423,8	149,61	180
DIXG	Peter	Glückstadt	4,8	1,72	18
DIXH	Nordsee	Schulau	57,3	20,21	120
DIXI	Heimkehr	Friedrichskoog	8,0	2,82	40
DIXJ	Elisabeth Bröker	Schulau	385,8	136,18	250
DIXK	Pik As	Glückstadt	12,0	4,23	48
DIXL	Eggert Karstens	Büsum	13,6	4,80	
DIXM	Berta	Elmshorn	276,0	97,42	120
DIXN	Thyra	Elmshorn	265,2	93,63	120
DIXO	Wiebke	Cuxhaven	33,6	11,86	60
DIXP	Marta	Elmshorn	266,0	83,89	110
DIXQ	Zita	Elmshorn	312,3	110,25	65
DIXR	Antje Jansen	Uetersen	411,1	145,12	250
DIXS	Wilhelmine	Friedrichskoog	9,4	3,30	50
DIXT	Anke Christa	Glückstadt	62,4	22,04	150
DIXU	Grete	Itzehoe	58,1	20,52	
DIXV	Minna	Friedrichskoog	2,8	0,99	30
DIXW	Amigo	Glückstadt	67,2	23,73	200
DIXX	Julianka	Itzehoe	505,3	178,39	250
DIXY	Edelweiß	Seester	18,1	6,39	105
DIXZ	Elbe	Elmshorn	58,9	20,80	180
DIYA	Ingrid	Uetersen	436,9	154,21	
DIYB	Alma	Friedrichskoog	6,3	2,24	18
DIYC	Sabine	Uetersen	314,3	110,96	290
DIZX	Adler	Wyk/Föhr	9,2	3,24	50
DIZZ	Albatros	Flensburg	211,9	74,81	260
DJAB	Alexandra	Flensburg	155,5	54,90	420
DJAC	Ambronia	Amrum	23,7	8,35	100
DJAD	Ägir	Hamburg	195,9	69,15	150
DJAE	Annemarie	Keitum/Sylt	32,8	11,59	25
DJAF	Astrea	List/Sylt	110,8	39,20	86
DJAG	Carsten Witt	Bremen	1726,4	609,42	1200
DJAH	Bleibtreu	Hörnum/Sylt	14,7	5,18	50
DJAI	Christel	Neustadt/Holstein	21,1	7,44	75
DJAJ	Christine	Wyk/Föhr	97,9	34,57	100
DJAK	Doris	Flensburg	776,6	274,15	340
DJAO	Fle 47	Flensburg	3,2	1,12	8
DJAQ	Erika	Flensburg	60,9	21,51	120
DJAR	Föhr-Amrum	Wyk/Föhr	239,1	84,39	240
DJAS	Hilligenlei	Wyk/Föhr	184,9	65,28	320
DJAT	Forelle	Flensburg	63,3	22,33	125
DJAU	Frisia	Wyk/Föhr	123,9	43,73	80
DJAX	Grete	Flensburg	80,9	28,55	50
DJAZ	Habicht	Flensburg	176,1	62,17	250

DJBA — DJDH

Unterscheidungssignale	Namen	Heimathafen	Kubikmeter	Registertons	PS
	der Schiffe		Nettoraumgehalt		
DJBA	Maria Elise	Flensburg	40,1	14,15	130
DJBB	Hedwig Pannbacker	Flensburg	543,3	191,79	300
DJBC	Hermine	Wyk/Föhr	92,5	32,64	50
DJBE	Irmgard	Amrum	18,2	6,43	100
DJBF	Käthe Marie	Amrum	71,1	25,10	70
DJBH	Karl Friedrich	Wyk/Föhr	43,9	15,49	95
DJBI	Libelle	Flensburg	63,3	22,33	100
DJBJ	Lina	Amrum	130,3	46,00	50
DJBK	Magdalena	Munkmarsch/Sylt	72,2	25,50	75
DJBL	Marie Ursula	Flensburg	310,0	109,42	150
DJBM	Nordfriesland	Wyk/Föhr	423,4	149,46	300
DJBN	Oste	Wyk/Föhr	88,0	30,88	120
DJBO	Rolf Verhey	Wyk/Föhr	23,4	8,27	75
DJBP	Rungholt	Wyk/Föhr	35,3	12,48	72
DJBQ	Seebär	Hörnum/Sylt	6,5	2,30	36
DJBR	Jul	Wyk/Föhr	143,9	90,81	120
DJBT	Siegfried	List/Sylt	20,0	7,06	90
DJBV	Stern vom Osten	Heiligenhafen	18,4	6,49	135
DJBW	Uthlande	Wyk/Föhr	182,9	64,56	200
DJBX	Vera	Flensburg	1008,2	355,91	450
DJBY	Walküre	Flensburg	157,5	55,60	120
DJBZ	Pagensand	Hamburg	822,6	290,37	500
DJCC	Sölve	Hörnum/Sylt	9,2	3,26	40
DJCD	Auguste	Hörnum/Sylt	12,6	4,43	40
DJCE	Hubert	Langballigholz	18,1	6,38	120
DJCF	Jürgen	Wyk/Föhr	3,4	1,21	12
DJCI	Arkona	Hamburg	2221,0	784,03	650
DJCJ	Werner	Flensburg	3,8	1,35	
DJCK	Esther	Flensburg	4,2	1,47	68
DJCL	Anna	Amrum	18,2	6,43	
DJCM	Edith	Flensburg	3,0	1,05	
DJCN	Friesland	Wyk/Föhr	22,9	8,09	60
DJCP	Lan 22	Langballigau	18,0	6,37	70
DJCQ	Rüm-Hard	Hallig Langeness	12,9	4,54	6
DJCS	Venus	Flensburg	6125,0	2162,12	1500
DJCT	Flensau	Flensburg	2132,2	752,68	1200
DJCU	Lan 30 Charlotte	Langballigau	12,0	4,24	60
DJCV	Charlotte Bohl	Flensburg	418,4	147,71	250
DJCW	Jupiter	Flensburg	2132,8	752,87	1200
DJCX	Schwennau	Flensburg	2132,5	752,76	1200
DJCY	Jan Meeder	Flensburg	421,6	148,82	250
DJCZ	Pallas	Flensburg	2132,8	752,87	1200
DJDB	Waldemar Sieg	Flensburg	8316,1	2935,59	2355
DJDC	Hochmeister	Flensburg	716,0	252,76	360
DJDD	Merkur	Flensburg	780,1	275,38	250
DJDE	Krusau	Flensburg	2324,7	820,61	1200
DJDF	Schleswig-Holstein	Flensburg	423,8	149,61	250
DJDG	Hilligenlei	Langeness	21,2	7,48	68
DJDH	Helgoland	Flensburg	87,7	30,90	185

DJDI — DJFJ

Unterscheidungssignale	Namen der Schiffe	Heimathafen der Schiffe	Kubikmeter Nettoraumgehalt	Registertons Nettoraumgehalt	PS
DJDI	Traute Sarnow	Flensburg	426,4	150,51	250
DJDJ	AnnelisChristophersen	Flensburg	1402,4	495,05	830
DJDK	Münster	Flensburg	411,0	145,08	250
DJDL	Maria Althoff	Flensburg	406,3	143,42	390
DJDM	Bernhard Howaldt	Flensburg	9216,4	3253,40	3000
DJDN	Hermann Althoff	Flensburg	411,0	145,08	250
DJDT	Ada	Maasholm	15,7	5,53	50
DJDU	Adler	Büsum	9,5	3,35	25
DJDV	Adler	Büsum	6,5	2,20	50
DJDW	Adler	Tönning	7,6	2,68	40
DJDX	Admiral Scheer	Büsum	5,8	2,05	40
DJDY	Albatros	Büsum	9,1	3,23	40
DJDZ	Albert	Cuxhaven	97,2	34,32	50
DJEA	Alma	Hamburg	107,3	37,89	70
DJEB	Alma-Helene	Büsum	9,8	3,46	60
DJEC	Annita	Büsum	7,8	2,75	50
DJED	Anna	Pellworm	43,6	15,37	
DJEE	Anna	Büsum	14,5	5,10	25
DJEF	Anna-Auguste	Büsum	5,0	1,76	36
DJEG	Annemarie	Husum	9,0	3,18	40
DJEH	Annemarie	Büsum	4,2	1,48	25
DJEI	Anni	Pellworm	91,8	32,41	25
DJEJ	Antje	Büsum	2,8	0,99	20
DJEK	Arn VII	Arnis/Schlei	951,9	336,02	375
DJEL	Bertha	Büsum	15,3	5,40	75
DJEM	Bertha	Flensburg	19,3	6,83	120
DJEN	Bertha-Elisabeth	Büsum	8,0	2,82	54
DJEO	Bravo	Büsum	8,3	2,93	40
DJEP	Bussard	Husum	10,2	3,60	75
DJEQ	California	Büsum	10,5	3,71	35
DJER	Capella	Büsum	12,3	4,34	50
DJES	Carl Jensen	Kappeln/Schlei	150,0	52,83	120
DJET	Carmen-Silva	Husum	4,8	1,69	36
DJEU	Catrina	Friedrichstadt	138,9	49,03	100
DJEV	Blitz	Büsum	10,6	3,76	
DJEW	Christine	Pellworm	75,5	26,65	50
DJEX	Clara	Maasholm	9,3	3,30	44
DJEY	Columbus	Pellworm	5,2	1,85	25
DJEZ	Concordia	Büsum	7,1	2,49	50
DJFA	Condor	Büsum	15,5	5,47	50
DJFB	Cormoran	Büsum	12,9	4,54	75
DJFC	Danzig	Büsum	9,7	3,42	40
DJFD	Diana	Büsum	5,1	1,78	36
DJFE	Gebrüder	Warverort	3,6	1,27	50
DJFF	Dithmarschen	Büsum	9,5	3,35	50
DJFG	Dolly Schlömer	Büsum	21,1	7,45	100
DJFH	Dorathea	Büsum	6,7	2,36	50
DJFI	Edelweiß	Husum	6,4	2,27	35
DJFJ	Eider	Süderstapel	184,2	65,02	100

DJFK — DJHG

Unterscheidungssignale	Namen der Schiffe	Heimathafen	Kubikmeter (Nettoraumgehalt)	Registertons (Nettoraumgehalt)	PS
DJFK	Elbing	Büsum	8,8	3,11	50
DJFL	Elise	Büsum	3,5	1,24	15
DJFM	Elke	Husum	4,2	1,48	25
DJFN	Ella	Tönning	2,0	0,71	28
DJFO	Ella	Tönning	7,1	2,51	50
DJFP	Elly	Büsum	3,7	1,31	24
DJFQ	Elsa	Husum	6,8	2,43	36
DJFR	Else	Husum	4,9	1,75	30
DJFS	Erich	Tönning	5,3	1,87	32
DJFT	Ernst	Büsum	8,9	3,14	60
DJFU	Erwin	Kiel	6,3	2,23	80
DJFV	Falke	Büsum	7,0	2,47	10
DJFW	Feuerland	Büsum	14,8	5,22	100
DJFX	Forelle	Büsum	5,0	1,77	36
DJFY	Fortuna	Büsum	9,8	3,46	50
DJFZ	Frieda	Büsum	7,0	2,47	50
DJGA	Frieda	Büsum	3,3	1,16	30
DJGB	Frida	Büsum	18,8	6,63	75
DJGC	Friesland	Ording	7,9	2,79	25
DJGD	Frischauf	Büsum	4,5	1,59	24
DJGE	Fürchtenicht	Büsum	11,2	3,95	40
DJGF	Fürchtenicht	Tönning	14,7	5,19	90
DJGG	Georg-Hinrich	Büsum	5,5	1,94	40
DJGH	Germania	Büsum	5,1	1,80	40
DJGI	Gertrud Helene	Husum	3,2	1,13	25
DJGJ	Giserda	Tönning	5,7	2,01	40
DJGK	Gorch Fock	Büsum	4,5	1,59	25
DJGL	Grete	Tönning	6,5	2,29	25
DJGM	Günther	Lübeck-Travemünde	23,5	8,30	100
DJGN	Gustav	Pellwormer Hafen	101,2	35,20	50
DJGO	Hanna	Tönning	3,1	1,09	38
DJGP	Hanna	Husum	9,7	3,43	50
DJGQ	Helene	Pellworm	5,3	1,89	25
DJGR	Hans-Hermann	Büsum	11,0	3,88	75
DJGS	Hedi Engels	Büsum	24,9	8,21	120
DJGT	Heimatland	Husum	10,6	3,77	50
DJGU	Heimbringer	Pellworm	14,3	5,06	35
DJGV	Heinrich Christian	Husum	5,7	2,01	40
DJGW	Helene	Pellworm	13,4	4,73	40
DJGX	Helene	Husum	9,6	3,39	80
DJGY	Helmut	Friedrichskoog	3,4	1,20	40
DJGZ	Henny	Büsum	4,1	1,46	28
DJHA	Herbert	Büsum	5,4	1,91	40
DJHB	Herta	Arnis/Schlei	148,5	52,41	120
DJHC	Hilda	Büsum	5,0	1,76	50
DJHD	Hildegard-Marie	Husum	21,7	7,66	75
DJHE	Hoffnung	Tönning	5,2	1,83	50
DJHF	Hoffnung	Büsum	6,5	2,28	40
DJHG	Holstein	Büsum	9,1	3,21	50

DJHH — DJJG

Unterscheidungssignale	Namen der Schiffe	Heimathafen der Schiffe	Kubikmeter Nettoraumgehalt	Registertons Nettoraumgehalt	PS
DJHH	Iduna	Büsum	9,2	3,24	40
DJHI	Imperator	Büsum	5,2	1,84	36
DJHJ	Inge	Büsum	10,2	3,60	60
DJHK	Ingrid	Büsum	8,9	3,14	60
DJHL	Irmgard	Husum	3,4	1,20	27
DJHM	Johann-Hinrich	Büsum	9,1	3,21	50
DJHN	Julie	Pellworm	8,7	3,08	50
DJHO	Karl-Heinz	Kappeln/Schlei	127,7	45,06	75
DJHP	Kehrwieder	Büsum	60,1	21,21	150
DJHQ	Bertha	Büsum	6,0	2,11	24
DJHR	Klaus Groth	Büsum	21,2	7,48	80
DJHS	Königsberg	Büsum	7,7	2,72	40
DJHT	Komet	Büsum	8,6	3,04	50
DJHU	Conrad	Büsum	7,3	2,59	30
DJHW	Kurt	Büsum	8,9	3,14	50
DJHX	Paloma	Büsum	17,1	6,03	
DJHY	Leonore	Pellworm	6,7	2,36	36
DJHZ	Leonore-Johanna	Büsum	7,3	2,58	75
DJIA	Lilli	Büsum	4,8	1,69	25
DJIB	Loreley	Büsum	5,7	2,01	40
DJIC	Lucia	Kiel	89,0	31,42	75
DJID	Ludwig	Büsum	11,3	3,99	44
DJIE	Mareile	Kappeln/Schlei	12,7	4,50	50
DJIF	Margaretha	Büsum	5,8	2,04	25
DJIG	Marie	Husum	57,5	20,31	65
DJIH	Mariechen	Maasholm	6,8	2,41	50
DJIJ	Mariechen	Kappeln/Schlei	13,2	4,67	75
DJIK	Mariechen	Maasholm	9,3	3,28	75
DJIL	Marie-Luise	Büsum	4,3	1,52	25
DJIM	Marie-Luise	Husum	7,8	2,77	75
DJIN	Marie-Luise	Pellworm	11,2	3,95	75
DJIO	Martha	Munkmarsch	103,5	36,54	100
DJIP	Martha	Husum	7,9	2,79	50
DJIQ	Martha	Büsum	6,8	2,40	40
DJIR	Mary	Tönning	5,2	1,84	38
DJIS	Mary	Husum	9,1	3,32	50
DJIT	Mathilde	Tönning	1,7	0,61	10
DJIU	Fairplay III	Hamburg	12,3	4,34	400
DJIV	Merkur	Husum	6,5	2,30	25
DJIX	Meteor	Büsum	5,2	1,84	36
DJIY	Möve	Büsum	5,2	1,84	36
DJIZ	Möwe	Wöhrden	2,5	0,88	20
DJJA	Möve	Tönning	8,2	2,89	38
DJJB	Neptun	Büsum	9,6	3,38	50
DJJC	Nixe	Büsum	11,3	3,99	30
DJJD	Norderoog	Pellworm	11,8	4,17	40
DJJE	Nordfriesland	Büsum	11,8	4,17	50
DJJF	Nordfriesland	Husum	8,5	3,01	35
DJJG	Nordseeluft	Büsum	10,7	3,77	50

DJJH — DJLL

Unterscheidungssignale	Namen der Schiffe	Heimathafen der Schiffe	Kubikmeter Nettoraumgehalt	Registertons Nettoraumgehalt	PS
DJJH	Nordstern	Büsum	7,2	2,54	40
DJJI	Odin	Büsum	6,8	2,30	40
DJJJ	Orion	Büsum	4,0	1,40	16
DJJK	Passarge	Büsum	9,0	3,17	50
DJJL	Pellworm	Pellworm	135,7	47,90	2×165
DJJM	Pellworm	Pellworm	389,7	137,55	150
DJJN	Peter	Husum	7,9	2,78	50
DJJO	Peter Lass	Büsum	9,4	3,32	75
DJJP	Polarstern	Büsum	6,0	2,12	40
DJJQ	Schwalbe	Maasholm	9,3	3,28	50
DJJS	Seeadler	Büsum	5,2	1,84	40
DJJT	Seemöve	Büsum	5,1	1,81	40
DJJU	Seeschwalbe	Büsum	5,1	1,81	40
DJJV	Seestern	Büsum	4,5	1,58	40
DJJW	Sonja-Charlotte	Büsum	12,63	4,46	50
DJJX	Störtebecker	Büsum	12,5	4,41	75
DJJY	Stollberg	Büsum	8,4	2,95	60
DJJZ	Stralsund	Büsum	9,1	3,21	40
DJKA	Stropp	Büsum	11,0	3,90	35
DJKB	Sturmvogel	Büsum	18,6	6,57	100
DJKC	Süderoog	Pellworm	11,1	4,17	40
DJKD	Südfall	Büsum	4,8	1,70	25
DJKE	Südwest	Maasholm	12,0	4,23	50
DJKF	Svea	Tönning	6,7	2,37	25
DJKK	Venus	Büsum	6,4	2,26	36
DJKL	Vera	Büsum	9,1	3,21	50
DJKM	Vorwärts	Husum	4,9	1,72	35
DJKN	Werner	Büsum	14,2	5,01	58
DJKO	Wilhelm Külper	Büsum	45,8	16,17	120
DJKP	Wilhelmine	Büsum	7,3	2,59	50
DJKQ	Wilhelmine II	Büsum	37,1	10,00	50
DJKR	Willy Meinhard	Husum	115,3	40,69	75
DJKT	Maa 23	Maasholm	8,0	2,84	50
DJKU	Wohlfahrt	Maasholm	7,1	2,49	50
DJKW	Woterküken	Büsum	12,6	4,46	50
DJKX	Zukunft	Büsum	24,29	7,5	75
DJKY	Zukunft	Tönning	3,3	1,16	36
DJKZ	Zukunft	Husum	8,5	3,00	75
DJLA	Elsa	Maasholm	18,1	6,37	30
DJLB	Nordlicht	Büsum	16,7	5,91	75
DJLC	Pionier	Hallig Hooge	10,0	3,53	
DJLD	Annemarie	Kappeln	23,1	8,17	
DJLE	Sturmvogel	St. Peter	7,6	2,70	25
DJLG	Meteor	Pellworm	92,8	32,76	
DJLH	Wohlfahrt	Büsum	6,4	2,28	25
DJLI	Bussard	Büsum	11,6	4,10	
DJLJ	Momme Friedrich	Büsum	10,9	3,85	
DJLK	Gebrüder	Büsum	19,7	6,95	20
DJLL	Mica	Büsum	10,6	3,73	50

DJLM — DJNP					
Unter-scheidungs-signale	Namen der Schiffe	Heimathafen	Kubikmeter (Nettoraumgehalt)	Registertons (Nettoraumgehalt)	PS
DJLM	Stadt Husum	Husum	67,9	23,95	100
DJLN	Hubertus	Büsum	2,6	0,92	36
DJLP	Ilse	Olversum	5,0	1,76	20
DJLR	Hans	Büsum	10,3	3,62	
DJLS	Maa 5	Maasholm	6,4	2,24	
DJLU	Wiking	Büsum	16,1	5,68	
DJLV	Christel	Büsum	20,8	7,34	
DJLW	Wilhelm Lass	Husum	13,8	4,80	60
DJMA	Tön 9	Tönning	9,4	3,32	35
DJMB	Barbara	Büsum	25,4	8,96	75
DJMC	Else	Büsum	7,2	2,52	30
DJMD	Libelle	Büsum	4,0	1,41	24
DJME	Maa 33	Maasholm	6,5	2,20	50
DJMF	Concordia	Kappeln/Schlei	31,5	11,10	
DJMG	Puck	Kappeln/Schlei	38,0	13,40	
DJMH	Nöck	Kappeln/Schlei	84,8	29,94	100
DJMI	Hertha	Büsum	5,8	2,02	36
DJMJ	Anna	Tümlauerkoog	4,9	1,74	36
DJMK	Seehund	Maasholm	19,5	6,88	15
DJML	Heimkehr	Husum	7,5	2,65	50
DJMM	Antje	Kappeln/Schlei	15,3	5,39	100/120
DJMN	Reini	Kappeln/Schlei	9,6	3,39	75
DJMO	Pidder Lüng	Hallig Hooge	31,7	11,18	15
DJMP	Albatros	Tönning	5,5	1,95	
DJMQ	Anne Ohl	Ulsnis	389,5	137,51	250
DJMR	Marga	Maasholm	29,3	10,35	
DJMS	Adler II	Maasholm	86,5	30,53	117
DJMT	Klara-Luise	Büsum	8,3	2,93	28
DJMU	Minna	Maasholm	8,8	3,12	25
DJMV	Maa 10	Maasholm	8,3	2,93	
DJMW	Kro 8	Maasholm	4,7	1,66	
DJMX	Tön 24	Tönning	5,0	1,76	
DJMY	Condor	Kappeln/Schlei	22,4	7,91	120
DJMZ	Kehrwieder	Büsum	10,8	3,81	24
DJNA	Gerda	Tönning	4,4	1,57	
DJNB	Nordmeer	Kappeln/Schlei	18,7	6,61	
DJNC	Sturmvogel	Kappeln/Schlei	26,9	9,33	
DJND	Adler	Kappeln/Schlei	20,7	7,32	
DJNE	Elfriede	Tönning	20,2	7,12	
DJNF	Kehrwieder	Tönning	8,8	3,09	
DJNG	Greif	Kappeln/Schlei	15,8	5,58	
DJNH	Vorwärts	Arnis	17,1	6,02	
DJNJ	Adler	Schönbergerstrand	2,8	1,02	10
DJNK	Alice	Stein	3,6	1,29	25
DJNL	Alsen	Bremen	500,3	176,60	550
DJNM	Anna	Kiel	102,2	36,08	180
DJNN	Anna-Elise	Varelerhafen	112,9	39,84	75
DJNO	Annemarie	Kiel	373,8	131,54	195
DJNP	Antje	Kiel	15,2	5,35	60

DJNQ — DJPN

Unterscheidungssignale	Namen der Schiffe	Heimathafen der Schiffe	Kubikmeter Nettoraumgehalt	Registertons Nettoraumgehalt	PS
DJNQ	August	Kiel	119,6	42,22	160
DJNR	Käte Grammerstorf	Kiel	4061,1	1433,60	1275
DJNS	Bruno Grammerstorf	Kiel	1319,3	465,71	700
DJNT	Bülk	Kiel	89,3	31,53	350
DJNU	Bungsberg	Hamburg	680,3	240,10	360
DJNV	Schleswig	Kiel	564,9	199,42	800
DJNW	Castor	Hamburg	524,6	185,17	300
DJNX	Dora	Laboe	2,7	0,95	24
DJNY	Dora	Kiel	8,9	3,14	50
DJNZ	Dorathea	Kiel	48,1	16,95	120
DJOA	Schleswig-Holstein	Kiel	50,1	17,68	50
DJOB	Geheimrat Sartori	Kiel	1408,4	497,15	1000
DJOC	Eckholt	Eckernförde	12,7	4,46	100
DJOD	Edith Becker	Kiel	96,2	33,97	50
DJOE	Elisabeth	Tatting	5,4	1,91	20
DJOF	Emil	Kiel	509,2	179,73	150
DJOG	Emma Dorothea	Schilksee-Strande	13,0	4,57	80
DJOH	Falke	Rendsburg	162,8*	57,47*	250
DJOI	Fehmarn	Kiel	579,8	204,69	330
DJOJ	Elisabeth Entz	Rendsburg	16057,4	5668,54	2×2250
DJOK	Friedrichsort	Kiel	339,0	119,67	280
DJOL	Georg	Kiel	121,1	42,76	100
DJOM	Hans-Helmut	Schilksee-Strande	13,6	4,77	90
DJON	Hans Johann	Rendsburg	274,1	96,74	135
DJOO	Seeadler	Kiel	35,2	12,44	120
DJOP	Hei 400	Heikendorf	2,0	0,70	10
DJOQ	Heimat	Kiel	10,3	3,62	50
DJOR	Heinrich	Kiel	126,7	44,72	120
DJOS	Henni	Rendsburg	134,5	47,56	75
DJOU	Hertha	Kiel	136,7	48,25	150
DJOW	Hilda	Kiel	515,2	181,86	150
DJOX	Achim Waap	Kiel	728,1	257,0	575
DJOY	Hoffnung	Stein	5,6	1,97	25
DJOZ	Hoh 11	Hohwacht	2,2	0,78	10
DJPA	Hohwacht	Kiel	86,0	30,25	300
DJPB	Holsatia	Kiel	277,5	97,97	380
DJPC	Holsatia	Kiel	196,1*	69,22*	250
DJPD	Holtenau	Kiel	55,9	19,73	150
DJPE	Hugo	Laboe	4,6	1,61	15
DJPF	Ilse	Kiel	159,5	56,30	130
DJPG	Ingrid	Kiel	183,1	64,65	150
DJPH	Phönix	Heikendorf	15,6	5,49	100
DJPI	Jenny	Eckernförde	40,5	14,23	125
DJPJ	Karin	Kiel	356,5	125,84	125
DJPK	Katharina	Kiel	206,0	72,55	240
DJPL	Kurt Willi	Laboe	8,1	2,86	50
DJPM	Laboe	Kiel	687,7	242,76	950
DJPN	Lisbeth	Laboe	4,7	1,67	25

* = Bruttoraumgehalt.

DJPO — DJRO

Unter-scheidungs signale	Namen der Schiffe	Heimathafen der Schiffe	Kubik-meter Nettoraumgehalt	Register-tons Nettoraumgehalt	PS
DJPO	Rita Degen	Rendsburg	363,0	128,14	300
DJPQ	Madoc	Kiel	6,6	2,33	15
DJPR	Maria Regina	Kiel	201,4	71,09	115
DJPS	Mönckeberg	Kiel	287,7	98,38	240
DJPT	Möwe	Heikendorf	8,9	3,14	50
DJPU	Neuende	Hamburg	660,0	232,99	300
DJPV	Neumühlen	Kiel	842,8	297,51	450
DJPW	Nixe	Möltenort	7,3	2,59	80
DJPX	Nordmark	Eckernförde	9,1	3,20	120
DJPY	Nordstern	Eckernförde	9,2	3,26	80
DJQB	Phönix	Kiel	168,6	59,52	530
DJQC	Edith	Heikendorf	34,0	12,00	120
DJQF	Probst	Eckernförde	4,4	1,55	25
DJQG	Ingrid Helga	Laboe	59,9	21,15	120
DJQH	Schleswig-Holstein	Laboe	14,9	5,26	50
DJQI	Schwan	Möltenort	23,8	8,39	150
DJQJ	Schwansen	Kiel	1088,2	384,00	360
DJQK	Seeadler	Rendsburg	230,6*	81,42*	330
DJQL	Sonja	Kiel	38,1	13,46	85
DJQM	Sprott	Eckernförde	37,6	13,26	125
DJQN	Stei 9	Stein	8,4	2,97	25
DJQO	Maria Fr. Joerk	Kiel	416,3	146,96	250/270
DJQP	Christa Griese	Kiel	379,1	133,81	230
DJQQ	Eva	Heikendorf	31,8	11,24	96
DJQR	Gaarden	Kiel	169,5	59,84	250
DJQS	Sucher	Rendsburg	405,5	143,13	200
DJQT	Thea	Laboe	564,9	199,42	800
DJQV	Ute	Kiel	39,3	13,87	100
DJQW	Veritas	Kiel	137,8	48,65	75
DJQX	Viktoria	Kiel	121,0	42,73	285
DJQY	Wellingdorf	Kiel	859,4	303,36	
DJQZ	Wilhelm	Breiholz	275,0	97,12	200
DJRA	Rudolf	Norderney	100,7	35,54	175
DJRB	Kronsberg	Hamburg	993,2	350,59	1000
DJRC	Stadtrat Suhr	Heikendorf	16,9	5,96	72
DJRD	Lydia	Laboe	7,1	2,39	74
DJRE	Wogram	Heikendorf	38,2	13,51	120
DJRF	Fortuna	Heikendorf	8,4	2,98	80
DJRG	Möwe	Eckernförde	14,2	5,02	120
DJRH	Mamsell	Kiel	21,7	7,64	170
DJRI	Seestern	Heikendorf	17,6	6,21	80
DJRJ	Glückauf	Eckernförde	11,2	3,95	65
DJRK	Traute	Eckernförde	15,1	5,32	100
DJRL	Karl-Heinz	Strande	19,5	6,90	100
DJRM	Horst	Strande	10,0	3,51	75
DJRN	Atlantic	Emden	60,8	21,46	120
DJRO	Pil-14 (Hei 66)	Heikendorf	4,6	1,61	45

* = Bruttoraumgehalt.

DJRP — DJTN

Unterscheidungssignale	Namen der Schiffe	Heimathafen der Schiffe	Kubikmeter Nettoraumgehalt	Registertons Nettoraumgehalt	PS
DJRP	Kronsort	Eckernförde	22,2	7,85	90
DJRQ	Christa	Heikendorf	28,7	10,15	100
DJRR	Freundschaft	Laboe	8,8	3,11	50
DJRS	Johann Böhnke	Strande	46,2	16,29	180
DJRT	Ecke 30	Eckernförde	3,3	1,15	15
DJRU	Marianne I. Nimtz	Hamburg	4518,3	1594,95	1200
DJRV	Bruno	Kiel	16,9	5,97	112
DJRW	Amrum	Rendsburg	1020,5	360,23	185
DJRX	Hedwig Elisabeth	Heikendorf	38,5	13,59	125
DJRY	Inge	Kiel-Friedrichsort	11,6	4,09	
DJRZ	Heimatland	Eckernförde	36,9	13,02	120
DJSA	Carl Sifferlien	Eckernförde	17,2	6,09	120
DJSC	Christian Ivers	Kiel	736,9	260,12	2×550
DJSD	Harald Ivers	Kiel	736,9	260,12	2×550
DJSE	Nordmeer	Eckernförde	31,2	11,01	110
DJSF	Castor	Kiel	128,8*	45,47*	220
DJSG	Charlotte	Kiel	27,0	9,54	65
DJSH	Frie 4	Kiel-Friedrichsort	14,1	4,99	100
DJSI	Doris	Kiel	110,1	38,88	60
DJSJ	Ellerbek	Kiel	564,9	199,42	850
DJSK	Wellingdorf	Kiel	564,9	199,42	850
DJSL	Duburg	Kiel	3318,3	1171,35	1200
DJSM	M. Joerk	Kiel	1542,3	544,43	700
DJSN	Emmi	Laboe	49,1	17,34	
DJSO	Felsen	Eckernförde	52,9	18,68	110
DJSP	Orion	Kiel	59,5	21,01	130
DJSQ	Frisch Auf	Eckernförde	23,9	8,43	80/120
DJSR	Düsternbrook	Kiel	8169,4	2883,79	1520
DJSS	Ecke 81	Eckernförde	14,44	4,08	90
DJST	Grete-Herta	Möltenort	16,2	5,73	100
DJSU	Söte Deern	Eckernförde	21,1	7,45	
DJSV	Hei 30	Möltenort	14,5	5,11	70
DJSW	Hei 404	Möltenort	3,4	1,20	12
DJSX	Glücksburg	Kiel	2468,4	871,34	1200
DJSY	Heikendorf	Kiel	341,5	66,00	300
DJTA	Hein	Cuxhaven	1,9	0,68	250
DJTB	Schwalbe	Eckernförde	14,6	5,15	90/120
DJTD	Hoh 21	Hohwacht	2,0	0,80	6
DJTE	Frie 2	Friedrichsort	16,4	5,75	75
DJTF	Peter	Heikendorf	26,4	9,31	120
DJTG	Brigitte	Eckernförde	27,5	9,70	120
DJTH	Hei 28	Heikendorf	21,9	7,75	100
DJTI	Ingo	Kiel	19,4	6,85	150
DJTJ	Elisabeth	Eckernförde	37,6	13,29	120
DJTK	Blidum	Rendsburg	2417,2	853,80	1200
DJTL	Kehrwieder	Kiel	11,0	3,88	
DJTM	Kitzeberg	Kiel	221,3	78,00	300
DJTN	Neumünster	Kiel	487,6	172,12	925 u. 280

* = Bruttoraumgehalt.

DJTO — DJVS

Unterscheidungssignale	Namen der Schiffe	Heimathafen	Kubikmeter (Nettoraumgehalt)	Registertons (Nettoraumgehalt)	PS
DJTO	Kondor	Kiel	396,5*	139,96*	450
DJTP	Kreih	Neumühlen/Kiel	105,4	37,20	
DJTR	Rex	Eckernförde	4,9	1,74	
DJTS	Elfriede	Kiel	2240,8	791,01	800
DJTT	Lab 62	Laboe	3,4	1,20	
DJTU	Lab 111	Laboe	4,2	1,49	15
DJTV	Annemarie	Kiel	2237,2	789,73	800
DJTW	Maria	Kiel	358,9	126,70	180
DJTY	Kehrwieder	Eckernförde	13,7	4,85	250
DJTZ	Marie Luise	Strande	36,6	12,91	120
DJUA	Martin	Heikendorf	24,2	8,53	150
DJUC	Möltenort	Kiel	265,1	93,50	300
DJUD	Möwe	Neumühlen/Kiel	210,2	74,20	
DJUE	Roland	Kiel	871,5	307,65	250
DJUF	Annchen Felter	Lübeck	339,2	119,74	500
DJUH	Rendsburg	Kiel	489,5	172,80	750
DJUJ	Pollux	Kiel	128,8*	45,47*	220
DJUK	Heimat	Laboe	19,3	6,83	85
DJUL	Radaune	Kiel	210,7	74,39	125
DJUM	Heimatland	Möltenort	59,6	21,04	120
DJUN	Reiher	Neumühlen/Kiel	202,4	74,46	
DJUO	Hei 24	Heikendorf	38,6	13,63	150
DJUP	Einigkeit	Möltenort	41,8	14,00	150
DJUQ	Selekta	Heikendorf	9,4	3,30	50
DJUR	Rolf Hagemann	Kiel	505,0	190,70	850
DJUS	Spüler III	Rendsburg	1085,3*	383,51*	125
DJUT	Freya	Kiel	40,8	14,40	150
DJUU	Kie 710	Heikendorf	60,9	21,51	120
DJUV	Schwalbe	Kiel	154,3*	54,48*	120
DJUW	Schwan	Neumühlen/Kiel	210,1	74,17	—
DJUX	Schwentine	Neumühlen/Kiel	7,4	2,62	49
DJUY	Stadt Kiel	Kiel	410,6	144,94	300
DJUZ	Steffen	Kiel	208,4*	73,58*	250
DJVA	Stein	Kiel	5,0	1,78	710
DJVB	Stettin	Kiel	92,0*	32,49*	281
DJVC	Heimat	Rendsburg	23,4	8,28	150
DJVE	Franz Holm	Kiel	536,4	189,33	850
DJVF	Karl Schaller	Kiel	540,2	190,70	850
DJVG	Konsul Sartori	Kiel	1426,8	503,66	1000
DJVH	St. S. 80	Kiel	685,4	241,95	312
DJVI	St. S. 81	Kiel	685,0	241,70	312
DJVJ	Christian	Kiel	20,4	7,20	120
DJVK	Troll	Kiel	7,3	2,57	75
DJVL	Vorwärts	Brunsbüttelkoog	279,2*	98,57*	450
DJVN	Walter Siemers	Kiel	540,2	190,70	850
DJVO	Anna	Laboe	9,6	3,40	25
DJVQ	Karin	Heikendorf	32,8	11,59	150
DJVR	Karl Grammerstorf	Kiel	3932,3	1197,48	2300
DJVS	Kiel 30	Kiel	23,5	8,30	105

* = Bruttoraumgehalt.

DJVT — DJXZ

Unterscheidungssignale	Namen der Schiffe	Heimathafen der Schiffe	Nettoraumgehalt Kubikmeter	Nettoraumgehalt Registertons	PS
DJVT	Lab 7	Laboe	9,9	3,38	75
DJVU	Hei 47	Heikendorf	23,5	8,29	85
DJVV	Herbert	Rendsburg	147,5	52,08	75
DJVW	Walter Meißner	Kiel	536,4	189,33	850
DJVX	Waltraut Behrmann	Rendsburg	410,2	144,81	250
DJVY	Inge	Laboe	16,1	5,69	36
DJVZ	Cläre Grammerstorf	Kiel	6192,9	2186,09	1800
DJWA	Aegir	Lübeck-Gothmund	9,2	3,25	25
DJWB	Aline	Haffkrug	15,9	5,61	90
DJWC	Altstadt	Lübeck	92,3	32,58	160
DJWD	Uwe	Lübeck-Travemünde	24,5	8,65	120
DJWE	Anne Gret	Lübeck-Gothmund	18,1	6,40	75
DJWF	Antje	Niendorf	25,0	8,84	75
DJWG	Ascania	Lübeck	714,5	250,79	220
DJWH	Atalante II	Burg/Fehmarn	117,9	41,63	80
DJWI	Brandenburg	Hamburg	265,8	93,82	150
DJWK	Pil 50	Burg/Fehmarn	8,5	3,01	100
DJWL	Flamingo	Flensburg	181,3	64,01	350
DJWN	Anneliese	Lübeck-Schlutup	25,5	9,02	95
DJWO	Claus	Bremerhaven	823,4	290,67	320
DJWR	Deutschland	Haffkrug	8,2	2,89	65
DJWS	Direktor Zirkel	Lübeck-Travemünde	9,0	3,17	35
DJWT	Dora	Burg/Fehmarn	103,8	36,65	100
DJWU	Edelweiß	Neustadt/Holstein	9,0	3,18	75
DJWV	Edith	Lübeck-Travemünde	17,8	6,30	120
DJWW	Edith	Lübeck-Travemünde	13,0	4,60	50
DJWX	Elbing II	Lübeck	1267,4	447,40	570
DJWY	Elbing IV	Lübeck	614,7	217,01	300
DJWZ	Elbing VII	Lübeck	809,1	285,60	250
DJXA	Elbing VIII	Lübeck	949,0	335,00	350
DJXC	Elbe	Neustadt	6,4	2,28	40
DJXD	Else	Heiligenhafen	13,1	4,63	30
DJXE	Emma	Lübeck-Travemünde	25,3	8,93	100
DJXF	Emmi	Niendorf	8,1	2,84	72
DJXH	Erna	Hamburg	1114,0	393,25	500
DJXK	St. Georg	Flensburg	196,2	69,26	225
DJXL	Margarethe	Lübeck-Schlutup	31,3	7,51	120
DJXO	Gemma	Lübeck	325,0	114,74	500
DJXP	Gerda	Niendorf	12,0	4,24	75
DJXQ	Gertrud	Lübeck-Travemünde	23,4	8,26	90
DJXR	Heidi	Lübeck-Travemünde	15,8	5,59	75
DJXS	Gorch Fock	Niendorf	20,2	7,13	90
DJXT	Goth 2	Lübeck-Gothmund	5,6	1,98	25
DJXU	Goth 8	Lübeck-Gothmund	5,2	1,84	15
DJXV	Gretel	Lübeck-Gothmund	5,3	1,86	50
DJXW	Griep to	Großenbrode	29,7	10,47	100
DJXX	Elsbeth	Lübeck-Schlutup	19,6	6,91	75
DJXY	Habicht	Lübeck-Travemünde	23,0	8,11	150
DJXZ	Hanna Frida	Kiel	78,8	27,83	36

DJYB — DKAE

Unterscheidungs-signale	Namen der Schiffe	Heimathafen der Schiffe	Kubikmeter (Nettoraumgehalt)	Registertons (Nettoraumgehalt)	PS
DJYB	Hai	Niendorf	18,7	6,62	70
DJYC	Hedwig	Lübeck-Travemünde	14,3	5,06	150
DJYD	Heimat	Schlutup	17,6	6,20	100
DJYE	Heimat	Niendorf	16,1	5,67	70
DJYF	Heimat	Neustadt	11,9	4,19	50
DJYH	Hein-Erich	Lübeck-Gothmund	15,1	5,34	75
DJYI	Helene	Burg/Fehmarn	89,1	31,47	55
DJYJ	Helene	Lübeck-Travemünde	12,2	4,29	120
DJYK	Helgoland	Lübeck	687,1	242,54	460
DJYL	Fona	Lübeck	1114,8	393,54	1000
DJYM	Glückauf	Hamburg	658,0	232,27	250
DJYN	Holl Fast	Großenbrode	29,7	10,47	120
DJYO	Ingrid	Lübeck-Travemünde	16,5	5,84	75
DJYP	Irjo	Niendorf	18,4	6,50	75
DJYQ	Johanna	Burgstaaken	14,2	5,01	75
DJYR	Julianna	Heiligenhafen	74,7	26,31	50
DJYS	Kattsund	Lübeck	282,2	99,60	240
DJYU	Hans Werner	Lübeck-Travemünde	17,4	6,15	150
DJYV	Sirius II	Neustadt/Holstein	16,7	5,70	75
DJYW	Lissy	Emden	298,9	105,53	150
DJYX	Lore	Lübeck-Travemünde	20,7	7,30	75
DJYY	Lubeca	Lübeck-Schlutup	7,70	2,71	50
DJYZ	Lübeck	Lübeck-Schlutup	9,6	3,40	70
DJZA	Marie	Lübeck	211,6	74,70	150
DJZB	Mariechen	Heiligenhafen	77,5	27,38	125
DJZC	Martha	Lübeck-Travemünde	10,8	3,80	105
DJZE	Möve	Lübeck-Schlutup	11,2	3,95	40
DJZF	Möwe	Hamburg	380,9	134,48	250
DJZI	Neu 31	Neustadt/Holst.	10,8	3,83	60
DJZJ	Neustadt	Neustadt/Holst.	19,1	6,76	120
DJZK	Elmshorn	Elmshorn	304,8	107,60	200
DJZL	Nordstern	Lübeck-Travemünde	15,9	5,63	100
DJZM	Oldenburg	Niendorf	9,1	3,22	56
DJZN	Orion	Hamburg	420,3	148,36	125
DJZO	Ost	Hamburg	78,8*	27,83*	140
DJZP	Ostwacht	Burg/Fehmarn	98,1	34,62	600
DJZQ	Perseus	Burgstaaken	26,1	9,21	120
DJZS	Polyp	Lübeck	65,3	23,05	120
DJZT	Pommern	Großenbrode	5,2	1,85	50
DJZU	Pregel	Hamburg	298,4	105,33	150
DJZV	Preußen	Lübeck-Travemünde	17,7	6,36	105
DJZW	Reni	Lübeck-Travemünde	26,5	9,37	90
DJZX	Renate	Großenbrode	3,6	1,29	22
DJZY	Richard	Kiel	119,1	42,05	60
DKAA	Roswitha	Niendorf	16,6	5,86	90
DKAB	Sabine	Heiligenhafen	15,2	5,35	70
DKAC	Samland	Bremen	1282,1	452,58	575
DKAD	Sankt Lorenz	Bremen	971,3	342,88	450
DKAE	Schneewittchen	Niendorf	10,5	3,72	50

* = Bruttoraumgehalt.

DKAF — DKCG

Unterscheidungssignale	Namen der Schiffe	Heimathafen der Schiffe	Kubikmeter (Nettoraumgehalt)	Registertons (Nettoraumgehalt)	PS
DKAF	Liebe	Heiligenhafen	34,1	12,03	150
DKAH	Seeadler	Maasholm	16,3	5,74	70
DKAI	Seeadler	Neustadt/Holst.	6,4	2,25	50
DKAJ	Seemöwe	Lübeck	186,6	65,85	300
DKAK	Seeschwalbe	Lübeck	25,2	8,91	35
DKAM	Sie 2	Großenbrode	5,7	2,00	50
DKAN	Wodan	Lübeck	628,1	221,73	350
DKAO	Skandia	Flensburg	489,4	172,77	360
DKAP	Steinbutt	Heiligenhafen	27,5	9,69	100
DKAQ	Sturmvogel	Burgstaaken	17,1	6,04	90
DKAR	Sturmvogel	Heiligenhafen	7,2	2,53	25
DKAS	Swea	Lübeck-Travemünde	22,1	7,82	50
DKAT	Thyland	Lübeck	254,9	89,97	350
DKAU	Tra 9	Lübeck-Travemünde	8,2	2,88	90
DKAV	Tra 14	Lübeck-Travemünde	9,0	3,19	50
DKAW	Tra 20	Lübeck-Travemünde	9,1	3,22	30
DKAX	Travemünde	Lübeck	87,9	31,01	340
DKAY	Ursula	Lübeck-Travemünde	21,8	7,69	95
DKBA	Weichsel IV	Lübeck	306,8	108,31	—
DKBB	Erna Oldendorff	Lübeck	3232,8	1141,19	1200
DKBC	Comet	Neustadt/Holst.	7,6	2,68	65
DKBD	Tra 49	Lübeck-Travemünde	10,9	3,86	100
DKBE	Dorthe Oldendorff	Lübeck	3527,4	1245,16	850
DKBF	Birte Oldendorff	Lübeck	3277,7	1157,05	1250
DKBG	Venus	Burgstaaken	32,4	11,45	120
DKBH	Odin	Burgstaaken	12,5	4,52	75
DKBI	Nie 26	Niendorf	13,6	4,70	150
DKBJ	Hermann	Neustadt/Holst.	22,2	7,85	120
DKBK	Lucie	Niendorf	15,9	5,62	100
DKBL	Tümmler	Hamburg	35,6	12,57	40
DKBM	Henning Oldendorff	Lübeck	6499,4	2294,24	1800
DKBN	Dorothea	Niendorf	10,18	3,59	100
DKBO	Zwei Gebrüder	Heiligenhafen	7,5	2,66	50
DKBQ	Emma	Burgstaaken	20,5	7,23	75
DKBR	Dievenow	Lübeck-Travemünde	23,4	8,25	70
DKBS	Falke	Kiel	21,5	7,58	150
DKBT	Heil 29	Heiligenhafen	19,6	6,93	
DKBU	Hilde	Niendorf	16,8	5,95	70
DKBV	Schwalbe	Niendorf	13,5	4,78	50
DKBW	Heimwärts	Neustadt/Holstein	18,9	6,68	
DKBX	Nie 25	Niendorf	13,2	4,64	80
DKBY	C. K. 11	Neustadt/Holst.	567,1	200,20	3×130
DKBZ	C. K. 10	Neustadt/Holst.	567,1	200,20	3×130
DKCA	Carrara	Rendsburg	252,5	89,14	190
DKCC	Casablanca	Lübeck	2869,3	1010,51	1200
DKCD	Werner	Burgstaaken	59,5	21,02	150
DKCE	Tra 32	Husum	12,3	4,36	50
DKCF	Hoffnung	Neustadt/Holst.	27,5	9,70	120
DKCG	Eduard	Lübeck	215,8*	76,18*	375/450

* = Bruttoraumgehalt.

DKCH — DKEG

Unterscheidungssignale	Namen der Schiffe	Heimathafen der Schiffe	Kubikmeter Nettoraumgehalt	Registertons Nettoraumgehalt	PS
DKCH	Granada	Hamburg	1955,5	690,29	1200
DKCJ	Sturmvogel	Burgstaaken	23,8	8,39	75
DKCK	Lübeck	Lübeck	282,7*	99,77*	390
DKCL	Clara	Lübeck	119,4*	42,13*	
DKCM	Möwe	Lübeck-Travemünde	9,6	3,39	36
DKCN	Kranich	Hamburg	119,5	42,18	45
DKCO	Baltic	Heiligenhafen	25,7	9,06	115
DKCP	Luba	Schlutup	8,8	3,09	36
DKCQ	Margarethe III	Lübeck-Travemünde	23,4	8,25	70
DKCR	Mobil	Lübeck	98,1*	34,63*	160
DKCS	Klaus Oldendorff	Lübeck	6218,2	2195,04	1250
DKCT	Forelle	Burgstaaken	19,8	6,98	120
DKCU	Columbus	Lübeck	15,3	5,40	100
DKCV	Freiheit	Neustadt/Holst.	11,5	4,05	75
DKCW	Bürgermstr. Kuphal	Neustadt/Holst.	25,0	8,82	90
DKCX	Siegfried	Tönning	6,1	2,14	50
DKCY	Sirius	Neustadt/Holst'	10,0	3,54	120
DKDA	Ingeborg	Niendorf/Ostsee	4,4	1,56	10
DKDB	Archsum	Rendsburg	3897,6	1375,85	1200
DKDC	Brüsterort	Lübeck-Travemünde	14,1	4,98	70
DKDD	Stern von Rio	Heiligenhafen	12,2	4,31	100
DKDE	Gothmund	Lübeck-Gothmund	16,6	5,87	50
DKDF	Kehrwieder	Großenbrode	18,3	6,48	75
DKDG	Gerda	Großenbrode/Holst.	17,9	6,32	
DKDH	Margot	Burg/Fehmarn	8,3	2,94	60
DKDI	Glückauf	Heiligenhafen	7,9	2,81	50
DKDJ	Unverzagt	Lübeck	23,0	8,05	95
DKDK	Welle	Burgstaaken	4,0	1,40	25
DKDL	Tra 37	Lübeck-Travemünde	12,7	4,48	33
DKDM	Hela	Lübeck-Travemünde	8,4	2,98	35
DKDN	Possehl	Lübeck	2870,2	1013,17	1200
DKDO	Lieselotte	Stein/Laboe	4,6	1,62	25
DKDP	Dietrich Oldendorff	Lübeck	1568,1	553,55	550
DKDQ	Jonny II	Heiligenhafen	6,0	2,11	
DKDR	Burg 12	Burgstaaken	13,2	4,67	
DKDS	Seemöwe	Lübeck-Travemünde	66,7	23,56	125
DKDT	Hugo Oldendorff	Lübeck	2448,4	864,28	996
DKDU	Hasselburg	Hamburg	3899,9	1376,68	1500
DKDV	Breitenburg	Hamburg	4352,5	1536,43	1500
DKDW	Lübeck	Lübeck	1254,4	442,80	900
DKDY	Paula Helling	Niendorf	32,6	11,52	190
DKDZ	Anna	Niendorf	21,1	7,43	150
DKEA	Christa	Lübeck-Travemünde	10,1	3,59	100
DKEB	Schleswig-Holstein	Niendorf	37,7	13,30	150
DKEC	Doris	Lübeck-Travemünde	34,6	12,31	120
DKED	Christa	Lübeck-Travemünde	26,5	9,36	250
DKEE	Emil Berger.	Lübeck	3553,8	1254,50	2× 650
DKEF	Pamir	Lübeck	7108,4	2502,27	1100
DKEG	Passat	Lübeck	7346,1	2593,16	1100

* = Bruttoraumgehalt

DKEH — DKJE

Unterscheidungssignale	Namen der Schiffe	Heimathafen der Schiffe	Nettoraumgehalt Kubikmeter	Nettoraumgehalt Registertons	PS
DKEH	Seeadler	Lübeck-Travemünde	16,2	5,71	
DKEI	Seeadler	Niendorf	19,2	6,77	
DKEJ	Gerhard	Neustadt/Holstein	26,5	9,36	100
DKEK	Karl-Christian	Lübeck	3931,1	1387,69	1300
DKEL	Nordlicht	Burgstaaken	27,5	9,71	100
DKEM	Hamburg	Lübeck-Travemünde	38,8	13,68	65
DKEN	Luchs	Neustadt/Holstein	17,2	6,06	
DKEO	Europa II	Niendorf	24,0	8,46	120
DKEP	Spika	Lübeck	644,9	227,63	775
DKEQ	Columbus	Burgstaaken	17,7	6,26	120
DKER	Carola	Rendsburg	406,0	143,37	300
DKES	Calla	Rendsburg	414,4	146,27	250
DKET	Cimbria	Rendsburg	406,2	143,37	250
DKEU	Tinnum	Rendsburg	1909,9	674,21	600
DKEV	Wera Böhrnsen	Rendsburg	411,2	145,16	360
DKEW	Margot Entz	Rendsburg	11895,8	4199,23	3510
DKEX	Pelikan	Rendsburg	1083,9	382,63	520
DKEY	Albert Friesecke	Rendsburg	391,3	138,14	300
DKEZ	Nordwind	Rendsburg	559,9	197,64	300
DKGA	Hei 5	Heikendorf	7,5	2,64	60
DKGB	Hei 44	Heikendorf	15,2	5,37	80
DKGC	Hela	Kiel-Friedrichsort	61,4	21,68	
DKGD	Glückauf	Laboe	9,1	3,22	50
DKGE	Silbermöve	Kiel	40,6	14,33	120
DKGF	Hans Heinrich	Heikendorf	8,5	2,99	
DKGG	Hei 62	Heikendorf	2,9	1,03	25
DKGH	Glückauf	Heikendorf	8,9	3,14	75
DKGI	Haithabu	Kiel	1959,7	691,79	
DKGJ	Hannes	Kiel	24,6	8,67	120
DKGK	Michael	Kiel	6127,8	2163,13	2000
DKGL	Johanna	Heikendorf	30,5	10,76	105
DKGM	Prof. Hensen	Kiel	456,3	161,09	850
DKGN	Prof. Henking	Kiel	474,8	167,61	850
DKGO	Prof. Heincke	Kiel	477,1	168,43	850
DKGP	Kehrheim	Kiel	26,4	9,32	90
DKGR	Baltenland	Kiel	386,9	136,58	360/390
DKGS	Zukunft	Heikendorf	44,2	15,60	150
DKGT	Glaube	Kiel	22,6	7,98	
DKGU	Vorwärts	Laboe	22,2	7,82	90
DKGV	Walküre	Kiel	40,4	14,26	160
DKGW	Emma	Kiel	10,6	3,75	30
DKGX	Grüß Gott	Eckernförde	15,8	5,59	140
DKGY	Delphin	Strande	23,1	8,17	100
DKGZ	Vossbrook	Kiel	9400,0	3318,18	4000
DKJA	Helgoland	Hamburg	79,0	28,88	120
DKJB	Glück Auf I	Lübeck	73,0	25,76	70
DKJC	Silbermöve	Lübeck-Travemünde	405,3	143,07	300
DKJD	Johanna Katz	Lübeck	639,0	225,58	520
DKJE	Alte Liebe	Niendorf	28,1	9,91	150

DKJF — DMCP

Unterscheidungssignale	Namen der Schiffe	Heimathafen der Schiffe	Nettoraumgehalt Kubikmeter	Nettoraumgehalt Registertons	PS
DKJF	Eddi	Lübeck	5504,1	1942,96	1450
DKJG	Anni	Niendorf	15,80	5,56	120
DKJH	Coradina	Lübeck	198,8	70,17	125
DKJI	Erika	Neustadt/Holst.	41,8	14,75	150
DKJJ	Annemarie	Lübeck-Travemünde	26,9	9,48	150
DKJK	Moshula	Lübeck		3208	
DKJL	Lotte	Neustadt/Holst.	17,6	6,21	80
DKJN	Herrenwyk	Lübeck	713,1	251,71	—
DKJO	Glückauf	Lübeck	713,4	251,82	—
DKJP	Alfred	Neustadt/Holst.	36,4	12,85	120
DKJQ	Carl Vinnen	Lübeck	4316,1	1523,60	350
DKJR	Fredenhagen	Lübeck	1558,3	550,08	100
DKJS	Seemöve	Burgstaken			
DKJT	Melilla	Lübeck	2441,9	862,0	2400
DKJU	Ludolf Oldendorff	Lübeck	3512,0	1239,74	2700
DKJV	Alfred Porr	Lübeck	1081,7	381,85	520
DKJW	Neptun	Burgstaaken	19,8	6,99	150
DLXQ	Christa-Fle 7	Flensburg	61,9	21,85	130
DMAP	Walroß	Bremerhaven	66,3	23,41	150
DMAV	Kahlenberg	Bremen	400,7	141,44	250
DMAW	Robert Meyhoefer	Bremen	469,3	175,18	420
DMAY	Raffelberg	Bremen	722,3	254,98	300
DMAZ	Dione	Bremen	1464,4	516,95	660
DMBA	Doride	Bremen	1464,4	516,95	660
DMBB	Acaste	Bremen	1469,4	518,71	660
DMBC	Twist	Bremen	281,5	99,36	2×120
DMBT	Juno	Hamburg	107,15	37,83	2×150
DMBU	Dania	Hamburg	268,0	94,59	250
DMBV	Seerose	Schulau	192,1*	67,90*	120
DMBW	R 96	Bremen	134,4	47,45	900
DMBX	Hadersleben	Kiel	462,3	163,18	225
DMBY	Käte	Hamburg	59,5	21,02	120
DMBZ	Heimatland	Hamburg	58,1	20,55	120
DMCA	Herold	Hamburg	59,5	21,02	120
DMCB	Venus	Hamburg	58,2	20,55	120
DMCC	Karin	Hamburg	63,5	22,43	120
DMCD	Uta	Hamburg	62,7	22,13	120
DMCE	Antje	Schulau	59,4	20,98	120
DMCF	Steendiek	Hamburg-Finkenwdr.	60,2	21,48	120
DMCG	Mittelriff	Cuxhaven	59,3	20,92	120
DMCH	Adler	Schulau	61,2	21,59	120
DMCI	Alice	Bremen	496,9	175,39	3×120
DMCJ	Ingrid Metzendorff	Bremen	200,9	70,92	150
DMCK	Maria-Magdalena	Bremen	406,0	143,32	250
DMCL	Heimat	Hamburg-Finkenwdr.	61,5	21,76	135
DMCM	Bussard	Wedel	59,1	20,86	120
DMCN	Sperber	Kiel		70*	125
DMCO	Hedi	Neustadt/Holst.		68,93*	155
DMCP	C K 58	Neustadt/Holst.	544,5	192,20	3×130

* = Bruttoraumgehalt.

DMCR — DMES

Unterscheidungssignale	Namen der Schiffe	Heimathafen der Schiffe	Kubikmeter (Nettoraumgehalt)	Registertons (Nettoraumgehalt)	PS
DMCR	Frisches Haff	Kiel		66,66*	150
DMCS	Goodenwind	Niendorf		68,00*	150
DMCT	Kahlberg-Liep	Kiel		68,25*	150
DMCU	Zufriedenheit	Lübeck-Travemünde	59,7	21,09	125
DMCV	Vineta	Lübeck-Travemünde		21,25	120
DMCW	Irene	Lübeck-Travemünde		66,93*	120
DMCX	Gretchen	Lübeck-Travemünde	58,7	20,70	
DMCY	Paloma	Büsum	58,0	20,46	120
DMCZ	Memel	Niendorf	57,9	20,44	
DMDA	Gerda	Lübeck-Travemünde	62,6	22,11	150
DMDB	Ostbries	Haffkrug	67,6	23,86	125
DMDD	Kehrwieder	Lübeck-Travemünde	59,7	21,09	125
DMDE	Venus	Niendorf	59,5	21,02	120
DMDF	Delphin	Haffkrug	59,7	21,09	150
DMDG	Ecke 48	Heikendorf	60,5	21,36	
DMDH	Hei 31	Heikendorf	15,7	5,54	100
DMDI	Hoffnung	Lübeck-Travemünde	61,0	21,53	125
DMDJ	Kehrwieder	Heiligenhafen	60,3	21,28	120
DMDK	Venus	Lübeck-Travemünde	59,7	21,09	125
DMDL	Grille	Büsum	61,0	21,53	125
DMDM	Gebrüder	Heiligenhafen	59,7	21,09	125
DMDN	Renate	Niendorf	60,0	21,20	125
DMDO	Johanna	Laboe	58,2	20,53	135
DMDP	Annemarie	Heiligenhafen	66,8	23,59	125
DMDQ	Samland	Niendorf	60,9	21,51	120
DMEL	Regina	Haffkrug	60,9	21,51	120
DMEM	Störtebecker	Laboe	59,5	20,99	180
DMEN	Columbus	Lübeck-Travemünde	62,4	22,03	120
DMEO	Utsire	Niendorf	62,9	22,20	150
DMEP	Vorwärts	Kiel	60,0	21,20	120
DMER	Seeteufel	Lübeck-Travemünde	59,7	21,09	125
DMES	Herta	Lübeck-Travemünde	63,5	22,42	150

* = Bruttoraumgehalt.

b) Die Rettungsboote

der

Deutschen Gesellschaft zur Rettung Schiffbrüchiger

nach der Reihenfolge der Unterscheidungssignale.

Die Maschinenstärke der Boote bezieht sich auf indizierte Pferdestärken oder Wellenpferde.

Die mit einem Funktelegraphiegerät ausgerüsteten Boote sind hinter den Namen mit Z, die mit einem Peilfunkgerät mit einem Ⓩ und die mit Funksprechgerät ausgerüsteten mit *T* bezeichnet.

Unterscheidungssignale	Namen der Boote	Rettungsstation	PS
DBAA	Hans Hartmann *T*	Friedrichskoog............	100
DBAB	August Nebelthau *T*	Burgstaaken/Fehmarn	2×75
DBAC	Borkum *T*	Borkum	150
DBAD	Bremen *T*	Amrum..................	2×123
DBAE	Carl Behnk	Burgstaaken/Fehmarn	60
DBAF	Carl Laeisz *T*	Büsum	150
DBAH	Rickmer Bock *T*	Helgoland...............	150
DBAI	Geh.Rat Ladisch	Westerland/Sylt	36
DBAJ	Geh.Rat Sartori *T*	Hörnum/Sylt	150
DBAK	Hermann Frese *T*	List/Sylt................	150
DBAL	Hindenburg *T* Ⓩ	Cuxhaven................	2×150
DBAM	Langeoog *T*	Langeoog	150
DBAN	Lübeck *T*	Wangerooge..............	150
DBAO	Norderney *T*............	Norderney	2×150
DBAP	Schlei *T*................	Schleimünde	150
DBAQ	Spiekeroog *T*	Laboe	150
DBAR	Weser *T*	Bremerhaven............	150
DBAS	Juist *T*	Juist	150
DBAT	Matthäus Möller *T*		80
DBAU	Pellworm *T*.............	Cuxhaven................	55
DBAV	Adalbert Korff *T*.........	Borkum	65

c) Die Boote

des Zollgrenzschutzes.

Die mit einem Funktelegraphiegerät ausgerüsteten Boote sind hinter dem Namen mit 𝔷, die mit einem Peilfunkgerät ausgerüsteten mit Ⓩ und die mit Funksprechgerät ausgerüsteten mit *T* bezeichnet.

Unterscheidungssignale	Name des Schiffes	Heimathafen
DLVC	Hedwig 𝔷 Ⓩ *T*	Cuxhaven
DLVE	Heike	List/Sylt
DLVF	Seeadler 𝔷 Ⓩ	Bremen
DLVI	Herta	Eckernförde
DLVK	Hildegard 𝔷 Ⓩ	Wilhelmshaven
DLVN	Helga 𝔷	Emden
DLVP	Jaguar *T* Ⓩ	Flensburg
DLVR	Panther	Eckernförde
DLVS	Weserwachtschiff	Bremerhaven
DLVT	Blitz	Bremerhaven
DLVU	Falke	Bremerhaven
DLVV	Kondor	Bremerhaven
DMAA	Puma	Leer

d) Boote des Seegrenzschutzes im Bundesgrenzschutz

Unterscheidungssignale	Name des Schiffes	
DBSA	W 1	Wachboot
DBSB	W 2	Wachboot
DBSC	W 3	Wachboot
DBSD	W 4	Wachboot
DBSE	W 5	Wachboot
DBSF	W 6	Wachboot
DBSN	W 13	Wachboot
DBSO	W 14	Wachboot
DBSP	W 15	Wachboot
DBSQ	W 16	Wachboot
DBSR	W 17	Wachboot
DBSS	W 18	Wachboot
DBTA	P 1	Patrouillenboot
DBTB	P 2	Patrouillenboot
DBTC	P 3	Patrouillenboot
DBTD	P 4	Patrouillenboot
DBTG	S 1	Sicherungsboot
DBTH	S 2	Sicherungsboot
DBTI	S 3	Sicherungsboot
DBUA	W 7	Wachboot
DBUB	W 8	Wachboot
DBUC	W 9	Wachboot
DBUD	W 10	Wachboot
DBUE	W 11	Wachboot
DBUF	W 12	Wachboot
DBVR	Nordwind	Schulboot
DBVS	W 19	Schulboot
DBVT	Falke	Schulboot

e) Minenräumfahrzeuge

Die mit einem Funktelegraphiegerät ausgerüsteten Fahrzeuge sind hinter dem Namen mit ℨ, die mit einem Peilfunkgerät ausgerüsteten mit Ⓩ und die mit Funksprechgerät ausgerüsteten mit *T* bezeichnet.

Unterscheidungssignale	Namen der Schiffe	Heimathafen
DLWA	R 132 ℨ *T*	Cuxhaven
DLWB	R 133 ℨ Ⓩ *T*	Cuxhaven
DLWC	R 134 ℨ *T*	Cuxhaven
DLWD	R 135 ℨ Ⓩ *T*	Cuxhaven
DLWE	R 136 ℨ *T*	Cuxhaven
DLWF	R 137 ℨ Ⓩ *T*	Cuxhaven
DLWG	R 138 ℨ *T*	Cuxhaven
DLWH	R 140 ℨ Ⓩ *T*	Cuxhaven
DLWI	R 142 ℨ Ⓩ *T*	Cuxhaven
DLWJ	R 144 ℨ *T*	Cuxhaven
DLWK	R 146 ℨ Ⓩ	Cuxhaven
DLWL	R 147 ℨ Ⓩ	Cuxhaven
DLWM	Weser ℨ Ⓩ *T*	Cuxhaven
DLWO	K 409 *T*	Cuxhaven
DLWP	K 531 ℨ	Cuxhaven
DLWQ	K 616 ℨ	Cuxhaven
DLWR	Dievenow ℨ	Cuxhaven

f) Bundes- und Länderfahrzeuge

nach der Reihenfolge der Unterscheidungssignale.

Die Maschinenstärke der Dampf- und Motorfahrzeuge ist in indizierten Pferdestärken oder Wellenpferden angegeben.

Die mit Wasserschallempfänger ausgerüsteten Schiffe sind hinter dem Namen mit ☛, die mit Funktelegraphiegerät ausgerüsteten mit ⚡, die mit einem Peilfunkgerät ausgerüsteten mit Ⓩ, die mit Funksprechgerät ausgerüsteten mit *T*, die mit Radar ausgerüsteten mit *R* und die mit Decca Navigatorgerät ausgerüsteten mit *D* bezeichnet.

Unterscheidungssignale	Namen der Schiffe	Art der Schiffe	Heimathafen der Schiffe	PS
DBBC	Atair ⚡ *T D*	Peil- u. Wracksuchboot	Hamburg	120
DBBM	Bussard ⚡ Ⓩ *T*	Tonnenleger	Kiel	490
DBBN	Capitain Karpfanger ⚡	Lotsendampfer	Cuxhaven	330
DBBP	Delphin ⚡ *T* Ⓩ	Tonnenleger	Kiel	300
DBBQ	Eisfuchs *T*	Eisbrecher	Hamburg	600
DBBS	Emden ⚡ *T*	Lotsendampfer	Emden	1400
DBBV	Frithjof ⚡ Ⓩ *T R*	Fischereischutzboot	Cuxhaven	400
DBBW	Greif ⚡ Ⓩ *T R*	Lotsenbeförd.-Schiff	Cuxhaven	820
DBBX	Hooge ⚡ Ⓩ	Peilboot	Hamburg	2×200
DBBY	Kersten Miles☛ ⚡ Ⓩ *T*	Lotsendampfer	Cuxhaven	1200
DBCA	Langeoog ⚡ *T R*	Tonnenleger	Bremerhaven	500
DBCB	Lotsenkommandeur Krause ⚡ *T*	Seezeichendampfer	Brünsbüttelkoog	520
DBCC	Ludwig Plate ⚡ *T*	Lotsendampfer	Bremen	700
DBCD	Lütje Hörn	Hilfstonnenleger	Emden	300
DBCE	Mellum☛ ⚡ Ⓩ *T R*	Tonnenleger	Brunsbüttel	2000
DBCF	Neuwerk ☛ ⚡ Ⓩ	Seezeichendampfer	Cuxhaven	920
DBCI	Eisbrecher 2 (Ostpreußen) *T*	Eisbrecher	Hamburg	2000
DBCJ	Paul Beneke☛ ⚡ Ⓩ *T*	Verkehrs- und Versorgungsschiff	Tönning	800
DBCM	Preußen ⚡ Ⓩ *T*	Eisbrecher	Kiel	850
DBCN	Prinz Adalbert *T*	Lotsenschoner	Bremerhaven	180
DBCO	Samland *T*	Tonnenleger	Norden	200
DBCQ	Simon v. Utrecht ☛ ⚡ Ⓩ *T*	Lotsendampfer	Cuxhaven	1200
DBCR	Eisbrecher1 (Stettin) *T*	Eisbrecher	Hamburg	1900
DBCS	Weser *T*	Lotsendampfer	Bremerhaven	500
DBCT	Wilhelms ⚡ Ⓩ *T*	Tonnenleger	Kiel	500
DBCU	Friesland ⚡ Ⓩ	Tonnenleger	Emden	500
DBCW	Aldessen	Dampfprahm	Bremerhaven	2×70
DBCX	Alte Liebe	Reededampfer	Cuxhaven	260
DBCY	Aurich	Schleppdampfer	Emden	400
DBCZ	Balje	Schleppdampfer	Bremerhaven	325
DBDA	Bant	Dampfprahm	Bremen	2×70
DBDC	Burkana	Schleppdampfer	Emden	500
DBDD	Columbus	Transportfahrzeug	Emden	75

DBDE — DBFG

Unterscheidungssignale	Namen der Schiffe	Art der Schiffe	Heimathafen der Schiffe	PS
DBDE	Columbus	Saugbagger	Cuxhaven	600
DBDF	D XIII	Versorgungsschiff	Bremen	85
DBDG	Dampfprahm 1	Dampfprahm	Bremerhaven	150
DBDH	Donar	Eisbrecher	Bremen	900
DBDI	Drossel	Motorschlepper	Emden	350
DBDM	Eider II	Tonnenleger	Tönning	90
DBDN	Elbe	Seezeichendampfer	Hamburg	460
DBDO	Ems *T*	Bereisungsdampfer	Emden	375
DBDP	Emshörn	Schleppdampfer	Emden	400
DBDR	Franzius	Saugbagger	Bremen	800
DBDS	Geheimrat Göker	Saugbagger	Bremerhaven	1170
DBDU	Henny	Schlepp- u. Bereisungsboot	Norden	35
DBDV	Hydra	Wassertransport	Emden	180
DBDW	Mathilde	Schlepp- u. Bereisungsboot	Norden	25
DBDX	Meyerslegde	Saugbagger	Cuxhaven	700
DBDY	Mittelgrund	Saugbagger	Cuxhaven	790
DBDZ	Möwe *T*	Tonnenleger	Bremerhaven	60
DBEA	Neufeld	Peildampfer	Hamburg	220
DBEB	Niederelbe	Bereisungsmotorschiff	Hamburg	220
DBED	Nord *T*	Schlepper	Bremerhaven	120
DBEF	Norderney	Peil- und Bereisungsschiff	Norden	100
DBEH	Randzel *T*	Peildampfer	Emden	160
DBEJ	Ruden ℨ ③	Peilboot	Hamburg	2×200
DBEK	Rungholt	Peilboot	Hamburg	120
DBEL	Scharhörn	Bereisungs- und Peildampfer	Cuxhaven	700
DBEM	Scheelenkuhlen	Schleppdampfer	Cuxhaven	220
DBEN	Seehund	Schleppboot	Norden	50
DBEO	Seehund	Schleppdampfer	Bremerhaven	140
DBEQ	Simson	Saugbagger	Emden	350
DBER	Spring	Bereisungs- u. Schleppboot	Bremerhaven	70
DBET	Starkenhorst	Tonnenleger	Wilhelmshaven	170
DBEW	Süd *T*	Schleppdampfer	Bremen	120
DBEX	Tender	Kohlentransportdampfer	Emden	250
DBEZ	Till	Schleppdampfer	Bremen	320
DBFA	Torum	Lotsendampfer	Emden	950
DBFB	Gauss ➡ ℨ ③ *T R D*	Versuchs- und Vermessungsschiff	Hamburg	1000
DBFC	Tümmler	Schleppdampfer	Bremerhaven	200
DBFD	Vulkan	Kohlenfahrzeug	Emden	180
DBFE	Wangerooge *T*	Schiffsverbindung Harle-Wangerooge	Oldenburg	220
DBFF	Wapel	Schleppdampfer	Bremen	240
DBFG	Wega *T*	Peil- u. Wracksuchboot	Hamburg	120

DBFH — DBLI

Unterscheidungssignale	Namen der Schiffe	Art der Schiffe	Heimathafen der Schiffe	PS
DBFH	Welle *T*	Schlepp- u. Bereisungsdampfer	Bremerhaven	2×300
DBFK	Wremen	Saugbagger	Bremen	1800
DBFM	Meerkatze ϟ (ϟ) *T R.*	Fischereischutzboot	Cuxhaven	1000
DBFN	Uthörn	Forschungsboot	List/Sylt	120
DBFT	Münster *T*	Schiffsverbindung Harle-Wangerooge	Oldenburg	168
DBFW	Deutschland ϟ (ϟ) *T R D*	Eisenbahnfähre	Großenbrode	2×2750
DBFX	Schleswig-Holstein	Eisenbahnfähre	Fehmarnsund	2×200
DBFY	Fehmarn	Eisenbahnfähre	Fehmarnsund	250
DBFZ	Reichsbahn	Seenotboot der Bundesbahn	Fehmarnsund	55
DBGE	Südfall	Forschungsschiff	Kiel	120
DBGF	Odin	Schlepp- u. Bereisungsfahrzeug	Kiel	2×75
DBGG	Tertius	Schlepp- und Vermessungsschiff	Büsum	105
DBGK	Wasserschutzpolizei 1 *T*	Küstenboot	Wilhelmshaven	80
DBGL	Wasserschutzpolizei 2 *T*	Küstenboot	Emden	2×65
DBGM	Wasserschutzpolizei 3 *T*	Küstenboot	Norderney	80
DBGO	Wasserschutzpolizei 5 *T*	Küstenboot	Emden	90
DBGP	Gesine	Frachtschiff	Norderney	20/24
DBGW	Wasserschutzpolizei 19 *T*	Streifenboot	Hamburg	330
DBGX	Wasserschutzpolizei 36 *T*	Streifenboot	Hamburg	2×150
DBHC	Wasserschutzpolizei 12	Schlepp- und Polizeidienst	Bremen	200
DBHD	Wasserschutzpolizei 30 *T*	Streifenboot	Bremerhaven	2×750
DBHE	Wasserschutzpolizei 28 *T*	Streifenboot	Bremerhaven	2×750
DBHJ	Barsch	Lotsenversetzboot	Kiel-Holtenau	250
DBHK	Wal (ϟ)	Eisbrecher	Rendsburg	1200
DBHL	KapitänMeyer ➡ ϟ (ϟ) *T*	Seezeichendampfer	Tönning	2×375
DBHM	Alk	Seeschlepper und Hilfstonnenleger	Lübeck	350
DBJG	Vogelsand	Schlepp- und Verkehrsboot	Cuxhaven	250
DBJH	Brokdorf	Kranschiff	Hamburg	350/400
DBJI	Baumrönne	Tonnenleger- und Bereisungsschiff	Cuxhaven	150
DBLE	Hafenkapitän	Schlepp- u. Bereisungsschiff	Bremen	200
DBLF	Heppens	Transportfahrzeug	Bremen	300
DBLG	Körte *T*	Versorgungsschiff	Bremen	300
DBLH	Nickel	Kohlen- und Wasserversorgungsschiff	Bremen	350
DBLI	Nixe	Bereisungsfahrzeug	Bremerhaven	250

DBLK — DBQM

Unterscheidungssignale	Namen der Schiffe	Art der Schiffe	Heimathafen der Schiffe	PS
DBLK	Balje	Seeschlepper	Brake	430
DBNP	Kranich	Schleppfahrzeug	Cuxhaven	300
DBNQ	Woltmann	Schleppfahrzeug	Cuxhaven	280
DBNR	Eitzenbalje	Transportschute	Cuxhaven	60
DBNS	v. Jonquieres	Schlepper u. Eisbrecher	Cuxhaven	507
DBOB	Schillig	Betonnungs- und Vermessungsfahrzeug	Wilhelmshaven	2×125
DBPA	Borkum 𝔷 *T*	Lotsendampfer	Emden	1467
DBPZ	Ostfriesland	Fischereiaufsichtsfahrzeug	Norddeich	120
DBQA	Rüstringen	Peilboot	Wilhelmshaven	150
DBQB	Buise	Peil- und Vermessungsschiff	Norden	100/120
DBQF	Venus *T*	Streifenboot	Flensburg	45
DBQG	Merkur *T*	Streifenboot	Kappeln/Schlei	2×150
DBQH	Neptun *T*	Streifenboot	Kappeln/Schlei	2×150
DBQI	Jupiter *T*	Streifenboot	Heiligenhafen	2×150
DBQJ	Mars *T*	Streifenboot	Travemünde	250
DBQK	Saturn *T*	Streifenboot	Tönning	250
DBQL	Helgoland *T*	Streifenboot	Büsum	500
DBQM	Pollux	Streifenboot	Hörnum	36

g) Die Feuerschiffe

an der

deutschen Ostsee- und Nordseeküste westlich Fehmarn.

Die mit Wasserschallsendern ausgerüsteten Feuerschiffe sind hinter dem Namen mit 🔔, die mit Funktelegraphiegerät ausgerüsteten mit ↯, die mit Funkfeuer ausgerüsteten mit Ⓕ und die mit Funksprechgerät ausgerüsteten mit *T* bezeichnet.

Die geographischen Signale der Feuerschiffe sind der geographischen Liste des Internationalen Signalbuches 1931 entnommen.

Geographisches Signal der Feuerschiffsstation	Internationales Unterscheidungs-signal beim Verlassen d. Feuerschiffsstation	Namen der Schiffe
		I. Feuerschiffe
		a) Ostsee
AFRU	DBBT	Fehmarnbelt 🔔 ↯ *T* Ⓕ
AIKR	DBBZ	Kiel 🔔 ↯ *T* Ⓕ
AFVN	DBBU	Flensburg 🔔 ↯ *T*
		b) Nordsee
AFHC	DBBJ	Elbe III (Bürgermeister Abendroth) ↯ *T*
AFHB	DBBK	Elbe II (Bürgermeister Bartels) ↯ *T*
AFHA	DBBR	Elbe I (Bürgermeister O'Swald) 🔔 ↯ (↯) *T* Ⓕ
ACCP	DBBI	Bremen II *T*
ARHW	DBCV	Weser I 🔔 ↯ *T* Ⓕ
AAMX	DBBB	P 12 (Amrumbank) 🔔 ↯ *T* Ⓕ
—	DBHI	P 8 (Außenjade) 🔔 ↯ *T* Ⓕ
ABZN	DBBG	S 2 (Borkumriff) 🔔 ↯ *T* Ⓕ
		II. Reserve-Feuerschiffe
		a) Ostsee
—	DBFL	Reserve Ostsee 🔔 ↯ Ⓕ
		b) Nordsee
—	DBBD	Außeneider 🔔 ↯
—	DBCG	Norderney I 🔔 ↯ *T* Ⓕ
—	DBBE	Reserve Außenjade 🔔 ↯ *T* Ⓕ
—	DBBL	Bürgermeister Kirchenpauer ↯ *T*
—	DBCP	Senator Brockes ↯ *T*

TEIL II

Abc-liches Verzeichnis der Kauffahrteischiffe

der

Bundesrepublik Deutschland

einschließlich der sonstigen z. Zt. zur Verfügung stehenden Schiffe in alphabetischer Reihenfolge der Namen.

(Das Unterscheidungssignal der mit Funk ausgerüsteten Schiffe ist in Schrägschrift [*Kursiv*] gesetzt.)

Unterscheidungssignale	Namen der Schiffe	Heimathafen der Schiffe
DABC	Aachen	Bremerhaven
DDMR	Aade	Bremen
DGAB	Aar	Hamburg
DMBB	Acaste	Bremen
DHNW	Achilles	Hamburg
DGAC	Achim Griese	Kiel
DJOX	Achim Waap	Kiel
DGAD	Activ	Hamburg
DJDT	Ada	Maasholm
DGAE	Adalbert	Hamburg
DFUH	Adda	Abbenfleth
DFZV	Adele	Barnkrug
DDTU	Adele	Bremen
DGAF	Adele	Hamburg
DGAH	Adele	Hamburg
DHGI	Adele	Hamburg
DCBE	Adele	Hamburg
DFUJ	Adele	Wischhafen
DFYJ	Adele	Neuland Kr. Stade
DFUK	Adele	Bützfleth
DIQH	Adele	Dieksanderkoog
DCVX	Adele Ysker	Greetsiel
DCBF	Adelgunde	Haren/Ems
DCBG	Adelheid	Haren/Ems
DGAI	Adelheid	Hamburg
DCBH	Adelheid	Westrhauderfehn
DGAJ	Adelheid	Hamburg
DIQI	Adelheid	Uetersen
DGAK	Adelheit	Hamburg
DABA	Adeline	Leer
DGAL	Adler	Hamburg
DIQJ	Adler	Cuxhaven
DDEZ	Adler	Brake
DJDU	Adler	Büsum
DDTK	Adler	Bremen
DJDV	Adler	Büsum
DIQK	Adler	Friedrichskoog
DIQL	Adler	Friedrichskoog
DJND	Adler	Kappeln/Schlei
DMCH	Adler	Schulau
DJDW	Adler	Tönning
DIZX	Adler	Wyk/Föhr
DJNJ	Adler	Schönbergerstrand
DGAM	Adler	Hamburg-Finkenwerder
DDMS	Adler	Bremen-Vegesack
DGAN	Adler	Hamburg-Altenwerder
DJMS	Adler II	Maasholm
DIUI	Adlergrund	Lübeck/Travemünde
DJDX	Admiral Scheer	Büsum
DCBJ	Adolf	Haren/Ems
DGAO	Adolf	Hamburg
DDMT	Adolf	Bremen-Vegesack
DHPB	Adolf Leonhardt	Hamburg
DEBZ	Adolf Ronnebaum	Bremen
DDUE	Adolf Vinnen	Bremen
DHFE	Adolph	Hamburg
DABB	Adonis	Hamburg-Finkenwerder
DEBX	Ägäis	Bremen
DHKS	Ägäis	Hamburg
DJAD	Ägir	Hamburg
DHJU	Änne-Ursula	Hamburg
DDFA	Aenne Jacobs	Brake
DFEX	Aegir	Otterndorf
DJWA	Aegir	Lübeck-Gothmund
DGAP	Agnes	Hamburg
DFUL	Agnes	Krautsand
DAMA	Agnes Engel	Hamburg-Finkenwerder
DIAV	Agnes Eßberger	Hamburg
DGAR	A. H. Both	Hamburg

Unterscheidungssignale	Namen der Schiffe	Heimathafen der Schiffe
DAMF	A. Kappelhoff	Emden
DDAE	Akke	Varelerhafen
DHPS	Aktiv	Hamburg
DIZZ	Albatros	Flensburg
DJDY	Albatros	Büsum
DCBL	Albatros	Bensersiel
DIQM	Albatros	Borstel
DJMP	Albatros	Tönning
DABD	Albatross	Bremen
DGAS	Albatross	Hamburg-Finkenwerder
DCBK	Albatross	Friedrichsschleuse
DEBD	Albert	Bremen
DHRN	Albert	Hamburg
DGAT	Albert	Hamburg
DJDZ	Albert	Cuxhaven
DIQN	Albert	Friedrichskoog
DKEY	Albert Friesecke	Rendsburg
DGAW	Albert Gido	Hamburg
DAMB	Albert Pust	Bremerhaven
DFLM	Albinus	Cuxhaven
DECG	Aldebaran	Bremen
DCBM	Alex	Haren/Ems
DABE	Alexander v. Humboldt	Bremerhaven
DJAB	Alexandra	Flensburg
DHHF	Alfred	Bremen
DKJP	Alfred	Neustadt/Holst.
DISW	Alfred Hinsch	Hamburg
DKJV	Alfred Porr	Lübeck
DHMJ	Algier	Hamburg
DEBE	Alice	Bremen
DMCI	Alice	Bremen
DENP	Alice	Bremerhaven
DJNK	Alice	Stein
DIQP	Alice	Dieksanderkoog
DABF	Alice Freymann	Hamburg
DCBN	Alida	Greetsiel
DGAX	Alida	Hamburg
DCBO	Aline	Dornumersiel
DJWB	Aline	Haffkrug
DGAZ	Alita III	Hamburg
DAMC	Alk	Bremen
DDMV	Alk	Bremen-Vegesack
DGBB	Allegro	Hamburg
DGBC	Alma	Hamburg
DGBD	Alma	Hamburg
DGBE	Alma	Hamburg
DFUM	Alma	Bützfleth
DJEA	Alma	Hamburg
DGBF	Alma	Hamburg
DIQQ	Alma	Dieksanderkoog
DDFC	Alma	Brake
DIYB	Alma	Friedrichskoog
DJEB	Alma-Helene	Büsum
DCSU	Almina	Warsingsfehn
DHIY	Alpha	Hamburg
DJNL	Alsen	Bremen
DGBG	Alster	Hamburg
DICP	Alsterdamm	Hamburg
DICH	Alstertal	Hamburg
DIBQ	Alstertor	Hamburg
DHKW	Alstertor	Hamburg
DDTY	Altair	Bremen
DCBQ	Altair	Emden
DHJF	Alteland	Hamburg
DGBI	Alteland	Hamburg
DFLG	Alte Liebe	Cuxhaven
DAMD	Alte Liebe	Cuxhaven
DHGO	Alte Liebe	Hamburg
DKJE	Alte Liebe	Niendorf
DEBI	Altenwall	Bremen
DGBJ	Altona	Hamburg
DJWC	Altstadt	Lübeck
DGBK	Alwine	Hamburg
DFUN	Alwine	Assel
DCWF	Alwin Klein	Emden
DGBL	A. M. 1	Hamburg
DGBM	A. M. 2	Hamburg
DCBR	Amalie	Leer
DFUO	Amalie	Krautsand
DFUP	Amalie	Abbenfleth
DGBO	Amalie	Laboe
DHNI	Amanda	Hamburg
DFUQ	Amanda	Ritsch/Kehdingen
DFUR	Amanda	Grünendeich/Stade
DIXA	Amanda	Friedrichskoog
DGBP	Amandus	Hamburg
DIAS	Amazonas	Hamburg
DGBR	Amazone	Hamburg
DJAC	Ambronia	Amrum
DIXW	Amigo	Glückstadt
DGBS	Amor	Hamburg-Finkenwerder
DHPV	Amrum	Hamburg
DJRW	Amrum	Rendsburg
DEUW	Andenes	Bremerhaven
DGBT	Andome	Hamburg
DENQ	Andreas	Hamburg
DIDM	Andrea	Bremerhaven
DHDK	Ane Jess	Rendsburg
DCBT	Angela	Haren/Ems
DCBU	Angela	Haren/Ems
DCBV	Angela-Elisa	Haren/Ems
DHPZ	Angelburg	Hamburg
DDMX	Angelika	Wremen
DCBW	Angelina	Haren/Ems
DABH	Anhalt	Bremen-Vegesack
DHGV	Annie Hugo Stinnes	Hamburg
DGBU	Anita	Hamburg
DIQS	Anita	Friedrichskoog

Unterscheidungssignale	Namen der Schiffe	Heimathafen der Schiffe
DFLE	Anita	Cuxhaven
DIQT	Anita	Cuxhaven
DENR	Anita	Bremerhaven
DFMF	Anita	Oberndorf
DHQY	Anita	Hamburg
DGBV	Anke	Hamburg-Blankenese
DIXT	Anke Christa	Glückstadt
DHOH	Anke Harmstorf	Hamburg
DGRP	Anke Tiedemann	Hamburg
DCBX	Anlene	Haren/Ems
DEBM	Ann-Christin	Bremen
DCBY	Anna	Haren/Ems
DCBZ	Anna	Westrhauderfehn
DDFD	Anna	Brake/Weser
DJCL	Anna	Amrum
DGBW	Anna	Hamburg
DGBX	Anna	Hamburg
DFUT	Anna	Wischhafen
DGBY	Anna	Hamburg
DJMJ	Anna	Tümlauerkoog
DCCA	Anna	Leer
DCTV	Anna	Leer
DGBZ	Anna	Hamburg
DCCB	Anna	Ostgroßefehn
DFUU	Anna	Krautsand
DFUV	Anna	Assel
DGCA	Anna	Hamburg
DIQU	Anna	Bützfleth
DJED	Anna	Pellworm
DGCB	Anna	Hamburg
DJNM	Anna	Kiel
DFYH	Anna	Lühe
DFVV	Anna	Stade
DFZT	Anna	Assel
DJVO	Anna	Laboe
DKDZ	Anna	Niendorf
DDFE	Anna	Brake
DENS	Anna	Wremen
DIQV	Anna	Seester
DIQW	Anna	Schulau
DCCD	Anna	Westeraccumersiel
DCCE	Anna	Neuharlingersiel
DDFF	Anna	Brake
DJEE	Anna	Büsum
DIQX	Anna	Dieksanderkoog
DIQY	Anna	Meldorf
DGCC	Anna	Hamburg-Finkenwerder
DGCD	Anna	Dorum-Neufeld
DCCF	Anna	Leer
DJEF	Anna-Auguste	Büsum
DDDN	Anna Bohlen	Varel
DEUT	Anna Busse	Bremerhaven
DFEY	Anna-Catharina	Cuxhaven
DIDL	Anna Catharina	Hamburg
DFUW	Anna Dieckmann	Emden
DJNN	Anna-Elise	Wilhelmshaven
DGCG	Anna-Frieda	Hamburg
DCCG	Anna Grete	Norddeich
DGCH	Anna-Helene	Hamburg
DIQZ	Anna Helene	Kaiser-Wilhelmskoog
DGCI	Anna-Magdalena	Hamburg
DCCH	Anna Margareta	Borkum
DCCI	Anna-Maria	Haren/Ems
DGCJ	Anna-Maria	Hamburg
DFUX	Anna-Maria	Dornbusch
DCCJ	Anna-Maria	Ditzum
DGCK	Anna Marie	Hamburg
DGCL	Anna Marta	Hamburg
DFZF	Anna Sietas	Grünendeich
DDFG	Anna Tekla	Brake
DGCM	Anna Thekla	Hamburg
DCCK	Anna Wilhelmine	Westrhauderfehn
DGCN	Anna Woldmann	Hamburg-Finkenwerder
DHGW	Annaliese Wehlen	Hamburg
DJUF	Annchen Felter	Lübeck
DGCO	Annchen Peters	Hamburg
DCCL	Anne	Norderney
DFUY	Anne	Krautsand
DGBQ	Anne II.	Kiel
DCVH	Anne Albrecht	Carolinensiel
DGCP	Anne-Elfriede	Hamburg
DDFH	Anne Friede	Brake
DGCQ	Anne Helene	Hamburg
DDFI	Annegret	Brake
DJWE	Anne Gret	Lübeck-Gothmund
DCCM	Annele	Bensersiel
DGCR	Anne-Lene	Leer
DABJ	Annelies	Hamburg-Finkenwerder
DETU	Anneliese	Bremerhaven
DJWN	Anneliese	Lübeck-Schlutup
DHQB	Anneliese Gleue	Hamburg
DIDN	Anneliese Porr	Hamburg
DJDJ	Annelis Christophersen	Flensburg
DIRA	Anne-Lore	Friedrichskoog
DJMQ	Anne Ohl	Ulsnis
DGCS	Annemarie	Hamburg
DJLD	Annemarie	Kappeln
DMDP	Annemarie	Heiligenhafen
DJTV	Annemarie	Kiel
DJNO	Annemarie	Kiel
DKJJ	Annemarie	Lübeck-Travemünde
DJEG	Annemarie	Husum
DJEH	Annemarie	Büsum
DJAE	Annemarie	Keitum/Sylt
DHKP	Annemarie Krüger	Hamburg

Unterscheidungssignale	Namen der Schiffe	Heimathafen der Schiffe
DHIE	Annemarie Renate	Hamburg
DHQE	Anni	Hamburg
DGCT	Anni	Hamburg
DFYY	Anni	Gräpel
DFUZ	Anni	Wischhafen
DGCU	Anni	Hamburg
DIRB	Anni	Friedrichskoog
DJEI	Anni	Pellworm
DKJG	Anni	Niendorf
DIDC	Anni Ahrens	Hamburg
DGCV	Anni Lina	Hamburg
DFVA	Anni Louise	Wischhafen
DCVW	Anni Schaa	Leer
DHGV	Annie Hugo Stinnes	Hamburg
DJEC	Annita	Büsum
DFVB	Anny Umland	Ritsch/Kehdingen
DDTE	Ansgaritor	Bremen
DDTX	Antares	Bremen
DGCW	Antares	Hamburg
DABK	Antares	Bremerhaven
DIRC	Antares	Dieksanderkoog
DCAC	Antha	Köln
DHJV	Antilope	Hamburg
DFEZ	Antilope	Otterndorf
DCCN	Antine	Borkum
DGCX	Antje	Hamburg
DJNP	Antje	Kiel
DCCO	Antje	Rorichmoor
DJMM	Antje	Kappeln/Schlei
DJEJ	Antje	Büsum
DJWF	Antje	Niendorf
DABL	Antje	Hamburg-Finkenwerder
DHND	Antje	Bremerhaven
DMCE	Antje	Schulau
DIXR	Antje Jansen	Uetersen
DGCY	Antje Mahler	Hamburg
DGCZ	Antje Oltmann	Hamburg
DCCP	Anton	Haren/Ems
DAME	Anton Hammerbacher	Hamburg
DDKP	Anton Wilhelm	Brake
DGDA	Aquarius	Emden
DKDB	Archsum	Rendsburg
DEBL	Arcturus	Bremen
DDRC	Argenfels	Bremen
DDTQ	Argo	Bremen
DGDS	Argonaut	Hamburg
DCCQ	Ariadne	Borkum
DDUP	Arion	Bremen
DDRE	Arion	Bremen
DCCR	Arion	Norddeich
DJCI	Arkona	Hamburg
DHJL	Arktis	Hamburg
DEBT	Arktos	Bremen

Unterscheidungssignale	Namen der Schiffe	Heimathafen der Schiffe
DCCS	Arktur	Westrhauderfehn
DCCT	Armin	Haren/Ems
DJEK	Arn VII	Arnis/Schlei
DDDO	Arngast	Wilhelmshaven
DCCU	Arnold	Haren/Ems
DGDC	Arnolde	Hamburg
DHFZ	Artus	Hamburg
DDFJ	Asathor	Fedderwardersiel
DJWG	Ascania	Lübeck
DHHZ	Asgard	Hamburg
DHEQ	Asgard	Hamburg
DHQV	Assel	Hamburg
DDKE	Assistent I	Lemwerder
DDPP	Asta Siemering	Emden
DGDD	Astarte	Hamburg
DIRD	Astarte	Schulau
DJAF	Astrea	List/Sylt
DGDE	Astrid	Hamburg
DJWH	Atalante II	Burg/Fehm.
DHPX	Athen	Hamburg
DENU	Athlet	Hamburg
DHOK	Atlanta	Hamburg
DHNB	Atlantic	Hamburg
DETM	Atlantic	Bremerhaven
DJRN	Atlantic	Emden
DGDF	Atlantik	Hamburg
DIAB	Atlantik	Hamburg
DEAA	Atlas	Bremen
DGDG	Audieck	Hamburg-Finkenwerder
DDMY	Auerhahn	Bremen-Vegesack
DHEW	Aufbau	Hamburg
DIBW	Augsburg	Hamburg
DJNQ	August	Kiel
DENV	August	Bremerhaven
DEUM	August Bösch	Bremerhaven
DHPL	August Bolten	Hamburg
DAMG	August Bröhan	Bremerhaven
DGWO	August Peters	Hamburg
DDFK	Auguste	Brake
DGDH	Auguste	Hamburg
DFFA	Auguste	Cuxhaven
DGDI	Auguste	Hamburg
DJCD	Auguste	Hörnum/Sylt
DAMH	Auguste Kämpf	Bremerhaven
DCVV	Auguste Schulte	Emden
DCCV	Aurora	Borkum
DGDJ	Aurora	Hamburg
DGDK	Ausdauer	Hamburg
DIDG	Ausdauer	Hamburg
DDAH	Auster	Wilhelmshaven
DGDL	Aventura	Hamburg
DDTP	Axenfels	Bremen
DDRF	Bachus	Bremen
DDUI	Baden	Bremen
DENW	Bärbel	Bremerhaven

Unterscheidungssignale	Namen der Schiffe	Heimathafen der Schiffe
DEAS	Bärenfels	Bremen
DHJH	Bahrenfeld	Hamburg
DABP	Balder	Glückstadt
DIAN	Baldur	Hamburg
DGDM	Baldur	Hamburg
DCCW	Baldur	Norderney
DKGR	Baltenland	Kiel
DKCO	Baltic	Heiligenhafen
DCSD	Baltic	Haren/Ems
DCCZ	Baltrum	Emden
DCCX	Baltrum I	Baltrum
DCCY	Baltrum II	Baltrum
DJMB	Barbara	Büsum
DCDA	Barbara	Ditzum
DEBY	Barbara Meentzen	Bremen
DAOZ	Bardenfleth	Bremen
DHKA	Barmbek	Hamburg
DGDO	Barnkrug	Hamburg
DDFL	Barsch	Brake
DGDQ	Baumwall	Hamburg
DABR	Baumwall	Hamburg
DDRN	Bayern	Bremen-Vegesack
DFLF	Bayern	Cuxhaven
DGDR	B. D. 494	Hamburg
DHEJ	B. D. 1265	Hamburg
DHJI	Bellatrix	Hamburg
DDUC	Bellona	Bremen
DABS	Beluga	Hamburg
DHNF	Benno	Hamburg
DGDT	Berger V	Bremerhaven
DGDU	Berger VII	Hamburg
DHEZ	Bergungsschute 4	Hamburg
DABU	Berlin	Bremerhaven
DCDB	Berlin	Emden
DHLO	Berlin	Hamburg
DIEJ	Berlin	Hamburg
DIRE	Bernd	Hamburg
DGPP	Bernd	Hamburg
DHGF	Bernd Leonhardt	Hamburg
DHOV	Bernd Wesch	Hamburg
DEBK	Bernhard	Bremen
DCUJ	Bernhard	Haren/Ems
DENY	Bernhard	Norddeich
DCDC	Bernhard	Haren/Ems
DHKL	Bernhard Blumenfeld	Hamburg
DETQ	Bernhard Grundmann	Bremerhaven
DJDM	Bernhard Howaldt	Flensburg
DABV	Bernhard Janssen	Bremerhaven
DCDD	Bernhardus	Haren/Ems
DCWD	Berni Nübel	Emden
DIRH	Berta	Dieksanderkoog
DCDE	Berta	Norddeich
DIXM	Berta	Elmshorn
DENZ	Berta	Bremerhaven
DGDY	Berta Hermine	Hamburg-Finkenwerder
DDJS	Berta Jacobs	Brake
DGEA	Berta Köhlmann	Hamburg
DGDV	Berta Louise	Hamburg
DHGK	Berta Marie	Hamburg
DIRF	Bertha	Friedrichskoog
DFYS	Bertha	Abbenfleth
DIRG	Bertha	Friedrichskoog
DHJM	Bertha	Hamburg
DEOA	Bertha	Bremerhaven
DGDW	Bertha	Hamburg
DGDX	Bertha	Hamburg
DJEL	Bertha	Büsum
DJHQ	Bertha	Büsum
DJEM	Bertha	Flensburg
DFVC	Bertha	Grünendeich
DJEN	Bertha-Elisabeth	Büsum
DGDZ	Bertha Johanna	Hamburg
DGEB	Bertha Troles	Hamburg
DHLP	Beteigeuze	Hamburg
DCDF	Bettje	Norddeich
DGEC	Betty	Hamburg
DFZA	Betty	Gräpel
DFVD	Betty	Krautsand
DFFC	Betty	Cuxhaven
DECN	Bieberstein	Bremen
DEAW	Birkenfels	Bremen
DKBF	Birte Oldendorff	Lübeck
DJAH	Bleibtreu	Hörnum
DJTK	Blidum	Rendsburg
DHLT	Blinkfuer	Hamburg-Finkenwerder
DJEV	Blitz	Büsum
DECF	Blockland	Bremen
DDRB	Blumenthal	Bremen
DABQ	Bockenheim	Bremen
DIRJ	Bodenwinkel	Brunsbüttelkoog
DDSY	Bogota	Bremen
DDRI	Bombay	Bremen
DEUS	Bonn	Bremerhaven
DCMF	Borkum	Emden
DIRK	Bornhofen	Glückstadt
DACB	Brahe	Bremerhaven
DGEE	Brake	Hamburg
DCDG	Brandaris	Langeoog
DJWI	Brandenburg	Hamburg
DHMF	Brandenburg	Hamburg
DECC	Brandenstein	Bremen
DEAZ	Braunfels	Bremen
DJEO	Bravo	Büsum
DHHA	Bravo I	Hamburg
DKDV	Breitenburg	Hamburg
DEBQ	Bremen	Bremen
DFAN	Bremen	Bremerhaven
DDMZ	Bremen	Bremen-Vegesack

Unterscheidungssignale	Namen der Schiffe	Heimathafen der Schiffe
DESH	Bremerhaven ..	Bremerhaven
DAMI	Bremerhaven ..	Bremerhaven
DDSN	Bremerhaven ..	Bremen
DECE	Bremer Roland .	Bremen
DCTZ	Bremse	Borkum
DGEG	Brigitta	Strande
DDAI	Brigitte........	Varelerhafen
DJTG	Brigitte........	Eckernförde
DECI	Brillant........	Bremen
DGEH	Brix Hansen ...	Hamburg-Finkenwerder
DHFD	Brook	Hamburg
DKDC	Brüsterort	Lübeck-Travemünde
DDNB	Brunhild.......	Bremen-Vegesack
DHPU	Bruno	Hamburg
DJRV	Bruno	Kiel
DJNS	Bruno Grammerstorf	Kiel
DIBP	Brunsbüttel	Hamburg
DIAL	Brunshausen ...	Hamburg
DJNT	Bülk	Kiel
DGEN	Bützfleth	Hamburg
DKCW	Bürgermeister Kuphal......	Neustadt/Holst.
DGEJ	Bürgermeister Ross	Hamburg
DACE	Bürgermeister Smidt	Bremerhaven
DICW	Bugsier 1	Hamburg
DIDK	Bugsier 2	Hamburg
DIEI	Bugsier 3	Hamburg
DJNU	Bungsberg	Hamburg
DEAN	Buntentor......	Bremen
DKDR	Burg 12	Burgstaaken
DHQJ	Burg Sparrenberg.........	Hamburg
DCDH	Burkana	Emden
DJEP	Bussard	Husum
DJLI	Bussard........	Büsum
DGEL	Bussard........	Hamburg-Finkenwerder
DGEM	Bussard........	Hamburg
DMCM	Bussard........	Wedel
DFLI	Butendiek......	Cuxhaven
DACG	Butt	Kiel
DESC	Buxta	Bremerhaven
DGEO	B. & V. Kranich	Hamburg
DFYT	Cäcilie	Freiburg/Elbe
DJEQ	California	Büsum
DDRJ	California	Bremen
DKES	Calla	Rendsburg
DGEP	Canopus	Hamburg
DGEQ	Capella	Hamburg
DJER	Capella	Büsum
DCDI	Capella	Neuharlingersiel
DCDJ	Capella	Westrhauderfehn
DCDK	Capella	Greetsiel
DIEC	Caribia	Hamburg
DFAA	Carl	Bremerhaven
DHKH	Carl	Hamburg
DCSP	Carl Danziger...	Emden
DCDL	Carl Fisser	Emden
DCVU	Carl Fisser	Emden
DACH	Carl J. Busch...	Cuxhaven
DJES	Carl Jensen	Kappeln/Schlei
DIBS	Carl L. Eckelmann	Hamburg
DICQ	Carl Mathies....	Hamburg
DGER	Carl Rehder	Hamburg
DJSA	Carl Sifferlien ..	Eckernförde
DCDM	Carl Thiele	Emden
DKJQ	Carl Vinnen	Lübeck
DAPN	Carl Wilkens	Hamburg
DHGH	Carla	Hamburg
DKER	Carola	Rendsburg
DGES	Carlshütte......	Hamburg
DHFU	Carlshütte IV...	Rendsburg
DJET	Carmen-Silva...	Husum
DCDN	Caroline	Flensburg
DCLB	Caroline	Langeoog
DKCA	Carrara	Rendsburg
DAMJ	Carsten Janssen	Bremerhaven
DJAG	Carsten Witt ...	Bremen
DKCC	Casablanca	Lübeck
DEOD	Castor	Lübeck-Travemünde
DJSF	Castor	Kiel
DJNW	Castor	Hamburg
DEBB	Castor	Bremen
DFVE	Catharina	Abbenfleth
DGET	Catharina	Bremerhaven
DGEU	Catharina	Hamburg-Finkenwerder
DIRM	Catharina	Brunsbüttelkoog
DGEV	Catharina	Hamburg-Altenwerder
DFHR	Catharina Auguste	Cuxhaven
DDSM	Catharina Wiards	Bremen
DJEU	Catrina	Friedrichstadt
DGEX	C. A. Woldmann	Hamburg-Finkenwerder
DACI	Celle	Cuxhaven
DDRQ	Centaur	Bremen
DHMY	Charles E. Eckelmann	Hamburg
DDKN	Charlotte	Elsfleth
DJSG	Charlotte	Kiel
DGEY	Charlotte	Hamburg
DGEZ	Charlotte	Hamburg
DJCV	Charlotte Bohl..	Flensburg
DHGD	Charlotte Schröder.....	Hamburg

Unterscheidungssignale	Namen der Schiffe	Heimathafen
DGFC	C. H. Kreft	Hamburg-Finkenwerder
DCDO	C. H. Metger	Emden
DIBY	Christa	Hamburg
DGFD	Christa	Hamburg
DJRQ	Christa	Heikendorf
DKEA	Christa	Lübeck-Travemünde
DKED	Christa	Lübeck-Travemünde
DLXQ	Christa — Fle 7	Flensburg
DJQP	Christa Griese	Kiel
DGFE	Christa Juls	Hamburg
DGFF	Christel	Hamburg
DJAI	Christel	Neustadt/Holstein
DETR	Christel	Bremerhaven
DAOI	Christel	Büsum
DJLV	Christel	Büsum
DCVC	Christel	Haren/Ems
DJVJ	Christian	Kiel
DACJ	Christian	Lübeck
DJSC	Christian Jvers	Kiel
DACK	Christian Russ	Hamburg
DCDQ	Christina	Haren/Ems
DEST	Christiana	Bremerhaven
DHRY	Christine	Hamburg
DJEW	Christine	Pellworm
DJAJ	Christine	Wyk/Föhr
DCDR	Christine	Norddeich
DIRN	Christine	Friedrichskoog
DGFG	Christine	Hamburg-Altenwerder
DIRO	Christine	Friedrichskoog
DDIB	Christoph Kleemeyer	Bremen
DEOE	Chronik	Bremerhaven
DECA	Ciandra	Bremen
DKET	Cimbria	Rendsburg
DAPC	Cimbria	Hamburg
DKBZ	C. K. 10	Neustadt/Holstein
DKBY	C. K. 11	Neustadt/Holstein
DMCP	C K 58	Kiel
DJVZ	Cläre Grammerstorf	Kiel
DHLV	Cläre Hugo Stinnes	Hamburg
DGFH	Clara	Hamburg
DKCL	Clara	Lübeck
DJEX	Clara	Maasholm
DGYO	Clara Blumenfeld	Hamburg
DFZR	Claus	Bützfleth
DGFI	Claus	Hamburg
DJWO	Claus	Bremerhaven
DGFJ	Claus	Hamburg
DGFK	Claus	Hamburg

Unterscheidungssignale	Namen der Schiffe	Heimathafen
DHRO	Claus Bischoff	Hamburg
DHKD	Claus Böge	Hamburg
DGFM	Claus Erich	Hamburg
DACL	Claus Ebeling	Bremerhaven
DGFN	Claus Johannes	Hamburg
DHIG	Claus Möller	Hamburg
DIAM	Cleopatra	Hamburg
DECR	Colonia	Bremen
DKCU	Columbus	Lübeck
DJEY	Columbus	Pellworm
DMEN	Columbus	Lübeck-Travemünde
DKEQ	Columbus	Burgstaaken
DKBC	Comet	Neustadt/Holst.
DFVF	Comet	Krautsand
DDFN	Concordia	Barssel
DJMF	Concordia	Schleswig
DCDS	Concordia	Norddeich
DJEZ	Concordia	Büsum
DGFO	Condor	Hamburg
DGFP	Condor	Hamburg
DDFO	Condor	Brake
DFFE	Condor	Cuxhaven
DIRP	Condor	Schulau
DIRQ	Condor	Friedrichskoog
DJFA	Condor	Büsum
DGFQ	Condor	Hamburg
DJMY	Condor	Kappeln/Schlei
DJHU	Conrad	Büsum
DCWK	Conrad	Haren/Ems
DDUF	Consul Arlt	Bremen
DCSA	Consul Lindemann	Emden
DFVG	Contentia	Bützfleth
DKJH	Coradina	Lübeck
DHJS	Cordelia	Hamburg
DJFB	Cormoran	Büsum
DCDV	Cornelia	Warsingsfehn
DCDW	Cornelia	Leer
DEUL	Cornelia Sieghold	Bremerhaven
DGFT	Courier	Hamburg
DFZN	Courier	Dornbusch
DACM	C. P. Andersen	Hamburg
DHFR	Cranz	Hamburg
DFVH	Cremon	Dornbusch
DHOM	Cremon	Hamburg
DFZZ	Cremona 2	Dornbusch
DCDY	Cum Deo	Haren/Ems
DDTM	Crostafels	Bremen
DAMM	Cuxhaven	Cuxhaven
DFVI	Daheim	Krautsand
DACP	Dalälfven	Hamburg
DMBU	Dania	Hamburg
DCAE	Daniel Denker	Köln
DDNE	Dankwart	Bremen
DJFC	Danzig	Büsum

Unterscheidungssignale	Namen der Schiffe	Heimathafen der Schiffe
DACQ	Danzig	Hamburg
DFLW	Darmstadt	Cuxhaven
DDAJ	Dauens	Bremen
DCDZ	Dede	Leer
DDUK	Delia	Bremen
DACU	D. Dreesmann-Penning	Emden
DFAL	Delphin	Bremerhaven
DCEA	Delphin	Greetsiel
DCEB	Delphin	Neuharlingersiel
DCEC	Delphin	Norddeich
DIRR	Delphin	Dieksanderkoog
DHKF	Delphin	Hamburg
DACR	Delphin	Hamburg
DDAK	Delphin	Wilhelmshaven
DMDF	Delphin	Haffkrug
DKGY	Delphin	Strande
DGFW	Delphin III	Hamburg
DGFX	Delphin IV	Hamburg
DGFZ	Derfflinger	Hamburg
DIAA	Desdemona	Hamburg
DAMN	Detmold	Cuxhaven
DGGA	Deutschland	Hamburg
DJWR	Deutschland	Haffkrug
DCED	Dia Aubel	Emden
DEBR	Diamant	Bremen
DGGB	Diamant	Hamburg-Finkenwerder
DIRS	Diamant	Friedrichskoog
DAMO	Diana	Bremen
DHPR	Diana	Hamburg
DGGC	Diana	Hamburg
DFFF	Diana	Otterndorf
DCEE	Diana	Terborg/Ems
DJFD	Diana	Büsum
DDKD	Diana	Eckwardersiel
DGGD	Dide	Hamburg
DGGE	Die Liebe	Kiel
DFIU	Die Liebe	Cuxhaven
DDFQ	Dietrich Ahrens	Brake
DKDP	Dietrich Oldendorff	Lübeck
DKBR	Dievenow	Lübeck-Travemünde
DCEG	Dina	Warsingsfehn
DMAZ	Dione	Bremen
DJWS	Direktor Zirkel	Lübeck-Travemünde
DDNG	Dirk	Bremen
DCEH	Dirk Siemering	Emden
DFLZ	Dithmarschen	Bremerhaven
DJFF	Dithmarschen	Büsum
DCUY	Ditzum-Petkum	Ditzum
DAGZ	Dörte	Stade
DHHS	Doggerbank	Burg/Fehmarn
DJFG	Dolly Schlömer	Büsum

Unterscheidungssignale	Namen der Schiffe	Heimathafen der Schiffe
DIRT	Donar	Glückstadt
DAEF	Donau	Cuxhaven
DERO	Dora	Bremerhaven
DGGF	Dora	Hamburg
DGGG	Dora	Hamburg
DJWT	Dora	Burg/Fehmarn
DDFR	Dora	Fedderwardersiel
DDJU	Dora	Nordenham
DFYP	Dora	Freiburg/Elbe
DIRU	Dora	Friedrichskoog
DJNX	Dora	Laboe
DJNY	Dora	Kiel
DFVK	Dora	Dornbusch
DGGH	Dora	Hamburg
DGGI	Dora Ahrens	Hamburg
DJFH	Dorathea	Büsum
DJNZ	Dorathea	Kiel
DMBA	Doride	Bremen
DJAK	Doris	Flensburg
DJSI	Doris	Kiel
DKEC	Doris	Lübeck-Travemünde
DKBN	Dorothea	Niendorf
DGGJ	Dorotea	Hamburg
DIRV	Dorothea	Dieksanderkoog
DCUD	Dorothea	Haren/Ems
DGGK	Dorothea	Hamburg
DGGL	Dorothea	Hamburg
DCEK	Dorothea Siemering	Warsingsfehn
DHFF	Dorothea Weber	Hamburg
DKBE	Dorthe Oldendorff	Lübeck
DCEL	Dortmund	Emden
DFAE	Dortmund	Bremerhaven
DAMP	Dradenau	Hamburg-Finkenwerder
DCEM	Dr. Eichelbaum	Neuharlingersiel
DAOF	Dr. Eichelbaum	Emden
DCEN	Drei Gebrüder	Greetsiel
DGGM	Drochtersen	Hamburg-Finkenwerder
DACW	Drossel	Bremen
DEBC	Dudizol I	Bremen
DJSL	Duburg	Kiel
DIRX	Düneck	Uetersen
DFMP	Duisburg	Cuxhaven
DCAW	Duisburg	Duisburg-Ruhrort
DHNY	Duisburg	Hamburg
DACX	Düsseldorf	Hamburg
DGGN	Düsseldorf	Hamburg-Finkenwerder
DAMQ	Düsseldorf	Cuxhaven
DJSR	Düsterbrook	Kiel
DCEO	Ebenezer	Neuharlingersiel
DDFS	Ebenezer	Brake

Unterscheidungssignale	Namen der Schiffe	Heimathafen der Schiffe
DGGP	Eben Ezer	Hamburg-Finkenwerder
DIRY	Ebenezer	Friedrichskoog
DDFT	Ebenezer	Brake
DAPA	Eberhart Essberger	Hamburg
DJRT	Ecke 30	Eckernförde
DMDG	Ecke 48	Heikendorf
DJSS	Ecke 81	Eckernförde
DAMR	Eckernförde	Kiel
DJOC	Eckholt	Eckernförde
DKJF	Eddi	Lübeck
DHHP	Edelgard	Hamburg
DFVL	Edelweiß	Krautsand
DCTE	Edelweiß	Neuharlingersiel
DCEP	Edelweiß	Greetsiel
DCEQ	Edelweiß	Norddeich
DFFI	Edelweiß	Helgoland
DFFJ	Edelweiß	Otterndorf
DJFI	Edelweiß	Husum
DJWU	Edelweiß	Neustadt
DIXY	Edelweiß	Seester
DJQC	Edith	Heikendorf
DGGQ	Edith	Hamburg
DCUA	Edith	Papenburg
DJCM	Edith	Flensburg
DFFK	Edith	Cuxhaven
DFFL	Edith	Cuxhaven
DJWV	Edith	Lübeck-Travemünde
DJWW	Edith	Lübeck-Travemünde
DJOD	Edith Becker	Kiel
DHRS	Editha W. Gleue	Hamburg
DCAF	Edmund Halm	Köln
DDAM	Edo Meyer	Varelerhafen
DICG	Eduard Becker	Hamburg
DICT	Eduard Schupp	Hamburg
DKCG	Eduard	Lübeck
DDNI	Edward	Bremen-Vegesack
DGGR	Egerland	Hamburg
DIXL	Eggert Karstens	Büsum
DHQI	Ehrenfeld	Hamburg
DECL	Ehrenfels	Bremen
DDPO	Eichberg	Hamburg
DFFM	Eiche	Cuxhaven
DHON	Eider	Hamburg
DJFJ	Eider	Süderstapel
DACY	Eifel	Bremerhaven
DEBV	Eifel	Bremen
DHQM	Eifeltal	Hamburg
DHRH	Eilenau	Hamburg
DJUP	Einigkeit	Möltenort
DCER	Einigkeit	Westrhauderfehn
DCES	Eintracht	Borkum
DFFO	Elbbutt	Cuxhaven
DFLX	Elbe	Cuxhaven
DIXZ	Elbe	Elmshorn
DGGU	Elbe	Hamburg
DGGV	Elbe	Hamburg
DJXC	Elbe	Neustadt
DGGY	Elbe	Hamburg
DGGX	Elbe	Hamburg
DAOG	Elbe	Emden
DJFK	Elbing	Büsum
DJWX	Elbing II	Lübeck
DJWY	Elbing IV	Lübeck
DESB	Elbing V	Bremerhaven
DJWZ	Elbing VII	Lübeck
DJXA	Elbing VIII	Lübeck
DGHA	Elenore	Hamburg
DGHB	Eleonore	Hamburg
DIRL	Eleonore	Uetersen
DDDM	Elfe	Wilhelmshaven
DFZL	Elfriede	Assel
DJNE	Elfriede	Tönning
DDKI	Elfriede	Heiligenhafen
DDAN	Elfriede	Wremen
DEOH	Elfriede	Bremerhaven
DIRZ	Elfriede	Neufeld
DISA	Elfriede	Friedrichskoog
DCET	Elfriede	Leer
DJTS	Elfriede	Kiel
DACZ	Elin	Bremen
DJTJ	Elisabeth	Eckernförde
DGHC	Elisabeth	Hamburg
DGHD	Elisabeth	Hamburg
DCTB	Elisabeth	Leer
DDKK	Elisabeth	Barssel
DCEU	Elisabeth	Haren/Ems
DFVM	Elisabeth	Wischhafen
DCEV	Elisabeth	Rhaudermoor
DCEW	Elisabeth	Greetsiel
DFFP	Elisabeth	Dorum
DDKJ	Elisabeth	Brake
DGHF	Elisabeth	Hamburg-Finkenwerder
DJOE	Elisabeth	Tatting
DHHH	Elisabeth Arlt	Bremen
DHNZ	Elisabeth Bornhofen	Hamburg
DIXJ	Elisabeth Bröker	Schulau
DJOJ	Elisabeth Entz	Rendsburg
DDKB	Elise	Elsfleth
DISB	Elise	Dieksanderkoog
DCEX	Elise	Norddeich
DCST	Elise	Ditzum
DJFL	Elise	Büsum
DCEY	Elise	Haren/Ems
DFVN	Elise	Abbenfleth
DGHG	Elise	Hamburg

Unterscheidungssignale	Namen der Schiffe	Heimathafen der Schiffe
DCSV	Elise Schulte	Emden
DCUN	Eliza Nübel	Emden
DHMB	Elke	Bremerhaven
DJFM	Elke	Husum
DDAO	Elke	Wilhelmshaven
DFVO	Ella	Bützfleth
DGHH	Ella	Hamburg
DJFN	Ella	Tönning
DJFO	Ella	Tönning
DHHJ	Ella Feldtmann	Hamburg
DGHI	Ellen	Hamburg
DADD	Ellen	Hamburg-Finkenwerder
DHMC	Ellen Hugo Stinnes	Hamburg
DJSJ	Ellerbek	Kiel
DFFQ	Elli	Dorum
DGVB	Elli	Hamburg
DFFR	Elli	Cuxhaven
DDKO	Elli Ahrens	Brake
DCFB	Elli Schaa	Leer
DJFP	Elly	Büsum
DJZK	Elmshorn	Elmshorn
DJLA	Elsa	Maasholm
DGHK	Elsa	Hamburg
DJFQ	Elsa	Husum
DDAP	Elsa	Wremen
DIDI	Elsa Eßberger	Hamburg
DDFU	Elsbeth	Großensiel
DJXX	Elsbeth	Lübeck-Schlutup
DDUY	Elsbeth Wiards	Bremen
DDKV	Else	Brake
DCFC	Else	Haren/Ems
DFFS	Else	Dorum
DISC	Else	Neufeld
DJFR	Else	Husum
DJMC	Else	Büsum
DJXD	Else	Heiligenhafen
DCFD	Else	Emden
DEOI	Else Marie	Bremerhaven
DFVP	Else Marie	Dornbusch
DHRE	Else Müller	Hamburg
DDNQ	Else Sieg	Flensburg
DDNK	Elsfleth	Bremen
DGHL	Elster	Hamburg
DCFE	Elternsegen	Haren/Ems
DGHM	Emanuel	Hamburg
DGHN	Emanuel	Hamburg
DDNL	Emanuel II	Bremen
DGHO	Emden	Hamburg
DCFF	Emden	Kappeln/Schlei
DJOF	Emil	Kiel
DGHP	Emil	Hamburg
DKEE	Emil Berger	Lübeck
DGHQ	Emma	Hamburg
DGHR	Emma	Hamburg
DGHS	Emma	Hamburg
DGHT	Emma	Hamburg
DGHU	Emma	Hamburg
DAMT	Emma	Hamburg-Finkenwerder
DGHV	Emma	Hamburg-Altenwerder
DGHW	Emma	Hamburg-Altenwerder
DJXE	Emma	Lübeck-Travemünde
DISD	Emma	Friedrichskoog
DFVQ	Emma	Krautsand
DEOJ	Emma	Bremerhaven
DGHX	Emma	Hamburg
DKBQ	Emma	Burgstaaken
DKGW	Emma	Kiel
DGHY	Emma Diercks	Hamburg
DJOG	Emma Dorothea	Schilksee-Strande
DGHZ	Emma Irene	Hamburg
DISE	Emma Johanna	Uetersen
DGIA	Emma Louise	Hamburg
DGIB	Emma Lucie	Hamburg
DGIC	Emma Oltmann	Hamburg
DHEX	Emma Sauber	Hamburg
DJXF	Emmi	Niendorf
DJSN	Emmi	Laboe
DFFU	Emmi	Cuxhaven
DEOK	Emmy	Bremerhaven
DIXC	Emmy	Dieksanderkoog
DDHU	Emmy Friedrich	Bremen
DFMI	Emmy Ottens	Cuxhaven
DCFG	Ems	Haren/Ems
DCFH	Ems	Varelerhafen
DCFI	Ems	Rhaudermoor
DCFJ	Ems	Greetsiel
DCUE	Ems IV	Leer
DADE	Emsgatt	Hamburg
DCFK	Emsland	Haren/Ems
DHEY	Emsriff	Hamburg
DEAG	Emsstein	Bremen
DCFL	Emsstrom	Haren/Ems
DGID	Energie	Hamburg
DHNA	Energie	Hamburg
DCFM	Engelbert	Haren/Ems
DADG	Ente	Hamburg
DDNM	Ente	Bremen-Vegesack
DGIE	Enz	Hamburg
DCFN	Eos	Haren/Ems
DFVR	Erato	Stade
DGIF	Erich	Hamburg
DJFS	Erich	Tönning
DDKM	Erich	Brake
DGZG	Erik Seyd	Hamburg
DJAQ	Erika	Flensburg
DCFO	Erika	Leer
DGII	Erika	Hamburg
DKJI	Erika	Neustadt/Holst.

Unterscheidungssignale	Namen der Schiffe	Heimathafen der Schiffe
DCAG	Erika Hendrik Fisser	Köln
DECB	Erika L. Meentzen	Bremen
DGNM	Erika Reinhold	Hamburg
DCVK	Erna	Greetsiel
DCFP	Erna	Warsingsfehn
DJXH	Erna	Hamburg
DIWW	Erna	Elmshorn
DGIJ	Erna	Heiligenhafen
DGIK	Erna	Hamburg
DHGN	Erna	Hamburg
DISF	Erna	Dieksanderkoog
DDFV	Erna	Brake
DISG	Erna	Friedrichskoog
DGIL	Erna Elisabeth	Hamburg
DGIM	Erna Marie	Hamburg
DGIN	Erna Meyer	Hamburg
DKBB	Erna Oldendorff	Lübeck
DDTJ	Erna Ronnebaum	Bremen
DGIO	Erni	Rendsburg
DGIP	Ernst	Hamburg
DFFW	Ernst	Cuxhaven
DJFT	Ernst	Büsum
DGIS	Ernst August	Hamburg
DHQH	Ernst Blumenfeld	Hamburg
DADI	Ernst Flohr	Cuxhaven
DISH	Ernst Heinrich	Mooregge
DAMU	Ernst Gröschel	Bremerhaven
DADM	Ernst Schweckendieck	Emden
DISI	Ernte	Oberndorf
DDUL	Erpel	Bremen
DHFV	E. Russ	Hamburg
DGIT	Erwin	Hamburg
DJFU	Erwin	Kiel
DGIU	Erwin	Hamburg
DADL	Eschenburg	Lübeck
DEAF	Eschersheim	Bremen
DCTO	E. S. I. 1	Neuharlingersiel
DCTP	E. S. I. 2	Neuharlingersiel
DCTQ	E. S. I. 3	Neuharlingersiel
DGIV	Esriel	Hamburg
DADN	Essen	Emden
DADO	Essen	Bremerhaven
DGIW	Esso 60	Hamburg
DHOY	Esso 61	Hamburg
DIAD	Esso 62	Hamburg
DHPQ	Esso 65	Hamburg
DHJG	Esso Baltic	Hamburg
DIBI	Esso Bolivar	Hamburg
DHGM	Este	Hamburg
DADP	Este	Bremerhaven
DGIX	Estetal	Hamburg
DIAG	Estetal	Hamburg
DJCK	Esther	Flensburg
DHNK	Esther Schulte	Hamburg
DGIZ	Euroland	Hamburg
DHHD	Europa	Hamburg
DKEO	Europa II	Niendorf
DJQQ	Eva	Heikendorf
DFFX	Eva	Cuxhaven
DEOL	Eva	Bremerhaven
DIBG	Evelyn	Hamburg
DGAV	Eversand	Bremen
DGJA	Ewald Ehlert	Rendsburg
DCFR	Exelsior	Holte
DHPA	Fairplay I	Hamburg
DGJC	Fairplay II	Hamburg
DJIU	Fairplay III	Hamburg
DHEM	Fairplay V	Hamburg
DGJF	Fairplay VI	Hamburg
DADQ	Fairplay VII	Hamburg
DGJG	Fairplay VIII	Hamburg
DGJH	Fairplay IX	Hamburg
DGJI	Fairplay X	Hamburg
DGJJ	Fairplay XI	Hamburg
DGJK	Fairplay XII	Hamburg
DAMV	Fairplay XIV	Hamburg
DGJM	Fairplay XVI	Hamburg
DISJ	Fahrewohl	Friedrichskoog
DISK	Fahrewohl	Neufeld
DGJO	Falke	Hamburg
DKBS	Falke	Kiel
DDTR	Falke	Bremen
DJOH	Falke	Rendsburg
DJFV	Falke	Büsum
DISL	Falke	Schulau
DFFY	Falke	Cuxhaven
DEOM	Falke	Bremerhaven
DDFW	Falke	Burhaversiel
DCFS	Falke	Neuharlingersiel
DGJP	Falke	Hamburg
DGRV	Falke	Lübeck
DHJJ	Falkenberg	Hamburg
DGJQ	Falkenstein	Hamburg
DGJR	Fanto XVIII	Hamburg
DDNN	Fasan	Bremen-Vegesack
DDRA	Fasan	Bremen
DDNO	Fasolt	Bremen-Vegesack
DEQN	Fatima	Bremen
DDRD	Fauna	Bremen
DEAQ	Fechenheim	Bremen
DGBA	Fehmarn III	Hamburg
DJOI	Fehmarn	Kiel
DJSO	Felsen	Eckernförde
DAFY	Ferdinand Vieth	Hamburg
DDNP	Feronia	Bremen
DJFW	Feuerland	Büsum
DADR	Feuerland	Büsum
DCFU	Fides	Bensersiel

Unterscheidungssignale	Namen der Schiffe	Heimathafen der Schiffe
DDNR	Fido	Bremen
DGJS	Fiducia	Hamburg
DIDE	Fina	Hamburg
DDNS	Fink	Bremen-Vegesack
DFMH	Finkenwärder	Cuxhaven
DHNX	Finkwarder	Hamburg
DGJT	Finkwarder	Hamburg
DFLR	Fischereidirektor Meinken	Bremerhaven
DGJU	Fischland	Hamburg
DFLQ	Fladengrund	Cuxhaven
DESR	Fladengrund	Bremerhaven
DJWL	Flamingo	Flensburg
DJAO	Fle 47	Flensburg
DJCT	Flensau	Flensburg
DDNT	Flink	Bremen
DCFV	Flott	Greetsiel
DHQC	Flottbek	Hamburg
DICA	Flottbek	Hamburg
DGJW	Flottweg	Hamburg
DDUA	Flut	Bremen
DGJX	F. M. Harmstorf	Hamburg
DJAR	Föhr-Amrum	Wyk/Föhr
DCFW	Foline	Warsingsfehn
DCFX	Folt Wilhelm	Borkum
DJYL	Fona	Lübeck
DJAT	Forelle	Flensburg
DKCT	Forelle	Burgstaaken
DJFX	Forelle	Büsum
DFFZ	Forelle	Cuxhaven
DEOO	Forelle	Hamburg-Altenwerder
DDJY	Fortschritt	Nordenham
DFZH	Fortuna	Wischhafen
DETN	Fortuna	Bremerhaven
DISM	Fortuna	Glückstadt
DDAQ	Fortuna	Rüstersiel
DDDB	Fortuna	Wilhelmshaven
DDDD	Fortuna	Varelerhafen
DGJY	Fortuna	Hamburg
DGJZ	Fortuna	Brunsbüttelkoog
DGKA	Fortuna	Hamburg
DGKB	Fortuna	Hamburg
DCFY	Fortuna	Warsingsfehn
DCFZ	Fortuna	Rhaudermoor
DGKC	Fortuna	Hamburg
DGKD	Fortuna	Hamburg
DCGA	Fortuna	Bremen
DJFY	Fortuna	Büsum
DISN	Fortuna	Friedrichskoog
DFGB	Fortuna	Cuxhaven
DFGC	Fortuna	Dorum
DJRF	Fortuna	Heikendorf
DCGC	Fortuna I	Spiekeroog
DFLA	Franken	Cuxhaven
DFYM	Frankfurt	Bremen

Unterscheidungssignale	Namen der Schiffe	Heimathafen der Schiffe
DERR	Frankfurt/Main	Bremerhaven
DADV	Franz	Bremerhaven
DCUU	Franz	Haren/Ems
DFGE	Franz	Cuxhaven
DCWC	Franz	Emden
DJVE	Franz Holm	Kiel
DGKE	Franz Holm	Hamburg
DAMW	Franz Jürgen J. Nimtz	Hamburg
DHKY	Franz Mathies	Hamburg
DDFX	Franz Ohlrogge	Brake
DADU	Franz Schau	Bremerhaven
DAOU	Franz Thiele	Emden
DADX	Franz Westermann	Bremerhaven
DCGD	Franziska	Haren/Ems
DGKF	Franziska	Hamburg
DEOP	Franziska	Bremerhaven
DADW	Franziska	Schulau
DCWI	Franziska Hendrik Fisser	Emden
DHEO	Franziska Joerk.	Bremerhaven
DCGE	Frauke	Greetsiel
DADY	Frauke	Leer
DDAR	Frauke	Hooksiel
DCGF	Frauke	Warsingsfehn
DEQI	Freddy	Hamburg
DKJR	Fredenhagen	Lübeck
DISO	Freia	Friedrichskoog
DGKH	Freia	Lübeck
DGKI	Freia	Hamburg-Finkenwerder
DGKJ	Freia	Hamburg-Finkenwerder
DFLO	Freiburg i. Br.	Cuxhaven
DKCV	Freiheit	Neustadt/Holst.
DGKK	Freiherr vom Stein	Hamburg
DJRR	Freundschaft	Laboe
DDKU	Freya	Brake
DJUT	Freya	Kiel
DCGG	Freya	Dornumersiel
DEOQ	Freya	Bremerhaven
DCGH	Freya	Oldersum
DGKL	Frida	Hamburg
DJGB	Frida	Büsum
DGKM	Fridmariwalt	Hamburg
DJTE	Frie 2	Friedrichsort
DJSH	Frie 4	Friedrichsort
DGKN	Frieda	Hamburg
DGKO	Frieda	Hamburg
DGKP	Frieda	Hamburg
DGKQ	Frieda	Hamburg
DGKR	Frieda	Hamburg
DFVS	Frieda	Dornbusch
DGKS	Frieda	Hamburg
DJFZ	Frieda	Büsum
DJGA	Frieda	Büsum

Unterscheidungssignale	Namen der Schiffe	Heimathafen	Unterscheidungssignale	Namen der Schiffe	Heimathafen
DIWX	Frieda	Elmshorn	DFVU	Fritz-Alfred II.	Krautsand
DFYX	Frieda	Gräpel	DFGG	Fritz Hermann.	Dorum
DFZB	Frieda	Barnkrug	*DAEA*	Fritz Homann	Bremerhaven
DISP	Frieda	Dieksanderkoog	*DHIP*	Fritz Hugo Stinnes	Hamburg
DISQ	Frieda	Schulau	DGKZ	Fritz Reuter	Hamburg
DFGF	Frieda	Cuxhaven	DGLA	Fritz Schindler	Hamburg
DFYQ	Frieda	Bützfleth	DGLB	Fritz Vollmers	Hamburg
DDFZ	Frieda	Brake	DFGH	Fritz Walter	Cuxhaven
DCGI	Frieda	Greetsiel	DIRI	F. Werner	Uetersen
DGKU	Frieda	Hamburg	DCGV	Fünf Gebrüder	Ditzum
DISS	Frieda	Neufeld	DJGE	Fürchtenicht	Büsum
DFSL	Frieda	Assel	DJGF	Fürchtenicht	Tönning
DFVT	Frieda Elisabeth	Wischhafen	*DJQR*	Gaarden	Kiel
DGFU	Frieda Jonas	Hamburg	*DIAI*	Galata	Hamburg
DDGA	Frieda Luise	Dedesdorf	*DEBJ*	Galtgarben	Bremen
DCUB	Frieda-Luise	Greetsiel	DDGE	Garneele	Waddensersiel
DGKV	Frieda Mariechen	Hamburg	*DEAO*	Gazelle	Bremen
DDSV	Frieda Morgenrot	Bremen	DHIS	Gebina	Haren/Ems
DHPF	Frieda Peters	Hamburg	DMDM	Gebrüder	Heiligenhafen
DISR	Friede	Dieksanderkoog	DDKH	Gebrüder	Nordenham
DEOR	Friedel	Bremerhaven	DGLC	Gebrüder	Hamburg
DHGL	Friedel	Hamburg	DJFE	Gebrüder	Warverort
DHJQ	Frieden	Hamburg	DGLD	Gebrüder	Hamburg
DDGB	Frieden	Brake	DJLK	Gebrüder	Büsum
DEAU	Friedenau	Bremerhaven	DFGI	Gebrüder	Otterndorf
DIST	Friedo	Friedrichskoog	DDGF	Gebrüder	Nordenham
DFYZ	Friedrich	Hechthausen	DGGW	Gebrüder	Neuharlingersiel
DCWG	Friedrich	Rhaudermoor	DCGX	Gebrüder	Carolinensiel
DDGC	Friedrich-August	Oldenburg	*DAEB*	Gebrüder Kähler	Bremerhaven
DCGJ	Friedrich Brons.	Emden	DETI	Gebr. Meyer	Bremerhaven
DEUB	Friedrich Busse	Bremerhaven	DGGY	Geen Tied	Greetsiel
DGKW	Friedrich Campsen	Hamburg	DGGZ	Geeske	Varelerhafen
DGKY	Friedr. Wilhelm.	Hamburg	DDAV	Geeske	Varelerhafen
DJOK	Friedrichsort	Kiel	*DADZ*	Geeste	Bremerhaven
DDGD	Friesenland	Brake	DGLE	Geheimrat Koenigs	Hamburg
DDAS	Friesland	Wilhelmshaven	*DJOB*	Geheimrat Sartori	Kiel
DJGC	Friesland	Ording	DDNW	Geier	Bremen-Vegesack
DJCN	Friesland	Wyk/Föhr	DDSO	Geier	Bremen
DDAT	Friesland	Wilhelmshaven	DGLF	Gemeinschaft	Bremerhaven
DAPI	Frigga	Hamburg	*DJXO*	Gemma	Lübeck
DISU	Frija	Glückstadt	DHGA	Genius	Hamburg
DJSQ	Frisch Auf	Eckernförde	DCVF	Gent Visser	Norderney
DJGD	Frischauf	Büsum	DCHA	Georg	Haren/Ems
DMCR	Frisches Haff	Kiel	DDGG	Georg	Brake
DDAU	Frisia	Hooksiel	DJOL	Georg	Kiel
DJAU	Frisia	Wyk/Föhr	DJGG	Georg-Hinrich	Büsum
DCGK	Frisia I	Norderney	*DICM*	Georg Russ	Hamburg
DCGL	Frisia II	Norderney	DKDG	Gerda	Großenbrode (Holst.)
DCGM	Frisia III	Norderney	DMDA	Gerda	Lübeck-Travemünde
DCGN	Frisia V	Norderney	DJNA	Gerda	Tönning
DCGO	Frisia VI	Norderney	DCHB	Gerda	Westrhauderfehn
DCGP	Frisia VII	Norderney			
DCGQ	Frisia IX	Norderney			
DCGR	Frisia X	Norderney			
DCGT	Frisia XIV	Norderney			
DCGU	Frisia XV	Norderney			
DGJN	Fritz	Hamburg			

Unterscheidungssignale	Namen der Schiffe	Heimathafen der Schiffe
DDGH	Gerda	Brake
DGLG	Gerda	Hamburg
DDNX	Gerda	Bremen-Vegesack
DJXP	Gerda	Niendorf
DEOV	Gerda	Bremerhaven
DFGJ	Gerda	Cuxhaven
DGUZ	Gerda I.	Bremerhaven
DGLH	Gerda II	Hamburg
DFZM	Gerda Adele	Elm/Stade
DGLI	Gerda-Luise	Hamburg
DGLJ	Gerda Waller	Hamburg
DGLK	Gerfried	Hamburg
DCHC	Gerhard	Haren/Ems
DFGK	Gerhard	Geversdorf
DKEJ	Gerhard	Neustadt/Holst.
DEUI	Gerhard van Heukelum	Bremerhaven
DCHD	Gerhardine	Borkum
DCHE	Germania	Rhaudermoor
DETC	Germania	Bremerhaven
DDNY	Germania	Bremen
DJGH	Germania	Büsum
DFGL	Germania	Dorum
DCSO	Gerrit Wessels	Emden
DGLM	Gertha	Hamburg
DGLN	Gertrud	Hamburg
DGLO	Gertrud	Hamburg
DCHF	Gertrud	Haren/Ems
DGLP	Gertrud	Hamburg
DGLQ	Gertrud	Cranz/Elbe
DGLR	Gertrud	Hamburg
DHFT	Gertrud	Hamburg
DJXQ	Gertrud	Lübeck-Travemünde
DFGM	Gertrud	Cuxhaven
DFGN	Gertrud	Neuhaus
DFGO	Gertrud	Cuxhaven
DAMX	Gertrud	Leer
DGLS	Gertrud II	Hamburg
DJGI	Gertrud Helene	Husum
DGLU	Gesche	Hamburg
DCWH	Gesche Rehden	Leer
DCHG	Geschwisterliebe	Haren/Ems
DEAM	Geschwister Raabe	Bremen
DCHH	Gesina	Haren/Ems
DGLV	Gesine	Hamburg
DCHI	Gesine	Ostgroßefehn
DHET	Gesine	Cuxhaven
DCHL	Gesine	Leer
DCHM	Gesine	Oldersum
DDTN	Geversdorf	Bremen
DCHN	G. F. Zimmermann	Emden
DEOW	Gier	Bremerhaven
DAEC	Gisela	Hamburg
DGLW	Gisela	Glückstadt

Unterscheidungssignale	Namen der Schiffe	Heimathafen der Schiffe
DEBO	Gisela Meyer-Gerhards	Bremen
DAED	Gisela Oldendorff	Lübeck
DJGJ	Giserda	Tönning
DEOY	Gladiator	Bremerhaven
DEOX	Glattesee	Bremerhaven
DKGT	Glaube	Kiel
DCTN	Glaube	Neuharlingersiel
DEBB	Gloria	Bremen
DGLX	Gloria	Hamburg
DJYM	Glückauf	Hamburg
DAEE	Glückauf	Bremen
DCHO	Glückauf	Haren/Ems
DGLY	Glückauf	Hamburg
DHKG	Glückauf	Hamburg
DKDI	Glückauf	Heiligenhafen
DJRJ	Glückauf	Eckernförde
DHLI	Glückauf	Hamburg
DKGH	Glückauf	Heikendorf
DKGD	Glückauf	Laboe
DKJO	Glückauf	Lübeck
DDNZ	Glück-Auf	Bremen
DKJB	Glück Auf I	Lübeck
DJSX	Glücksburg	Kiel
DGLZ	Glücksstern	Hamburg-Finkenwerder
DDAW	Gnom	Bremen
DGMA	Goden Wind	Hamburg-Finkenwerder
DMDC	Godenwind	Lübeck-Travemünde
DMCS	Goodenwind	Kiel
DCHQ	Goode Wind	Nesmersiel
DGMB	Götaälv	Hamburg
DAEG	Goliath	Hamburg
DGMC	Golm	Hamburg
DCHP	Gondel	Westeraccumersiel
DAMY	Gonzenheim	Bremen
DGMD	Gorch Fock	Hamburg
DDGI	Gorch Fock	Burhaversiel
DJXS	Gorch Fock	Niendorf
DGME	Gorch Fock	Hamburg-Finkenwerder
DJGK	Gorch Fock	Büsum
DCHR	Gorch Fock	Neuharlingersiel
DGMF	Gossi	Hamburg
DJXT	Goth 2	Lübeck-Gothmund
DJXU	Goth 8	Gothmund
DKDE	Gothmund	Gothmund
DAEH	Gotland	Cuxhaven
DEUA	Gotland	Kiel-Friedrichsort
DCHS	Gott mit uns	Haren/Ems
DKCH	Granada	Hamburg
DGMG	Grauerort	Hamburg

Unterscheidungssignale	Namen der Schiffe	Heimathafen der Schiffe
DAEI	Greif	Lübeck
DGMH	Greif	Hamburg
DJNG	Greif	Kappeln/Schlei
DECH	Greif	Bremen
DDTF	Greiffenfels	Bremen
DGMI	Greifswald	Hamburg
DGMJ	Greta	Hamburg
DGMK	Greta	Hamburg
DCHT	Greta	Haren/Ems
DDOA	Gretchen	Bremen
DFLH	Gretchen	Otterndorf
DGML	Gretchen	Hamburg
DGMM	Gretchen	Hamburg
DMCX	Gretchen	Lübeck-Travemünde
DFZU	Gretchen	Ritsch
DHPN	Gretchen Müller	Hamburg
DIWZ	Gretchen Vollmers	Uetersen
DHHO	Gretchen von Allwörden	Hamburg
DIXU	Grete	Itzehoe
DCTY	Grete	Emden
DIWQ	Grete	Friedrichskoog
DGMO	Grete	Hamburg
DGMP	Grete	Hamburg
DJAX	Grete	Flensburg
DDGJ	Grete	Brake
DGMQ	Grete	Hamburg
DFVW	Grete	Krautsand
DDGK	Grete	Brake
DGMR	Grete	Hamburg-Finkenwerder
DJGL	Grete	Tönning
DISX	Grete	Neufeld
DFGR	Grete	Cuxhaven
DFGS	Grete	Dorum
DFGT	Grete	Dorum
DDTH	Grete Büscher	Bremen
DJST	Grete-Herta	Möltenort
DJXV	Gretel	Gothmund
DFGU	Gretl	Altenbruch
DGMS	Gretl	Hamburg
DGMT	Griep	Hamburg
DJXW	Griep to	Großenbrode
DDSI	Griesheim	Bremen
DMDL	Grille	Büsum
DICC	Grimm	Hamburg
DESM	Grönland	Bremerhaven
DAEK	Grönorth	Kiel
DAEJ	Großer Kurfürst	Emden
DDOB	Grundhai	Bremen
DDGL	Grüß Gott	Fedderwardersiel
DKGX	Grüß Gott	Eckernförde
DEUE	Gudrun	Bremerhaven
DGMV	Gudrun	Hamburg
DGMW	Gudrun V	Hamburg
DFVX	Günter	Wischhafen
DJGM	Günther	Lübeck-Travemünde
DFLV	Günther	Cuxhaven
DGMY	Günther	Hamburg
DIBT	Günther	Hamburg
DHHL	Günter Hartmann	Hamburg
DHLH	Günther Russ	Hamburg
DAOS	Gulosenfjord	Bremen
DFVY	Gunda von Stade	Stade
DFGV	Guschi	Cuxhaven
DGJE	Gustav	Hamburg
DJGN	Gustav	Pellworm
DGNA	Gustav Adolf	Hamburg
DAEL	Gustav Borgner	Bremerhaven
DJAZ	Habicht	Flensburg
DDSC	Habicht	Bremen
DJXY	Habicht	Lübeck-Travemünde
DDOD	Habicht	Bremen-Vegesack
DHRV	Habicht	Lübeck
DMBX	Hadersleben	Kiel
DANA	Haga	Hamburg
DDOE	Hagen	Bremen-Vegesack
DJYB	Hai	Niendorf
DCSI	Hai	Emden
DHMS	Hai	Hamburg
DKGI	Haithabu	Kiel
DAEM	Halberstadt	Cuxhaven
DGNB	Halmstad	Hamburg
DEUJ	Haltenbank	Bremerhaven
DGNC	Hamburg	Hamburg
DHGZ	Hamburg	Hamburg
DGND	Hamburg	Hamburg
DHLE	Hamburg	Hamburg
DKEM	Hamburg	Lübeck-Travemünde
DHNU	Hammonia	Hamburg
DGNE	Hanna	Hamburg
DGNF	Hanna	Hamburg
DAEO	Hanna	Leer
DJGO	Hanna	Tönning
DIXB	Hanna	Friedrichskoog
DJGP	Hanna	Husum
DJXZ	Hanna Frida	Kiel
DGNG	Hannchen Allers	Hamburg
DGNH	Hannchen Camper	Hamburg-Finkenwerder
DDDG	Hanne	Wilhelmshaven
DETK	Hanne	Bremerhaven
DCHV	Hanne	Spetzerfehn
DDGM	Hannelore	Leer
DEUC	Hannelore	Bremerhaven
DFMM	Hannes	Cuxhaven
DKGJ	Hannes	Kiel

Unterscheidungssignale	Namen der Schiffe	Heimathafen der Schiffe
DDGN	Hanni	Burhaversiel
DFZS	Hanni-Lene	Krautsand
DFMQ	Hannover	Cuxhaven
DGNI	Hannover	Hamburg
DAEQ	Hannover	Bremen-Vegesack
DDKT	Hans	Brake
DJLR	Hans	Büsum
DIAX	Hans	Hamburg
DGNJ	Hans	Hamburg
DDTG	Hans	Bremen
DGNK	Hans	Hamburg
DCHX	Hans	Haren/Ems
DFVZ	Hans	Krautsand
DHFL	Hans	Hamburg
DGNL	Hans	Hamburg
DGNN	Hans	Hamburg
DISZ	Hans	Neufeld
DFGW	Hans	Cuxhaven
DDGO	Hans	Brake
DGNO	Hans Albert	Hamburg
DAES	Hans Böckler	Bremerhaven
DGAY	Hans Bornhofen	Hamburg
DIAK	Hans Bröhan	Hamburg
DHOO	Hans-Erich	Hamburg
DFGX	Hans Friedrich	Oberndorf
DDGP	Hans-Georg	Elsfleth
DIEB	Hans Gosch	Hamburg
DCHY	Hans-Grete	Ostrhauderfehn
DGNQ	Hans Günther	Hamburg
DKGF	Hans Heinrich	Heikendorf
DJOM	Hans-Helmut	Schilksee-Strande
DDGQ	Hans Hermann	Brake
DHGQ	Hans Hermann	Hamburg
DJGR	Hans-Hermann	Büsum
DOHD	Hans Hinnick	Hamburg
DGNR	Hanshinrich	Hamburg
DGNS	Hans Hinrich	Hamburg
DAET	Hans-Hinrich	Hamburg-Finkenwerder
DJON	Hans Johann	Rendsburg
DESY	Hans Kunkel	Bremerhaven
DDDE	Hans Otto	Wilhelmshaven
DGNW	Hans und Grete	Hamburg
DESX	Hans vom Hoff	Bremerhaven
DGNX	Hans Voss	Hamburg
DGNY	Hans Werner	Hamburg
DJYU	Hans Werner	Lübeck-Travemünde
DAEZ	Hansa VI	Bremen
DAFJ	Hanseat	Bremerhaven
DHIH	Hanseat	Hamburg
DGNZ	Hanseat	Neuß/Rhein
DICX	Hansestadt Hamburg	Hamburg
DAEU	Haparanda	Hamburg
DEPA	Harald	Bremerhaven
DJSD	Harald Ivers	Kiel
DFMS	Harald Ottens	Cuxhaven
DHHY	Harald Schröder	Hamburg
DICU	Harriet E.	Hamburg
DHJW	Harriet Siedler	Hamburg
DDSE	Harle	Bremen
DCIA	Harold	Varelerhafen
DGOC	Hartwig	Hamburg
DGGS	Haru	Hamburg
DAFP	Harvestehude	Hamburg
DKDU	Hasselburg	Hamburg
DCIB	Hayo	Leer
DAEV	H. C. Nibbe	Hamburg-Finkenwerder
DGOE	Hebe	Hamburg
DCSX	Hebefahrzeug IV	Emden
DDAX	Hebelina	Borkum
DHMT	Hecht	Hamburg
DDUD	Hector	Bremen
DDRH	Heddernheim	Bremen
DGOF	Hedi	Hamburg
DMCO	Hedi	Kiel
DJGS	Hedi Engels	Büsum
DJYC	Hedwig	Lübeck-Travemünde
DJRX	HedwigElisabeth	Heikendorf
DJBB	Hedwig Pannbacker	Flensburg
DKGA	Hei 5	Heikendorf
DJUO	Hei 24	Heikendorf
DJTH	Hei 28	Heikendorf
DJSV	Hei 30	Möltenort
DMDH	Hei 31	Heikendorf
DKGB	Hei 44	Heikendorf
DJVU	Hei 47	Heikendorf
DKGG	Hei 62	Heikendorf
DJOP	Hei 400	Heikendorf
DJSW	Hei 404	Möltenort
DGOH	Heidberg	Hamburg
DAEW	Heidelberg	Lübeck
DFMJ	Heidelberg	Cuxhaven
DJXR	Heidi	Lübeck-Travemünde
DDGS	Heidina	Barßelermoor
DFGY	Heike	Altenbruch
DGKT	Heike Schlüter	Rendsburg
DEPB	Heike	Bremerhaven
DJSY	Heikendorf	Kiel
DDAY	Heiko	Varelerhafen
DKCN	Heil 28	Heiligenhafen
DKBT	Heil 29	Heiligenhafen
DIBB	Heilbronn	Hamburg
DMCL	Heimat	Hamburg-Finkenwerder
DJUK	Heimat	Laboe
DJVC	Heimat	Rendsburg
DGOI	Heimat	Hamburg

Unterscheidungssignale	Namen der Schiffe	Heimathafen der Schiffe
DGOJ	Heimat	Hamburg
DCTL	Heimat	Norderney
DCIC	Heimat	Haren/Ems
DITA	Heimat	Glückstadt
DJYD	Heimat	Schlutup
DJYE	Heimat	Niendorf
DJOQ	Heimat	Kiel
DJYF	Heimat	Neustadt
DJRZ	Heimatland	Eckernförde
DJGT	Heimatland	Husum
DGOK	Heimatland	Hamburg
DMBZ	Heimatland	Hamburg
DJUM	Heimatland	Möltenort
DJGU	Heimbringer	Pellworm
DGOL	Heimkehr	Hamburg
DCTI	Heimkehr	Cuxhaven
DCID	Heimkehr	Emden
DJML	Heimkehr	Husum
DGOM	Heimkehr	Hamburg
DFGZ	Heimkehr	Borkum
DIXI	Heimkehr	Friedrichskoog
DCAS	Heimkehr	Duisburg
DHPM	Heimo Reckmann	Hamburg
DKBW	Heimwärts	Neustadt/Holst.
DGON	Heimwärts	Hamburg
DJTA	Hein	Cuxhaven
DEUQ	Hein Davidsen	Bremerhaven
DJYH	Hein-Erich	Gothmund
DGOP	Hein Godenwind	Hamburg
DDAZ	Hein Godenwind	Rüstersiel
DIBX	Hein Hoyer	Hamburg
DFWB	Heini	Hamburg-Neuenfelde
DDGT	Heinrich	Barssel
DGOR	Heinrich	Cranz
DJOR	Heinrich	Kiel
DFWC	Heinrich	Dornbusch
DEBF	Heinrich	Bremen
DGAA	Heinrich	Stade
DAFA	Heinrich Baumgarten	Bremerhaven
DGOS	Heinrich Block	Hamburg
DCIE	Heinrich Brons	Emden
DESZ	Heinrich Bueren	Bremerhaven
DJGV	Heinrich Christian	Husum
DHJR	Heinr. Colsmann	Hamburg
DCIF	Heinrich Elfring	Haren/Ems
DICD	Heinrich Erich	Hamburg
DHMK	Heinrich Ihde	Hamburg
DCIG	Heinrich Kappelhoff	Emden
DAFE	Heinrich Schulte	Emden
DCUW	Heinrich Schulte	Emden
DCIH	Heinz	Haren/Ems
DGOT	Heinz	Hamburg
DITB	Heinz	Brunsbüttelkoog
DFZK	Heinz	Lühe
DGOU	Heinz Brey	Hamburg
DGOV	Heinz-Helmut	Hamburg
DDJN	Heinz-Herbert	Brake
DGOW	Heinz Schriewer	Hamburg
DDKF	Heinz-Werner	Absersiel
DMES	Heita	Lübeck-Travemünde
DKGC	Hela	Kiel-Friedrichsort
DKDM	Hela	Lübeck-Travemünde
DGOX	Helene	Hamburg
DDGU	Helene	Brake
DGOY	Helene	Hamburg
DJYI	Helene	Burg/Fehmarn
DJGQ	Helene	Pellworm
DDSJ	Helene	Bremen
DDGW	Helene	Nordenham
DITC	Helene	Seester
DJGW	Helene	Pellworm
DJGX	Helene	Husum
DGOZ	Helene	Hamburg-Altenwerder
DGPA	Helene	Hamburg-Altenwerder
DJYJ	Helene	Lübeck-Travemünde
DGPB	Helene	Hamburg
DIAZ	Helene	Hamburg
DHNP	Helene	Kiel
DFMD	Helene	Otterndorf
DCIJ	Helene II	Haren/Ems
DDBA	Helene-Auguste	Kiel
DFHA	Helene Caecilia	Cuxhaven
DDBB	Helene Margarete	Wilhelmshaven
DIDS	Helene Matthies	Hamburg
DAFF	Helene Russ	Hamburg
DGPC	Helga	Hamburg
DGPD	Helga	Hamburg-Finkenwerder
DIWV	Helga	Meldorf
DGPE	Helga	Hamburg
DGPF	Helga	Hamburg
DERZ	Helga	Bremerhaven
DCAY	Helga	Düsseldorf
DIAC	Helga	Hamburg
DHQZ	Helga Böge	Hamburg
DAFG	Helga Schröder	Hamburg
DITE	Helgo	Friedrichskoog
DCTC	Helgoland	Westrhauderfehn
DCIL	Helgoland	Emden
DJYK	Helgoland	Lübeck
DHFK	Helgoland	Hamburg
DFLT	Helgoland	Bremerhaven
DJDH	Helgoland	Flensburg

Unterscheidungs-signale	Namen der Schiffe	Heimathafen der Schiffe
DKJA	Helgoland	Hamburg
DDUJ	Helios	Bremen
DGPG	Helios	Hamburg
DFWD	Helios	Stade
DETZ	Hella	Bremerhaven
DGPH	Hellmuth	Hamburg
DGPJ	Helmut	Büsum
DJGY	Helmut	Friedrichskoog
DHEV	Helmut	Hamburg
DGPK	Helmut	Hamburg
DGPI	Helmuth	Hamburg
DICF	Helmuth	Hamburg
DHOI	Heluan	Hamburg
DGPL	Hendricka	Neufeld
DCTU	Hendrik Fisser	Emden
DDSB	Hengst	Bremen
DJOS	Henni	Rendsburg
DKBM	Henning Oldendorff	Lübeck
DFSK	Henny	Assel
DDGX	Henny	Großensiel
DCIM	Henny	Warsingsfehn
DJGZ	Henny	Büsum
DDSS	Henriette Charlotte	Bremen
DCVO	Henriette Schulte	Emden
DIXD	Henry	Friedrichskoog
DHEU	Henry Böge	Hamburg
DAFK	Henry Everling	Bremerhaven
DGPM	Henry Six	Hamburg-Altenwerder
DGPN	Herbert	Hamburg
DJVV	Herbert	Rendsburg
DGPO	Herbert	Hamburg
DJHA	Herbert	Büsum
DDUM	Hercules	Bremen
DDUQ	Herkules	Bremen
DCIO	Herm	Haren/Ems
DGPQ	Herma	Hamburg
DCIP	Hermangela	Haren/Ems
DFME	Hermann	Oberndorf
DCSW	Hermann	Haren/Ems
DCTR	Hermann	Emden
DGPR	Hermann	Rendsburg
DGPS	Hermann	Hamburg
DGPT	Hermann	Hamburg
DCUO	Hermann	Haren/Ems
DDGY	Hermann	Barssel
DKBJ	Hermann	Neustadt/Holstein
DJDN	Hermann Althoff	Flensburg
DAFL	Hermann Bösch	Bremerhaven
DCAQ	Hermann Günther	Duisburg
DHGB	Hermann Hans	Hamburg
DCVP	Hermann Litmeyer	Haren/Ems
DFLZ	Hermann Fischer	Cuxhaven
DAPK	Hermann Fritzen	Emden
DCUQ	Hermann Schulte	Emden
DHPY	Herman Sauber	Hamburg
DIBE	Hermann Tiedemann	Hamburg-Finkenwerder
DGPU	Hermine	Hamburg
DCIQ	Hermine	Haren/Ems
DJBC	Hermine	Wyk/Föhr
DCIR	Hermine	Leer
DESL	Hermine	Bremerhaven
DAPJ	Hermod	Hamburg
DAFN	Hernösand	Hamburg
DMCA	Herold	Hamburg
DGPW	Heros	Hamburg
DKJN	Herrenwyk	Lübeck
DGPX	Herta	Neuenfelde
DJHB	Herta	Arnis
DCWE	Herta Engeline Fritzen	Emden
DHOP	Herta Johanne III	Hamburg
DCIS	Herta Schaa	Ostrhauderfehn
DEPC	Hertha II	Bremerhaven
DGPY	Hertha	Hamburg
DJMI	Hertha	Büsum
DGPZ	Hertha	Hamburg
DGQA	Hertha	Hamburg
DJOU	Hertha	Kiel
DFHC	Hertha	Cuxhaven
DEPD	Hertha	Bremerhaven
DCIT	Hertha Johanne	Bremerhaven
DDSK	Hessen	Bremen-Vegesack
DDUT	Hestia	Bremen
DEPF	Hever	Hamburg
DGQB	Hiev	Hamburg
DJOW	Hilda	Kiel
DJHC	Hilda	Büsum
DGQC	Hilda	Hamburg-Finkenwerder
DGQD	Hilda	Hamburg-Harburg
DHKE	Hilda-Rebecka	Hamburg
DCIU	Hildburg	Leer
DDGZ	Hilde	Großensiel
DKBU	Hilde	Niendorf
DCIV	Hilde	Leer
DCIW	Hilde	Norddeich
DCIY	Hilde-Gertrud	Borkum
DGQE	Hilde Loop	Hamburg-Finkenwerder
DCIX	Hildegard	Westeraccumersiel
DDHA	Hildegard	Brake
DIXF	Hildegard Bülow	Kollmar/Holstein

Unterscheidungssignale	Namen der Schiffe	Heimathafen der Schiffe
DJHD	Hildegard-Marie	Husum
DHQO	Hldegard Z. Nimtz	Hamburg
DFMA	Hildesheim	Cuxhaven
DJAS	Hilligenlei	Wyk/Föhr
DJDG	Hilligenlei	Langeness
DDDS	Hinderk Bültjer	Varelerhaven
DCIZ	Hinderk Looden	Greetsiel
DDOF	Hinrich Ahrens	Bremen
DIBL	Hinrich Hey	Hamburg
DGQG	Hinrich Kiehn	Hamburg
DGQH	Hinrich Peters	Hamburg
DAFQ	Hinrich Wesselhöft	Bremerhaven
DGQI	Hinrich Wilhelm	Hamburg
DCJA	Hinerika	Norddeich
DEPG	H. Klopp	Bremerhaven
DAFR	H. M. Behrens	Hamburg
DDBC	H. Meyer	Varelerhafen
DJDC	Hochmeister	Flensburg
DFKX	Hochsee I	Cuxhaven
DAFU	Hörnum	Rendsburg
DCJB	Hoffnung	Rhaudermoor
DFWE	Hoffnung	Königreich
DGQJ	Hoffnung	Hamburg
DDHB	Hoffnung	Brake
DFWF	Hoffnung	Krautsand
DCJC	Hoffnung	Warsingsfehn
DDHC	Hoffnung	Fedderwardersiel
DDJW	Hoffnung	Brake
DFHE	Hoffnung	Dorum
DEPH	Hoffnung	Neustadt/Holst.
DJHE	Hoffnung	Tönning
DJHF	Hoffnung	Büsum
DJOY	Hoffnung	Stein
DANC	Hoffnung	Hamburg-Finkenwerder
DKCF	Hoffnung	Neustadt/Holst.
DCJE	Hoffnung	Carolinensiel
DGQK	Hoffnung	Hamburg
DMDI	Hoffnung	Lübeck-Travemünde
DJOZ	Hoh 11	Hohwacht
DJTD	Hoh 21	Hohwacht
DCJF	Hohenzollern	Warsingsfehn
DAFS	Hoheweg	Bremerhaven
DEUO	Hoherweg	Bremerhaven
DJPA	Hohwacht	Kiel
DJYN	Holl Fast	Großenbrode
DHRL	Holnis	Hamburg
DJPB	Holsatia	Kiel
DJPC	Holsatia	Kiel
DDSX	Holstein	Bremen-Vegesack
DHLN	Holstein	Hamburg
DDCI	Holstein	Lübeck-Travemünde
DITG	Holstein	Uetersen
DDCZ	Holstein	Schulau
DJHG	Holstein	Büsum
DJPD	Holtenau	Kiel
DITH	Hooge	Dieksanderkoog
DHPG	Hornfels	Hamburg
DFLB	Hornsriff	Bremerhaven
DHPT	Hornsund	Hamburg
DJRM	Horst	Strande
DEAV	Horst Arlt	Bremen
DEPI	Horst Wilhelm	Bremerhaven
DJCE	Hubert	Langballigholz
DHFO	Hubert Schröder	Hamburg
DJLN	Hubertus	Büsum
DFHG	Hüxter	Cuxhaven
DGQN	Hugbert	Hamburg
DJPE	Hugo	Laboe
DHHW	Hugo	Hamburg
DAFT	Hugo Homann	Bremerhaven
DKDT	Hugo Oldendorff	Lübeck
DGQO	Hummel	Hamburg
DDHD	Hunte	Oldenburg
DGQP	Husumer Koje	Hamburg
DAFV	Ibis	Bremen
DGQQ	Ida	Hamburg
DFWH	Ida	Krautsand
DDHE	Ida	Barssel
DITI	Ida Joerk	Hamburg
DGFV	Ida Kuhlencort	Hamburg
DIBN	Idol	Hamburg
DCJG	Iduna	Haren/Ems
DDHF	Iduna	Brake
DDBD	Iduna	Varelerhafen
DJHH	Iduna	Büsum
DITJ	Iduna	Kaiser-Wilhelms-Koog
DEPJ	Iduna	Bremerhaven
DDHG	Iduna	Fedderwardersiel
DJLP	Ilse	Olversum
DJPF	Ilse	Kiel
DFHH	Ilse	Cuxhaven
DITK	Ilse-Elfriede	Friedrichskoog
DDTT	Industria	Bremen
DGQS	Immanuel	Hamburg
DCJJ	Immanuel	Holterfehn
DJHI	Imperator	Büsum
DAFW	Imsum	Bremen
DITL	Ina	Friedrichskoog
DDDR	Ina	Rüstersiel
DDSG	India	Bremen
DETF	Inge	Bremerhaven
DGQT	Inge	Rendsburg
DFHI	Inge	Otterndorf
DITM	Inge	Neufeld
DJRY	Inge	Kiel-Friedrichsort
DJHJ	Inge	Büsum

Unterscheidungssignale	Namen der Schiffe	Heimathafen der Schiffe
DJVY	Inge	Laboe
DKDA	Ingeborg	Niendorf/ Ostsee
DHES	Ingeborg	Hamburg
DDHH	Ingeborg	Oldenburg
DERP	Ingeborg	Bremerhaven
DGQU	Ingeborg	Hamburg
DGQW	Ingeborg	Hamburg
DGQX	Ingeborg III	Hamburg
DITN	Ingerta	Hamburg
DJTI	Ingo	Kiel
DDRK	Ingorata	Bremen
DJPG	Ingrid	Kiel
DFHJ	Ingrid	Otterndorf
DJHK	Ingrid	Büsum
DJYO	Ingrid	Travemünde
DGJD	Ingrid	Hamburg
DEPN	Ingrid	Laboe
DIYA	Ingrid	Uetersen
DGYW	Ingrid Becker	Rendsburg
DESF	Ingrid Breuers	Bremerhaven
DJQG	Ingrid Helga	Laboe
DMCJ	Ingrid Metzendorff	Bremen
DEAE	Innstein	Bremen
DFHK	Insulaner	Helgoland
DCJK	Insulaner	Norderney
DDOG	Irak	Bremen
DDSF	Iran	Bremen
DGQY	Irene	Hamburg
DGQZ	Irene	Kiel
DDBE	Irene	Varelerhafen
DMCW	Irene	Lübeck-Travemünde
DGRA	Irene Kiehn	Hamburg
DDHJ	Irjo	Brake
DEPK	Iris	Bremerhaven
DJYP	Irjo	Niendorf
DFWI	Irma	Gauensiek
DGRC	Irma-Marie	Hamburg
DGRD	Irma Rolf	Hamburg
DGRE	Irmgard	Hamburg
DFHL	Irmgard	Cuxhaven
DJBE	Irmgard	Amrum
DJHL	Irmgard	Husum
DITO	Irmgard	Haseldorf
DGRF	Irmgard	Hamburg
DIAR	Irmgard Pleuger	Hamburg
DDKQ	Irmingard	Hamburg
DGRG	Isar	Hamburg
DIBK	Isartal	Hamburg
DHRX	Isebek	Hamburg
DDOH	Isenbert	Lübeck-Tr'mde
DAND	Island	Kiel
DESN	Island	Bremerhaven
DHMD	Jacob Becker	Hamburg
DHRM	Jacob Rüsch	Hamburg
DGRH	Jacobus	Hamburg

Unterscheidungssignale	Namen der Schiffe	Heimathafen der Schiffe
DCUP	Jacobus Fritzen	Emden
DCVL	Jakob Ekkenga	Emden
DDTZ	Jakob Pollmann	Bremen
DHQN	Jan	Hamburg
DDBH	Jan	Varelerhafen
DIEE	Jan Keiken	Hamburg
DJCY	Jan Meeder	Flensburg
DEPO	Jan von Gent	Bremerhaven
DDBI	Jan Waalke	Varelerhafen
DAFZ	Jane	Cuxhaven
DCJM	Janna	Greetsiel
DFHM	Jans	Cuxhaven
DCJN	Jantje	Borkum
DGRJ	Jason	Cuxhaven
DGPV	J. C. Ertel	Hamburg
DGRK	J. C. Wriede	Hamburg-Finkenwerder
DDDP	J. Kengelbach	Varel
DJPI	Jenny	Eckernförde
DGFL	Jenny Porr	Hamburg
DFHN	Jens	Cuxhaven
DHNE	Jersbek	Hamburg
DGRL	Jessica	Hamburg
DHBT	Joachim	Lübeck
DEBP	Joachim Hendrik Fisser	Bremen
DEPP	Jochen	Hamburg
DAGB	Jochen Homann	Bremerhaven
DGRM	Johann	Cranz/Elbe
DDJZ	Johann	Nordenham
DDHK	Johann	Oldenburg
DDHL	Johann	Barssel
DFHO	Johann	Oberndorf
DJRS	Johann Böhnke	Strande
DCJP	Johann Hermann	Haren/Ems
DJHM	Johann-Hinrich	Büsum
DCUG	Johann Schulte	Emden
DCJQ	Johann Wessels	Emden
DCJR	Johann Wessels	Emden
DDHM	Johanna	Brake
DIDQ	Johanna	Hamburg
DGRO	Johanna	Hamburg
DCJS	Johanna	Warsingsfehn
DCJT	Johanna	Warsingsfehn
DFYO	Johanna	Freiburg
DFWJ	Johanna	Gauensiek
DFYL	Johanna	Wischhafen
DGRQ	Johanna	Hamburg
DCJU	Johanna	Greetsiel
DITP	Johanna	Seesteraudeich
DITQ	Johanna	Friedrichskoog
DJYQ	Johanna	Burgstaaken
DGRR	Johanna	Hamburg-Finkenwerder
DKGL	Johanna	Heikendorf
DMDO	Johanna	Laboe
DGRS	Johanna Höge	Hamburg
DKJD	Johanna Katz	Lübeck

Unterscheidungssignale	Namen der Schiffe	Heimathafen der Schiffe
DKEX	Johanna Knudsen	Rendsburg
DCJV	Johanne	Haren/Ems
DFWK	Johanne	Neuland/Kehd.
DFYV	Johanne	Grünendeich
DFWL	Johanne	Bützfleth
DFWM	Johanne	Mühlenhafen
DGRT	Johanne	Hamburg
DGRU	Johanne	Hamburg
DDBJ	Johanne	Varelerhafen
DCJW	Johanne	Carolinensiel
DCJX	Johanne	Friedrichsschleuse
DCJY	Johanne	Neuharlingersiel
DGRW	Johanne Becker	Hamburg
DFZQ	Johanne-Marie	Bützfleth
DGRX	Johannes	Hamburg
DFYW	Johannes	Estebrügge
DCJZ	Johannes	Haren/Ems
DGRY	Johannes	Hamburg
DGRZ	Johannes	Hamburg
DCKA	Johannes	Norddeich
DDHN	Johannes	Nordenham
DFHQ	Johannes	Cuxhaven
DFWN	Johannes Emil	Krautsand
DHFS	Johannes Friedrich	Hamburg
DFZP	Johannes Leopold	Itzehoe
DGSA	Johannes Matthies	Hamburg
DIDJ	Johannes Schupp	Hamburg
DGSC	Johannes II	Hamburg
DGSD	John	Hamburg
DHLL	John Augustus Eßberger	Hamburg
DFWO	John Friedrich	Krautsand
DFMB	John Olbers I	Cuxhaven
DGSE	John Rehder	Hamburg
DAGC	Johs. Klatte	Bremerhaven
DKDQ	Jonny II	Heiligenhafen
DGSF	Jonni Wilhelmine	Hamburg
DCKB	Jop	Haren/Ems
DANF	Josef Bodden	Kiel
DJCF	Jürgen	Wyk/Föhr
DFZD	Jürgen	Stade
DFLD	Jürgen Dieter	Cuxhaven
DDBK	Juist	Bremerhaven
DJBR	Jul.	Wyk/Föhr
DGSH	Juliane	Hamburg
DCKE	Juliane	Greetsiel
DIXX	Julianka	Itzehoe
DJYR	Julianna	Heiligenhafen
DJHN	Julie	Pellworm
DICN	Julin	Hamburg
DCWN	Julius	Norden
DAGF	Julius Fock	Hamburg
DAGG	Julius Rütgers	Hamburg
DHHB	Jul. Pickenpack	Hamburg
DGSI	Jung Dietrich	Kiel
DDOJ	Juno	Bremen
DMBT	Juno	Hamburg
DCKF	Jupiter	Warsingsfehn
DJCW	Jupiter	Flensburg
DDOK	Jupiter	Bremen
DCKG	Jupiter	Petkum
DFWP	Jupiter	Büsum
DDHO	Jupiter	Fedderwardersiel
DCSM	Justine Wessels	Emden
DGSK	Justizia	Hamburg
DCVJ	Jusitzrat Clasen	Leer
DEBW	Justus Haslinger	Bremen
DGSL	Jutta	Hamburg
DGSM	Jutta	Hamburg
DIEH	Jutta Schröder	Hamburg
DFZI	Jut'n Feldmann	Stade
DETW	Käppen John	Bremerhaven
DMBY	Käte	Hamburg
DFWQ	Käte	Neuenfelde
DGSN	Käte	Hamburg
DGSO	Käte	Hamburg
DITS	Käte	Seesteraudeich
DGSW	Käte Danckers	Hamburg
DJNR	Käte Grammerstorf	Kiel
DGSP	Käte Hamm	Hamburg
DGSQ	Käte Oltmann	Hamburg
DHKO	Käthe	Hamburg
DFWR	Käthe	Bremervörde
DGSS	Käthe	Hamburg
DGST	Käthe	Hamburg-Finkenwerder
DCTH	Käthe	Haren/Ems
DDDH	Käthe	Wilhelmshaven
DGSU	Käthe	Hamburg-Altenwerder
DITR	Käthe	Friedrichskoog
DGSV	Käthe Block	Hamburg
DHNO	Käthe Jonas	Hamburg
DJBF	Käthe Marie	Amrum
DIBA	Käthe-Marie	Hamburg
DGSX	Käthe Ritscher	Hamburg
DITT	Käthe Theunert	Uetersen
DDSZ	Käthe Wiards	Bremen
DMCT	Kahlberg-Liep	Kiel
DMAV	Kahlenberg	Bremen
DHPO	Kaltehofe	Hamburg
DGSY	Kamerad	Hamburg
DHQD	Kamerun	Hamburg
DHQK	Kapitän Schröder	Hamburg
DAGI	Kap Kanin	Bremerhaven
DGSZ	Kaptaube	Hamburg
DHLS	Kapt. Jan Reinicke	Hamburg

Unterscheidungssignale	Namen der Schiffe	Heimathafen der Schiffe
DHJP	Kapt. Wilh. Joerk	Hamburg
DMCC	Karin	Hamburg
DJVQ	Karin	Heikendorf
DJPJ	Karin	Kiel
DCTT	Karin	Greetsiel
DITU	Karin	Neufeld
DFWS	Karin	Wischhafen
DEPR	Karin I	Friedrichskoog
DITV	Karin II	Friedrichskoog
DGTA	Karl	Hamburg
DGTB	Karl	Hamburg
DDHP	Karl	Oldenburg
DCUR	Karl	Haren/Ems
DCKJ	Karl	Neuharlingersiel
DAGJ	Karl Bergh	Hamburg
DKEK	Karl-Christian	Lübeck
DANG	Karl Fock	Hamburg-Finkenwerder
DJBH	Karl Friedrich	Wyk/Föhr
DDHQ	Karl Georg	Brake
DJVR	Karl Grammerstorf	Kiel
DIWR	Karl-Heinz	Friedrichskoog
DDBM	Karl Heinz	Wremen
DJHO	Karl-Heinz	Kappeln/Schlei
DJRL	Karl-Heinz	Strande
DGTC	Karl Jochen	Hamburg-Finkenwerder
DJVF	Karl Schaller	Kiel
DGTD	Karla	Burg/Fehmarn
DDHR	Karla Baake	Brake
DEPS	Karoline	Bremerhaven
DFLN	Karlsruhe	Cuxhaven
DIBM	Kaspir Robert Müller	Hamburg
DAGK	Kassel	Cuxhaven
DIDP	Kassel	Hamburg
DGTE	Kastor	Hamburg
DGTF	Katerine	Hamburg-Finkenwerder
DEQF	Katharina	Hamburg
DDFM	Katharina	Strohausen
DJPK	Katharina	Kiel
DCKK	Katharina	Haren/Ems
DGTG	Katharina	Hamburg
DFWT	Katharina	Mühlenhafen
DCUX	Katharina Dorothea Fritzen	Emden
DCKL	Katharina Elisabeth	Juist
DHIT	Katja	Hamburg
DGTH	Kattegat	Hamburg-Finkenwerder
DJYS	Kattsund	Lübeck
DITW	Keen Tied	Dieksanderkoog
DFHT	Keen Tied	Dorum
DGTI	Kehdingen	Hamburg

Unterscheidungssignale	Namen der Schiffe	Heimathafen der Schiffe
DGTJ	Kehdingen	Hamburg
DCKP	Kehrewieder	Greetsiel
DCKN	Kehrewieder	Ihlowerfehn
DCKQ	Kehrewieder I	Norden
DCKR	Kehrewieder II	Westeraccumersiel
DCKM	Kehrheim	Greetsiel
DKGP	Kehrheim	Kiel
DJMZ	Kehrwieder	Büsum
DAGL	Kehrwieder	Büsum
DJTY	Kehrwieder	Eckernförde
DJTL	Kehrwieder	Kiel
DITX	Kehrwieder	Burg i. Dithm.
DFWU	Kehrwieder	Wischhafen
DKDF	Kehrwieder	Großenbrode
DCKO	Kehrwieder	Oldenburg
DJHP	Kehrwieder	Büsum
DDBN	Kehrwieder	Hooksiel
DDBO	Kehrwieder	Wilhelmshaven
DITY	Kehrwieder	Seester
DFHU	Kehrwieder	Otterndorf
DFHV	Kehrwieder	Dorum
DJNF	Kehrwieder	Tönning
DMDJ	Kehrwieder	Heiligenhafen
DMDD	Kehrwieder	Lübeck-Travemünde
DGTK	Kehrwieder II	Hamburg
DHJN	Keitum	Rendsburg
DJUU	Kie 710	Heikendorf
DJVS	Kiel 30	Kiel
DANI	Kiel	Kiel
DCKS	Kiel	Westeraccumersiel
DHII	Kilwa	Hamburg
DANJ	King Bosco	Langeoog
DJTM	Kitzeberg	Kiel
DFHX	Klara	Cuxhaven
DCKT	Klara Katharina	Greetsiel
DHRP	Klara Köpke	Hamburg
DJMT	Klara-Luise	Büsum
DHID	Klaus	Hamburg
DDBP	Klaus Günter	Wilhelmshaven
DJHR	Klaus Groth	Büsum
DKCS	Klaus Oldendorff	Lübeck
DHNS	Klaus Schoke	Hamburg
DHFH	Klaus Wilhelm	Hamburg
DFHY	Knurrhahn	Cuxhaven
DFKV	Koblenz	Cuxhaven
DHLW	Köhlfleet	Hamburg
DICO	Köln	Hamburg
DGTM	Königsberg	Hamburg
DJHS	Königsberg	Büsum
DAGM	Kolberg	Lübeck
DDOL	Kolibri	Bremen-Vegesack
DDSA	Kolibri	Bremen
DHLY	Kolonius	Hamburg

Unterscheidungssignale	Namen der Schiffe	Heimathafen der Schiffe
DIAP	Komet	Hamburg
DJHT	Komet	Büsum
DECD	Kondor	Bremen
DCWJ	Kondor	Haren/Ems
DJTO	Kondor	Kiel
DGTN	Kondor	Hamburg
DDOM	Kondor	Bremen-Vegesack
DCDU	Kondor	Norddeich
DCKV	Konkordia	Haren/Ems
DHQF	Konsul Nimtz	Hamburg
DHQP	Konsul Nimtz	Hamburg
DJVG	Konsul Sartori	Kiel
DCSH	Konsul Schulte	Emden
DESE	Koopmann Bohn	Bremerhaven
DCDX	Kormoran	Emden
DHKR	Kormoran	Kiel
DCKW	Kornhaus IV	Emden
DFHZ	Krabbe	Cuxhaven
DDON	Kranich	Bremen-Vegesack
DKCN	Kranich	Hamburg
DHLK	Krautsand	Hamburg
DHOZ	Krautsand	Hamburg
DJTP	Kreih	Neumühlen/Kiel
DAGO	Kriemhild	Lübeck
DJRB	Kronsberg	Hamburg
DJMW	Kro 8	Maasholm
DJRP	Kronsort	Eckernförde
DJDE	Krusau	Flensburg
DFIA	Kugelbake	Cuxhaven
DAOT	Kurefjord	Bremen
DFMN	Kurmark	Cuxhaven
DGTO	Kurt	Hamburg
DJHW	Kurt	Büsum
DGTP	Kurt Both	Hamburg
DJPL	Kurt Willi	Laboe
DJVT	Lab 7	Laboe
DJTT	Lab 62	Laboe
DJTU	Lab 111	Laboe
DJPM	Laboe	Kiel
DAPH	Lacklan	Hamburg
DDUW	Lahneck	Bremen
DDUU	Lahnstein	Bremen
DJCP	Lan 22	Langballigau
DJCU	Lan 30 Charlotte	Langballigau
DGTQ	Landkirchen	Hamburg
DGTR	LandratHelferich	Hamburg Altenwerder
DGTS	Landrath Küster	Hamburg Finkenwerder
DCKX	Langeoog	Emden
DCKZ	Langeoog II	Langeoog
DGED	Langeoog III	Langeoog
DCLA	Langeoog IV	Langeoog
DCSL	Langeoog VI	Langeoog
DCVD	La Paloma	Leer
DHLM	Las Palmas	Hamburg

Unterscheidungssignale	Namen der Schiffe	Heimathafen der Schiffe
DAGR	Latona	Bremen
DICY	Lautertal	Hamburg
DAGT	Lauting	Kiel
DCLC	Laurenz	Haren/Ems
DCLD	Lauria	Haren/Ems
DIBC	Leada	Hamburg
DGTU	Leda	Hamburg
DCLF	Leda	Borkum
DCEZ	Ledingerland	Leer
DHOA	L. F. Mathies	Hamburg
DHNR	Leichter 1	Hamburg
DITZ	Lena	Cuxhaven
DCLH	Lena	Haren/Ems
DCLI	Lena	Haren/Ems
DCLJ	Lena Katharina	Haren/Ems
DCLK	Lene	Leer
DIUA	Lene	Friedrichskoog
DDHS	Lene	Brake
DGTV	Lene Reinhold	Hamburg
DAGQ	Leo Fürbringer	Emden
DJHY	Leonore	Pellworm
DJHZ	Leonore-Johanna	Büsum
DDBQ	Leonore-Johanne	Norddeich
DHGT	Leopard	Hamburg
DDOO	Lerche	Bremen-Vegesack
DEAK	Lesummünde	Bremen
DEAH	Levante	Bremen
DIBV	Libanon	Hamburg
DGTW	Libau	Hamburg
DDQX	Libelle	Bremen
DJBI	Libelle	Flensburg
DJMD	Libelle	Büsum
DCLL	Liberté	Greetsiel
DEAT	Lichtenstein	Bremen
DKAF	Liebe	Heiligenhafen
DDBR	Liebe	Rüstersiel
DEAX	Liebenstein	Bremen
DAKJ	Liesbeth	Burgstaaken
DGTY	Liesbeth	Hamburg
DCLM	Liesbeth	Haren/Ems
DCLN	Liesbeth-Grete	Haren/Ems
DFIB	Liesel	Cuxhaven
DFKY	Liesel Denker	Cuxhaven
DKDO	Lieselotte	Stein/Laboe
DCLO	Lilie	Norden
DIUB	Lilli	Friedrichskoog
DJIA	Lilli	Büsum
DHGU	Lilli-Hilda-Johanna	Hamburg
DDHT	Lilly	Brake
DGTZ	Lilly	Hamburg
DCUF	Lilo	Leer
DDNA	Lilo Friederich	Bremen
DGUA	Lily	Hamburg
DJBJ	Lina	Amrum
DCLP	Lina	Holterfehn
DHNT	Lina Robert Müller	Hamburg

Unterscheidungssignale	Namen der Schiffe	Heimathafen der Schiffe
DGUB	Line Hinsch....	Hamburg
DCLQ	Liny	Greetsiel
DGUC	Lisa	Hamburg
DGUD	Lisa...........	Hamburg
DGUE	Lisa...........	Hamburg
DGUF	Lisa...........	Hamburg-Finkenwerder
DFWV	Lisa...........	Gauensiek
DFYI	Lisa...........	Krautsand
DAGV	Lisa Essberger..	Hamburg
DGUG	Lisa Oltmann...	Hamburg
DJPN	Lisbeth	Laboe
DHML	Lisboa.........	Hamburg
DGUH	Liselotte	Hamburg
DHOB	Liselotte Essberger	Hamburg
DHIU	Lisken.........	Hamburg
DJYW	Lissy..........	Emden
DIEG	Lissy Schulte...	Hamburg
DDRR	Löwe..........	Bremen
DAGW	Lofoten........	Bremerhaven
DJYX	Lore...........	Lübeck-Travemünde
DFML	Lore Ottens	Cuxhaven
DJIB	Loreley........	Büsum
DGUI	Lothar.........	Hamburg
DEPU	Lotte..........	Bremerhaven
DKJL	Lotte..........	Neustadt/Holst.
DGUJ	Louise Schupp..	Hamburg
DCLT	L. Ruyl........	Emden
DKCP	Luba	Lübeck-Schlutup
DJYY	Lubeca	Lübeck-Schlutup
DDRZ	Lucas Pieper ...	Hamburg
DKEN	Luchs	Neustadt/Holst.
DFSJ	Luci	Barnkrug
DJIC	Lucia..........	Kiel
DIUE	Lucia..........	Friedrichskoog
DFIC	Lucie..........	Cuxhaven
DKBK	Lucie..........	Niendorf
DHGJ	Lucy Essberger.	Hamburg
DKJU	Ludolf Oldendorff	Lübeck
DJID	Ludwig........	Büsum
DDOP	Ludwig Friederich....	Bremen
DERS	Ludwig Janssen.	Bremerhaven
DAGX	Lübbe Hartmann	Leer
DKDW	Lübeck........	Lübeck
DKCK	Lübeck........	Lübeck
DJYZ	Lübeck........	Lübeck-Schlutup
DCLR	Lübbert	Haren/Ems
DGUL	Lühe..........	Hamburg
DHJO	Lühesand	Hamburg
DAHB	Lützow........	Bremerhaven
DHMH	Luise	Hamburg
DIUD	Luise..........	Neufeld
DGUM	Luise..........	Hamburg
DGUN	Luise..........	Hamburg
DDHU	Luise Bergmann	Brake
DHKX	Luise Bornhofen	Hamburg
DGUO	Luise Raabe....	Flensburg
DGZI	Luise Weitert...	Hamburg
DDHV	Luki	Nordenham
DDUG	Lumme	Bremen
DIDW	Lumpina	Hamburg
DCVI	Lydia	Carolinenisel
DJRD	Lydia	Laboe
DHKV	Lystum........	Rendsburg
DJLS	Maa 5	Maasholm
DJMV	Maa 10	Maasholm
DJKT	Maa 23	Maasholm
DJME	Maa 33	Maasholm
DJPQ	Madoc.........	Kiel
DGUV	Magaretha	Hamburg
DFWW	Magda.........	Krautsand
DFZJ	Magda Elfers ...	Assel
DGUP	Magdalena	Hamburg
DJBK	Magdalena	Munkmarsch/Sylt
DGAG	Magdalene	Rendsburg
DEPY	Magda-Lene ...	Neustadt/Holst.
DDTI	Magdalene Vinnen	Bremen
DHRC	Magdeburg	Hamburg
DEPW	Magnet	Bremerhaven
DGDS	Magnet II	Hamburg
DENX	Magnet III.....	Hamburg
DGUR	Magret-Inge....	Hamburg
DHMA	Mai Rickmers ..	Hamburg
DAHC	Main	Bremerhaven
DGUS	Maja	Hamburg
DEAI	Maja	Bremen
DJSM	M. Joerk.......	Kiel
DEPX	Makrele........	Bremerhaven
DJRH	Mamsell	Kiel
DHEH	Mangan........	Hamburg
DANK	Mannheim	Bremerhaven
DHMR	Marabu	Hamburg
DAHE	Marburg	Bremerhaven
DJIE	Mareile	Kappeln/Schlei
DGUT	Marga	Hamburg
DHRF	Marga	Hamburg
DJMR	Marga	Maasholm
DEAJ	Marga Kiepe ...	Bremen
DIEA	Margaret C. Ertel.....	Hamburg
DDBS	Margarete......	Wremen
DETE	Margarete Elisabeth	Bremerhaven
DJIF	Margaretha.....	Büsum
DGVD	Margaretha.....	Hamburg-Finkenwerder

Unterscheidungssignale	Namen der Schiffe	Heimathafen der Schiffe
DCLU	Margaretha	Haren/Ems
DGUU	Margaretha	Hamburg
DFWX	Margaretha	Stade
DFWY	Margaretha	Gauensiek
DFWZ	Margaretha	Krautsand
DGUW	Margaretha	Hamburg
DGUX	Margaretha	Hamburg-Altenwerder
DDHW	Margaretha	Fedderwardersiel
DDHX	Margaretha	Brake
DGUY	Margaretha Nibbe	Cranz/Elbe
DDHY	Margarethe	Brake
DEQH	Margarethe	Bremerhaven
DGVC	Margarethe	Hamburg-Finkenwerder
DJXL	Margarethe	Lübeck-Schlutup
DIUF	Margarethe	Seester
DDHZ	Margarethe	Brake
DKCQ	Margarethe III	Lübeck-Travemünde
DIDF	Margarethe IV	Hamburg
DHKK	Margarethe Reckmann	Hamburg
DGVE	Margit	Hamburg-Finkenwerder
DKDH	Margot	Burg/Fehmarn
DKEW	Margot Entz	Rendsburg
DCLV	Margreth	Haren/Ems
DFID	Margretha	Ostrhauderfehn
DFXA	Margrid	Krautsand
DCLW	Maria	Haren/Ems
DCLX	Maria	Haren/Ems
DGVF	Maria	Hamburg
DGVG	Maria	Hamburg
DFXB	Maria	Abbenfleth
DDIA	Maria	Barssel
DGVH	Maria	Hamburg
DGVI	Maria	Hamburg-Finkenwerder
DGVJ	Maria	Hamburg-Finkenwerder
DJTW	Maria	Kiel
DIUG	Maria	Brunsbüttelkoog
DJDL	Maria Althoff	Flensburg
DCLY	Maria Christina	Haren/Ems
DFXC	Maria Dorothea	Assel
DCLZ	Maria Elfring	Haren/Ems
DGVL	Maria Elisabeth	Hamburg
DCMA	Maria Elise	Haren/Ems
DJBA	Maria Elise	Flensburg
DJQO	Maria Fr. Joerk	Kiel
DCMB	Maria Gebina	Haren/Ems
DCMC	Maria Helena	Haren/Ems
DCMD	Maria Lina	Haren/Ems
DMCK	Maria-Magdalena	Bremen
DJPR	Maria Regina	Kiel
DHJY	Maria Schröder	Hamburg
DCWA	Maria Schulte	Emden
DHLX	Maria Wettert	Hamburg
DJRU	Marianne J. Nimtz	Hamburg
DGVM	Marianne	Hamburg
DAHG	Marianne	Hamburg
DGVN	Marianne	Brake
DGVO	Marianne	Hamburg
DGVP	Marianne	Hamburg
DHMZ	Marianne	Hamburg
DGVR	Marido	Hamburg
DGVS	Marie	Hamburg
DFYU	Marie	Gauensiek
DGVT	Marie	Hamburg
DJZA	Marie	Lübeck
DGVU	Marie	Hamburg
DGVV	Marie	Hamburg
DFXD	Marie	Bützfleth
DFXE	Marie	Ritsch/Kehd.
DFIE	Marie	Cuxhaven
DJIG	Marie	Husum
DAHF	Marie	Cuxhaven
DCME	Marie	Leer
DGVW	Marie	Hamburg-Altenwerder
DGVX	Marie	Hamburg-Altenwerder
DGVY	Marie	Hamburg-Altenwerder
DICE	Marie	Hamburg
DGJV	Marie Allwardt	Hamburg
DGVQ	Marieanne	Hamburg
DIUJ	Marie-Eleonore	Helgoland
DGRB	Marie-Else	Flensburg
DIUK	Marie Falk	Möltenort
DCMG	Marie Hermine Elise	Ditzum
DGWB	Marie Hilck	Hamburg
DJTZ	Marie-Luise	Strande
DGWC	Marie Luise	Lübeck
DJIL	Marie-Luise	Büsum
DJIM	Marie-Luise	Husum
DJIN	Marie-Luise	Pellworm
DGWD	Marie Schloo	Hamburg-Finkenwerder
DDOS	Marie Schwinge	Bremen
DGWE	Marie Steffens	Hamburg
DJBL	Marie Ursula	Flensburg
DGVZ	Mariechen	Hamburg
DJZB	Mariechen	Heiligenhafen
DGWA	Mariechen	Hamburg
DJIJ	Mariechen	Kappeln/Schlei
DJIK	Mariechen	Maasholm
DJIH	Mariechen	Maasholm
DCMH	Marinebaurat Schlichting	Norddeich
DFIG	Marion	Cuxhaven

Unterscheidungssignale	Namen der Schiffe	Heimathafen
DFMO	Mark Brandenburg	Cuxhaven
DESP	Marlies	Bremerhaven
DHDJ	Marita	Haren/Ems
DIDR	Marxburg	Hamburg
DIXP	Marta	Elmshorn
DIUL	Martha	Friedrichskoog
DGWG	Martha	Hamburg
DGWH	Martha	Hamburg
DJIO	Martha	Munkmarsch
DGWI	Martha	Hamburg
DFXF	Martha	Hamburg
DCMI	Martha	Leer
DEPZ	Martha	Bremerhaven
DDBU	Martha	Hooksiel
DDBV	Martha	Wilhelmshaven
DIBD	Martha	Hamburg-Finkenwerder
DJZC	Martha	Travemünde
DJIP	Martha	Husum
DJIQ	Martha	Büsum
DCUZ	Martha	Bremen
DDBW	Martha VII	Wilhelmshaven
DGWM	Martha Ahrens	Hamburg
DGWN	Martha Christine	Hamburg
DCTS	Martha Hendrik Fisser	Emden
DHIF	Martha Peters	Hamburg
DHFC	Martha Russ	Hamburg
DGWP	Martha Wolter	Hamburg
DIBR	Mathilde	Hamburg
DJUA	Martin	Heikendorf
DAOY	Martin Mewes	Hamburg
DFXG	Mary	Königreich
DGWQ	Mary	Hamburg
DJIR	Mary	Tönning
DJIS	Mary	Husum
DIUM	Mary	Neufeld
DGWR	Matador	Hamburg
DHIN	Matador	Hamburg
DGWS	Matador	Hamburg
DGWT	Matador II	Hamburg
DDIC	Mathilde	Brake
DGWU	Mathilde	Hamburg
DFXH	Mathilde	Wischhafen
DJIT	Mathilde	Tönning
DHJE	Matthias Föcher	Hamburg
DGWX	Max	Hamburg
DGWY	Max	Hamburg
DIUN	Max	Schulau
DHPJ	Max Bornhofen	Hamburg
DAHL	Max Brauer	Hamburg
DFAG	Max Gundelach	Bremerhaven
DAHK	Max M. Warburg	Cuxhaven
DFAK	Max Pust	Bremerhaven
DCMK	Mecheline	Ditzum
DEBG	Medea	Bremen
DHNQ	Medemsand	Hamburg

Unterscheidungssignale	Namen der Schiffe	Heimathafen
DAHM	Meersburg	Bremerhaven
DDBX	Meike	Möltenort
DCML	Mein Glück	Greetsiel
DDOT	Meise	Bremen-Vegesack
DKJT	Melilla	Lübeck
DDBY	Mellum	Wilhelmshaven
DGWZ	Melpomene	Hamburg
DDSW	Memel	Bremen
DCMM	Memel	Emden
DMCZ	Memel	Niendorf
DFIH	Memelland	Cuxhaven
DGXA	Memelland	Hamburg
DDOU	Mercur	Bremen
DGXB	Meridian	Hamburg
DJDD	Merkur	Flensburg
DGXC	Merkur	Hamburg
DFXI	Merkur	Freiburg/Elbe
DJIV	Merkur	Husum
DHMG	Messina	Hamburg
DGXD	Meta	Hamburg
DHFN	Meta	Hamburg
DGXE	Meta	Hamburg
DFII	Meta	Cuxhaven
DGXF	Meta	Hamburg-Finkenwerder
DCMN	Meta	Greetsiel
DCMO	Meta	Neuharlingersiel
DIUO	Meta	Dieksanderkoog
DFXJ	Meta Adele	Gauensiek
DGXG	Meta Buck	Hamburg
DGXH	Meta-Grete	Hamburg
DGXI	Meta Holst	Hamburg-Finkenwerder
DGXJ	Meta Osterwisch	Hamburg
DGXK	Meta Schröder	Hamburg-Finkenwerder
DCMP	Meta Steffens	Neuharlingersiel
DCMQ	Meteor	Aurich
DGXL	Meteor	Hamburg
DGXM	Meteor	Hamburg-Finkenwerder
DJLG	Meteor	Pellworn
DJIX	Meteor	Büsum
DGXN	Methan	Hamburg
DEQB	Mia	Bremerhaven
DJLL	Mica	Büsum
DKGK	Michael	Kiel
DHIA	Midgard	Hamburg
DDID	Midgard I	Nordenham
DDIE	Midgard II	Nordenham
DDJO	Midgard III	Nordenham
DDIF	Midgard V	Nordenham
DDIG	Midgard VI	Nordenham
DAHN	Midlum	Bremen
DGQL	Mignon	Hamburg
DESK	Milda	Bremerhaven
DHLB	Millerntor	Hamburg

Unter-scheidungs-signale	Namen der Schiffe	Heimathafen der Schiffe
DDUV	Milos	Bremen
DJSM	M. Joerk	Kiel
DDOV	Mime	Bremen-Vegesack
DGXO	Mimi	Hamburg
DCMS	Minchen	Haren/Ems
DCMT	Ministerial-direktor Streil	Emden
DAHO	Minerva	Bremen
DGXP	Minna	Hamburg
DFIJ	Minna	Cuxhaven
DGXQ	Minna	Hamburg
DIXY	Minna	Friedrichskoog
DIUQ	Minna	Dieksanders-koog
DIXV	Minna	Friedrichskoog
DJMU	Minna	Maasholm
DGXR	Minna Catharina	Hamburg
DGXS	Minna Marie	Hamburg
DHEK	Minna Schupp	Hamburg
DMCG	Mittelriff	Cuxhaven
DKCR	Mobil	Lübeck
DGXT	Modaag	Kappeln/Schlei
DJUC	Möltenort	Kiel
DJPS	Mönckeberg	Kiel
DCSZ	Möve	Norddeich
DJJA	Möve	Tönning
DJIY	Möve	Büsum
DCFA	Möve	Norddeich
DIUR	Möve	Neufeld
DIUS	Möve	Neufeld
DHJD	Möve	Hamburg
DCMV	Möve	Borkum
DGXU	Möve	Hamburg-Finkenwerder
DCMX	Möve	Wilhelmshaven
DFIL	Möve II	Dorum
DDUB	Möwe	Bremen
DJPT	Möwe	Heikendorf
DJZE	Möwe	Lübeck-Schlutup
DDBZ	Möwe	Wremen
DDIH	Möwe	Brake
DJZF	Möwe	Hamburg
DCMY	Möwe	Haren/Ems
DCMZ	Möwe	Ostrhauderfehn
DDII	Möwe	Brake
DGXV	Möwe	Hamburg
DJIZ	Möwe	Wöhrden
DKCM	Möwe	Lübeck-Travemünde
DJUD	Möwe	Neumühlen b. Kiel
DDIK	Möwe	Burhaversiel
DDCA	Möwe	Varelerhafen
DAHQ	Möwe	Hamburg
DJRG	Möwe	Eckernförde
DIAT	Mok Wi	Hamburg

Unter-scheidungs-signale	Namen der Schiffe	Heimathafen der Schiffe
DANL	Mollex IV	Hamburg
DGXW	Mollex III	Hamburg
DANM	Mollex V	Hamburg
DICL	Mollex VI	Hamburg
DJLJ	Momme Friedrich	Büsum
DEUN	Mond	Bremerhaven
DGXX	Monica	Lübeck
DDTA	Monika Wiards	Bremen
DHQA	Monika	Hamburg
DICZ	Monsun	Hamburg
DHKB	Montan	Hamburg
DCNA	Morgenstern	Neuharlingersiel
DIUT	Morian	Uetersen
DHJZ	Morsum	Rendsburg
DHQX	Moseltal	Hamburg
DKJK	Moshula	Lübeck
DHHV	Mülheim/Ruhr	Hamburg
DANN	München	Bremerhaven
DCNB	Münster	Emden
DFLK	Münster	Cuxhaven
DJDK	Münster	Flensburg
DDKR	Münsterland	Barssel
DGXZ	Mulli	Hamburg
DIUU	Muschel	Brunsbüttelkoog
DGYA	Muschi	Hamburg-Finkenwerder
DCNC	Mutterliebe	Haren/Ems
DCND	Muttersegen	Haren/Ems
DEBN	Nabob	Bremen
DHQU	Nady	Hamburg
DGYB	Najade	Lübeck
DDKS	Narwal	Oldenburg
DEQD	Nation	Bremerhaven
DIUV	Nathurn	Glückstadt
DDCB	Nattnäs	Borkum
DDTS	Nautilus	Bremen
DFIN	Nautilus	Dorum
DGYC	Neckar	Hamburg
DERY	Nei-Ut	Wremen
DIUW	Nelson	Friedrichskoog
DCNE	Nelson	Westeraccumer-siel
DEBS	Neptun	Bremen
DKJW	Neptun	Burgstaaken
DETA	Neptun	Bremerhaven
DAHS	Neptun	Bremerhaven
DJJB	Neptun	Büsum
DAHT	Neptun	Hamburg
DCUV	Neptun	Borkum
DGYD	Neptunes	Hamburg
DDOW	Nereus	Bremen
DGYE	Nessdiek	Hamburg-Finkenwerder
DANO	Nesshuk	Hamburg-Finkenwerder
DJZI	Neu 31	Neustadt/Holst.
DJPU	Neuende	Hamburg

Unterscheidungssignale	Namen der Schiffe	Heimathafen der Schiffe
DGYF	Neuenfelde	Hamburg
DJPV	Neumühlen	Kiel
DJTN	Neumünster	Kiel
DJZJ	Neustadt	Neustadt/Holst.
DEUF	Neuwerk	Bremerhaven
DKBX	Nie 25	Niendorf
DKBI	Nie 26	Niendorf
DGYG	Niederelbe	Hamburg
DEPQ	Niederelbe	Bremerhaven
DHRR	Niedermehnen	Hamburg
DEAB	Niedersachsen	Bremen
DGYH	Niedersachsen	Hamburg
DANP	Niedersachsen	Cuxhaven
DAHW	Niedersachsen	Bremerhaven
DAHX	Nienstedten	Hamburg
DFIO	Nige Oge	Cuxhaven
DHRD	Nigeria	Hamburg
DAHY	Niobe	Bremen
DGYI	Niobe	Hamburg
DGYJ	Niobe	Hamburg
DHOQ	Nita	Hamburg
DAHZ	Nixe	Bremen
DGYK	Nixe	Hamburg
DJPW	Nixe	Möltenort
DDCC	Nixe	Wremen
DJJC	Nixe	Büsum
DGYL	Nobiskrug	Hamburg
DJMH	Nöck	Kappeln/Schlei
DDOX	Nora	Hamburg
DFIP	Nordcap	Otterndorf
DAIA	Norden	Hamburg
DCNG	Norden	Norden
DGYM	Norden	Hamburg
DCNH	Nordenham I	Nordenham
DDJP	Nordenham XII	Nordenham
DAIG	Nordenham	Cuxhaven
DEUV	Norderau	Bremerhaven
DGYN	Norderdiek	Hamburg-Finkenwerder
DFXK	Norderelbe	Hamburg
DGGO	Norderelbe II	Hamburg
DAIB	Norderney	Hamburg
DCNI	Norderney	Emden
DAIC	Norderney	Hamburg
DJJD	Norderoog	Pellworm
DDOY	Norder Till	Bremen
DEQE	Nordfjord	Bremerhaven
DJBM	Nordfriesland	Wyk/Föhr
DJJE	Nordfriesland	Büsum
DJJF	Nordfriesland	Husum
DDUZ	Nordland	Bremen
DEQG	Nordland	Bremerhaven
DCTA	Nordland	Norddeich
DDCE	Nordlicht	Varel
DCNJ	Nordlicht	Norddeich
DFIQ	Nordlicht	Cuxhaven
DAID	Nordlicht	Hamburg
DJLB	Nordlicht	Büsum

Unterscheidungssignale	Namen der Schiffe	Heimathafen der Schiffe
DKEL	Nordlicht	Burgstaaken
DAIE	Nordmark	Lübeck
DJPX	Nordmark	Eckernförde
DGYP	Nordmark	Hamburg
DAIF	Nordmeer	Hamburg
DJSE	Nordmeer	Eckernförde
DJNB	Nordmeer	Kappeln/Schlei
DCVM	Nordmeer	Norddeich
DFIR	Nordriff	Cuxhaven
DFAB	Nordsee	Bremerhaven
DEQK	Nordsee	Kiel
DIXH	Nordsee	Schulau
DCNK	Nordsee	Carolinensiel
DCNL	Nordsee	Greetsiel
DJJG	Nordseeluft	Büsum
DCNN	Nordstern	Warsingsfehn
DAIH	Nordstern	Bremerhaven
DEQM	Nordstern	Bremerhaven
DDRP	Nordstern	Bremen
DCNO	Nordstern	Greetsiel
DCTK	Nordstern	Jemgum
DCNQ	Nordstern	Greetsiel
DFIS	Nordstern	Otterndorf
DDCF	Nordstern	Dangast
DGYQ	Nordstern	Hamburg-Finkenwerder
DJPY	Nordstern	Eckernförde
DJZL	Nordstern	Lübeck-Travemünde
DJJH	Nordstern	Büsum
DIVA	Nordstern	Dieksanderkoog
DEQO	Nordwind	Bremerhaven
DKEZ	Nordwind	Rendsburg
DCAZ	Norfa	Düsseldorf
DHMX	Norrland	Hamburg
DFAM	Nürnberg	Bremerhaven
DAII	Nürnberg	Lübeck
DDRT	Nr. 1	Bremen
DDRS	Nr. 2	Hamburg
DDRV	Nr. 11	Bremen
DDRX	Nr. 12	Bremen
DDRW	Nr. 13	Bremen
DDOZ	Nr. 78	Bremen
DDRU	Nr. 79	Bremen
DDPA	Nr. 80	Bremen
DDPB	Nr. 94	Bremen
DDPC	Nr. 125	Bremen
DDPD	Nr. 127	Bremen
DDPE	Nr. 129	Bremen
DDRM	Nr. 134	Bremen
DDPF	Nr. 135	Bremen
DDRY	Nr. 136	Bremen
DDPG	Nr. 137	Bremen
DDPI	Nr. 144	Bremen
DDPK	Nr. 150	Bremen
DDPL	Nr. 153	Bremen
DDPM	Nr. 156	Bremen
DDPN	Nr. 157	Bremen

Unterscheidungssignale	Namen der Schiffe	Heimathafen der Schiffe
DDPQ	Nr. 162	Bremen
DDPR	Nr. 163	Bremen
DDPT	Nr. 167	Bremen
DDPU	Nr. 168	Bremen
DDPV	Nr. 169	Bremen
DDPW	Nr. 170	Bremen
DDPX	Nr. 171	Bremen
DGYS	Nymphe	Hamburg-Finkenwerder
DAIJ	Oberpräsident Delbrück	Hamburg
DHOW	Ocean	Hamburg
DHFB	Oda	Hamburg
DHOE	Odenwald	Hamburg
DGYU	Odermünde	Hamburg
DERV	Odin	Bremerhaven
DCNR	Odin	Norddeich
DJJI	Odin	Büsum
DGGT	Odin	Kiel
DCVZ	Odin	Emden
DCNS	Odin	Flensburg
DKBH	Odin	Burgstaaken
DIVB	Odin	Glückstadt
DCNT	Odin	Haren/Ems
DFIT	Oesterreich	Cuxhaven
DDTO	Oktant	Bremen
DALL	Olbers	Bremen
DDIM	Oldenburg	Bremerhaven
DDPY	Oldenburg	Bremen-Vegesack
DAIK	Oldenburg	Bremerhaven
DJZM	Oldenburg	Niendorf
DHLA	Oldenburg	Hamburg
DFIV	Olendik	Dorum
DGYV	Olga	Hamburg
DHRW	Olga	Hamburg
DESA	Oliva	Bremerhaven
DHQS	Onabe	Hamburg
DDTL	Onkel Fidi	Bremen-Vegesack
DETB	Orion	Bremerhaven
DGYX	Orion	Hamburg
DJZN	Orion	Hamburg
DCNU	Orion	Westrhauderfehn
DIVC	Orion	Burg/Dithm.
DAIL	Orion	Emden
DJJJ	Orion	Büsum
DJSP	Orion	Kiel
DGYY	Oskar Friedrich	Hamburg
DAIN	Oskar Schulze	Bremerhaven
DESQ	Osnabrück	Bremerhaven
DJZO	Ost	Hamburg
DMDB	Ostbries	Haffkrug
DJBN	Oste	Wyk/Föhr
DGYZ	Oste	Hamburg
DIAH	Osterbek	Hamburg
DCNV	Osterems	Borkum
DGZA	Ostetal	Hamburg
DCSY	Ostfriesland	Greetsiel
DCNW	Ostfriesland	Juist
DCNX	Ostfriesland	Oldersum
DCVA	Ostfriesland	Leer
DDCG	Ostfriesland	Varelerhafen
DGZB	Ostmark	Hamburg
DAIO	Ostmark	Bremerhaven
DAIP	Ostpreußen	Bremerhaven
DETT	Ostpreußen	Bremerhaven
DHOJ	Ostpreußen	Hamburg
DGZC	Ostsee	Hamburg
DJZP	Ostwacht	Burg/Fehm.
DHQQ	Otterberg	Cuxhaven
DCNZ	Ottina	Haren/Ems
DCUS	Otto	Haren/Ems
DEQQ	Otto	Bremerhaven
DHRA	Otto Blumenfeld	Hamburg
DANR	Otto Bröhan	Hamburg
DFMG	OttoF.C.Bertram	Cuxhaven
DHKT	Otto Porr	Hamburg
DCUC	Otto Schepers	Haren/Ems
DHIO	Otto Schubert	Hamburg
DJBZ	Pagensand	Hamburg
DDUO	Pakistan	Bremen
DHMV	Palermo	Hamburg
DJCZ	Pallas	Flensburg
DGZD	Pallos	Hamburg
DGZE	Palme	Hamburg
DGKG	Palmyra	Hamburg
DHNV	Palme II	Hamburg
DMCY	Paloma	Büsum
DIVD	Paloma	Friedrichskoog
DIVE	Paloma	Hallig Hooge
DJHX	Paloma	Büsum
DKEF	Pamir	Lübeck
DECK	Pan	Bremen
DJJK	Passarge	Büsum
DHQG	Passat	Hamburg
DKEG	Passat	Lübeck
DIDU	Passau	Hamburg
DFIX	Paul	Cuxhaven
DHER	Paul	Hamburg
DEQR	Paul	Bremerhaven
DFXL	Paul Gährs	Estebrügge
DECM	Paul Honold	Bremen
DIAQ	Paul Hoop	Hamburg
DHFY	Paul J. Müller	Hamburg
DHHR	Paul Lübcke	Hamburg
DESJ	Paul Meentzen	Bremerhaven
DHOT	Paula	Hamburg
DCOA	Paula	Haren/Ems
DEQS	Paula	Bremerhaven
DKDY	Paula Helling	Niendorf
DIVF	Pauline	Neufeld
DCOB	Pauline	Norderney
DDTW	Pauline Friederich	Bremen

Unterscheidungs-signale	Namen der Schiffe	Heimathafen der Schiffe
DIBH	Pazifik	Hamburg
DHQL	Pegasus	Hamburg
DCVG	Pegasus	Leer
DICK	Peka	Hamburg
DHOU	Perseus	Hamburg
DDPZ	Pelikan	Bremen-Vegesack
DJJL	Pellworm	Pellworm
DJJM	Pellworm	Pellworm
DHGP	Pergamon	Hamburg
DCOC	Perle	Carolinensiel
DJZQ	Perseus	Burgstaaken
DFXM	Persia	Dornbusch
DFXN	Peter	Krautsand
DFXO	Peter	Ritsch/Kehd.
DIXG	Peter	Glückstadt
DJTF	Peter	Heikendorf
DGZH	Peter	Cranz/Jork
DJJN	Peter	Husum
DCVY	Petereins	Papenburg
DIAE	Peter Frese	Hamburg
DJJO	Peter Lass	Büsum
DAIT	Peter Schlack	Hamburg
DEUD	Peter von Danzig	Bremerhaven
DCWB	Peterzwei	Papenburg
DEQT	Peterle	Bremerhaven
DGZI	Petrolina	Hamburg
DCSJ	Petschili	Emden
DDQA	Phoebus	Bremen
DJPH	Phönix	Heikendorf
DJQB	Phönix	Kiel
DIVG	Pidder Lüng	Friedrichskoog
DJMO	Pidder Lüng	Hallig Hooge
DCOD	Pieter	Carolinensiel
DIXK	Pik As	Glückstadt
DJWK	Pil 50	Burg/Fehmarn
DJRO	Pil 14 (Hei 66)	Heikendorf
DIDO	Pelion	Hamburg
DAIU	Pinguin	Bremen
DHPI	Pinguin	Hamburg
DGZK	Pinnau	Hamburg
DGZL	Pionier	Hamburg
DJLC	Pionier	Hallig-Hooge
DCTW	Pionier II	Emden
DAIV	Pitea	Hamburg
DGZN	Pirat	Hamburg
DETX	Pirola	Bremerhaven
DCOE	Pirola	Neuharlingersiel
DHNG	Planet	Hamburg
DHMW	Pleugerpumpe 2	Hamburg
DFZG	Pohlmann I	Assel
DGZR	Polaris	Hamburg
DGZS	Polarstern	Hamburg
DJJP	Polarstern	Büsum
DIVH	Polarstern	Friedrichskoog
DJUJ	Pollux	Kiel
DHEL	Pollux	Oldersum
DETL	Pollux	Bremerhaven
DHLJ	Pollux	Hamburg
DHOS	Pollux	Hamburg
DJZS	Polyp	Lübeck
DJZT	Pommern	Großenbrode
DDCJ	Pommern	Wilhelmshaven
DMCQ	Pommern	Kiel
DFZO	Ponape	Grünendeich
DDSH	Porebunder	Bremen
DGZT	Portia	Hamburg
DHRI	Poseidon	Hamburg
DKDN	Possehl	Lübeck
DFIZ	Präsident Freiherr von Maltzahn	Cuxhaven
DGZU	Preciosa	Hamburg
DCOF	Preciosa	Westeraccumersiel
DEQV	Preciosa	Wremen
DJZU	Pregel	Hamburg
DEQU	Preil	Bremerhaven
DKGO	Prof. Heincke	Kiel
DKGN	Prof. Henking	Kiel
DKGM	Prof. Hensen	Kiel
DGZV	Presto	Hamburg
DHOC	Proteus	Hamburg
DDIO	Preußen	Bremerhaven
DJZV	Preußen	Lübeck-Travemünde
DCOG	Preußen	Emden
DAJA	Prinz Heinrich	Emden
DCOH	Prinz Homburg	Emden
DJQF	Probst	Eckernförde
DJMG	Puck	Kappeln/Schlei
DCOI	Pusch	Bensersiel
DDTC	Pylades	Bremen
DHJC	Quadriga	Hamburg
DICV	Quadrivium	Hamburg
DIBZ	Quartole	Hamburg
DCOJ	Quo Vadis	Haren/Ems
DGZW	Quo Vadis	Hamburg
DMBW	R 96	Bremen
DHLQ	Rabat	Hamburg
DJUL	Radaune	Kiel
DMAY	Raffelberg	Bremen
DETP	Rainer Falko	Bremerhaven
DDQB	Ramsoy	Bremen
DHLG	Ravensberg	Hamburg
DFXQ	Rebecka	Barnkrug
DDRG	Rebecka E.	Hamburg
DAJB	Reemt	Hamburg
DANS	Rechtenfleth	Bremen
DHIX	REG I	Hamburg
DHQJ	REG II	Hamburg
DHMM	REG III	Hamburg
DHRG	REG DO Brasil	Hamburg
DIVI	Regenpfeifer	Friedrichskoog
DAJC	Regensburg	Bremerhaven

Unterscheidungssignale	Namen der Schiffe	Heimathafen
DIVJ	Regina	Glückstadt
DCOK	Regina	Emden
DDIP	Regina	Brake
DGZX	Regina	Hamburg
DCOL	Regina	Haren/Ems
DMEL	Regina	Haffkrug
DCON	Regine	Greetsiel
DAPM	Regulus	Hamburg-Finkenwerder
DFAF	Regulus	Bremerhaven
DHRQ	Rehhof	Hamburg
DHOG	Rehhorst	Hamburg
DDQC	Reiher	Bremen-Vegesack
DJUN	Reiher	Neumühlen b. Kiel
DDIQ	Reiher	Hamburg
DCOO	Reimar	Haren/Ems
DCVS	Reimer Edzard Fritzen	Emden
DGZY	Reina	Hamburg
DHHI	Reinbek	Hamburg
DGZZ	Reinhard	Hamburg
DCOP	Reinhard	Haren/Ems
DHPK	Reinhart Lorenz Russ	Hamburg
DCOQ	Reinhold	Haren/Ems
DDCK	Reinhold	Wilhelmshaven
DJMN	Reini	Kappeln/Schlei
DAJE	Remscheid	Cuxhaven
DFJA	Renate	Cuxhaven
DJZX	Renate	Großenbrode
DMDN	Renate	Niendorf
DFZY	Renate	Stade
DJUH	Rendsburg	Kiel
DJZW	Reni	Lübeck-Travemünde
DCOR	Resi	Norderney
DIUZ	Resi	Hamburg
DCOS	Res Nova	Haren/Ems
DJTR	Rex	Eckernförde
DADJ	Rhein	Hamburg
DCAR	Rhein	Duisburg-Ruhrort
DIVK	Rheingold	Hamburg
DCOT	Rheinland	Emden
DAJG	Rheinland	Bremen-Vegesack
DHHM	Rheinland	Hamburg
DIAW	Rheinland	Hamburg
DDUN	Rheinstein	Bremen
DCOU	Ria	Haren/Ems
DDCL	Ria	Wremen
DJZY	Richard	Kiel
DGJB	Richard	Hamburg
DETV	Richard Kaselowsky	Bremerhaven
DCOV	Rina	Carolinensiel
DHJB	Rita	Hamburg
DJPO	Rita Degen	Rendsburg
DFWG	Ro. 14	Hamburg
DCTJ	Robbe	Norden
DAKM	Robert Bornhofen	Hamburg
DHLD	Robert Eckelmann	Hamburg
DMAW	Robert Meyhoefer	Bremen
DHOF	Röpkesien	Hamburg
DEUX	Rogge I	Bremerhaven
DEUY	Rogge XVII	Bremerhaven
DEUZ	Rogge XVIII	Bremerhaven
DFAC	Rogge 25	Bremerhaven
DFAD	Rogge 26	Bremerhaven
DEUH	Roland	Bremerhaven
DHAB	Roland	Hamburg
DHAB	Roland	Hamburg
DHNM	Roland	Hamburg
DJUE	Roland	Kiel
DIAU	Roland Russ	Hamburg
DFHS	Roland von Wedel	Cuxhaven
DECO	Rolandseck	Bremen
DETH	Rolano	Bremerhaven
DHRT	Rolf	Hamburg
DHAC	Rolf	Hamburg
DCVA	Rolf	Haren/Ems
DFZW	Rolf Behrmann	Krautsand
DIVL	Rolf Detlef	Wedel
DJUR	Rolf Hagemann	Kiel
DHAD	Rolf Hubert	Hamburg
DJBO	Rolf Verhey	Wyk/Föhr
DFLS	Ronald	Bremen
DANT	Rosengarten	Hamburg-Finkenwerder
DDIR	Rosette	Strohausen
DKAA	Roswitha	Niendorf
DDQE	Rotesand	Bremen
DHJK	Roter Sand	Hamburg
DAJK	Rotersand	Bremerhaven
DCOW	Rudolf	Haren/Ems
DJRA	Rudolf	Norderney
DCUM	Rudolf Schepers	Haren/Ems
DHAF	Rügen	Flensburg
DHIB	Rügen	Hamburg
DFJC	Rügen	Cuxhaven
DHRU	Rügen	Hamburg
DGQF	Rüstringen	Bremen
DJCQ	Rüm-Hard	Hallig Langeness
DFXR	Ruhr	Bützfleth
DCAU	Ruhr	Duisburg-Ruhrort
DADB	Ruhr	Hamburg

Unterscheidungssignale	Namen der Schiffe	Heimathafen der Schiffe
DCAV	Ruhrort	Duisburg-Ruhrort
DEAL	Ruhrstein	Bremen
DHAG	Rungholt	Hamburg
DHAH	Rungholt	Tönning
DJBP	Rungholt	Wyk/Föhr
DFZE	Ruth-Dieter	Stade
DCOX	Ruth Wiechert	Bensersiel
DEUP	Saarland	Bremerhaven
DAJL	Saarland	Bremen-Vegesack
DDUX	Saarstein	Bremen
DKAB	Sabine	Heiligenhafen
DIYC	Sabine	Uetersen
DFKU	Sachsen	Cuxhaven
DHJX	Sachsenwald	Hamburg
DAJM	Sagitta	Bremerhaven
DCOY	Salva Nos	Haren/Ems
DKAC	Samland	Bremen
DMDQ	Samland	Niendorf
DHAK	Samoa	Hamburg
DEQJ	Sancta Maria	Bremerhaven
DKAD	Sankt Lorenz	Bremen
DCUL	St. Antonius	Haren/Ems
DJXK	St. Georg	Flensburg
DCPX	St. Joseph	Haren/Ems
DIAY	St. Katharina	Hamburg
DIAJ	St. Michael	Hamburg
DCPY	St. Nikolaus	Haren/Ems
DIDD	St. Patrick	Hamburg
DHPC	Santa Catarina	Hamburg
DHNL	Santa Elena	Hamburg
DHQR	Santa Isabel	Hamburg
DIDV	Santa Teresa	Hamburg
DHMP	Santa Ursula	Hamburg
DHRK	Sarrius	Hamburg
DFJD	Sathurn	Hamburg
DDCM	Saturn	Glückstadt
DDCN	Saturn	Wilhelmshaven
DIWU	Saxnot	Glückstadt
DESV	Sch 11	Bremerhaven
DCAP	Scharhörn	Düsseldorf
DANU	Scharhörn	Bremen
DHAM	Schichau	Hamburg
DHAN	Schlei	Hamburg
DFKS	Schlesien	Cuxhaven
DDST	Schleswig	Bremen-Vegesack
DJNV	Schleswig	Kiel
DJQH	Schleswig-Holstein	Laboe
DESO	Schleswig-Holstein	Bremerhaven
DANV	Schleswig-Holstein	Strande
DJDF	Schleswig-Holstein	Flensburg
DJOA	Schleswig-Holstein	Kiel
DKEB	Schleswig-Holstein	Niendorf
DANW	Schlutup	Kiel
DKAE	Schneewittchen	Niendorf
DESW	Schütting	Bremerhaven
DAJP	Schulau	Kappeln/Schlei
DDJT	Schulschiff Deutschland	Oldenburg
DFLL	Schwaben	Cuxhaven
DHAO	Schwalbe	Hamburg
DJTB	Schwalbe	Eckernförde
DHAP	Schwalbe	Hamburg
DCOZ	Schwalbe	Leer
DHAQ	Schwalbe	Hamburg
DJJQ	Schwalbe	Maasholm
DHAR	Schwalbe	Hamburg-Finkenwerder
DKBV	Schwalbe	Niendorf
DJUV	Schwalbe	Kiel
DIVN	Schwalbe	Friedrichskoog
DFJF	Schwalbe	Cuxhaven
DEQX	Schwalbe	Bremerhaven
DDIS	Schwalbe	Brake
DDIT	Schwalbe	Fedderwardersiel
DCPD	Schwalbe	Neuharlingersiel
DDCO	Schwalbe	Hocksiel
DDCP	Schwalbe	Varel
DHAS	Schwalbe II	Hamburg
DHAT	Schwan	Rendsburg
DJQI	Schwan	Möltenort
DJUW	Schwan	Neumühlen b. Kiel
DIVO	Schwan	Friedrichskoog
DJQJ	Schwansen	Kiel
DJCX	Schwennau	Flensburg
DJUX	Schwentine	Neumühlen b. Kiel
DANX	Schwertfisch	Bremerhaven
DFZX	Schwinge	Stade
DCPE	Sechs Gebrüder	Norddeich
DDIU	Seeadler	Brake
DDIV	Seeadler	Brake
DDIW	Seeadler	Eckwardersiel
DHKC	Seeadler	Hamburg
DFXS	Seeadler	Wischhafen
DCPF	Seeadler	Emden
DJQK	Seeadler	Rendsburg
DHAU	Seeadler	Hamburg
DHAV	Seeadler	Leer
DANY	Seeadler	Hamburg-Finkenwerder
DKAH	Seeadler	Maasholm
DKAI	Seeadler	Neustadt
DJJS	Seeadler	Büsum
DIVP	Seeadler	Friedrichskoog

Unter-scheidungs-signale	Namen der Schiffe	Heimathafen der Schiffe
DFJH	Seeadler	Otterndorf
DDIW	Seeadler	Eckwardersiel
DCPH	Seeadler	Norderney
DCPI	Seeadler	Norddeich
DCPJ	Seeadler	Norderney
DDCQ	Seeadler	Varelerhafen
DJOO	Seeadler	Kiel
DKEI	Seeadler	Niendorf
DKEH	Seeadler	Lübeck-Travemünde
DJBQ	Seebär	Hörnum/Sylt
DEBA	Seefahrer	Bremen
DAJS	Seefahrt	Bremerhaven
DIVQ	Seefalke	Friedrichskoog
DDSR	Seefalke	Bremerhaven
DHAW	Seefalke	Hamburg
DFJI	Seehund	Cuxhaven
DJMK	Seehund	Maasholm
DHAX	Seehund	Hamburg
DCPK	Seehund	Norden
DFJJ	Seehund	Dorum
DDCR	Seehund	Wilhelmshaven
DDIY	Seelöwe	Brake
DETJ	Seelust	Bremerhaven
DCPM	Seelust	Spiekeroog
DCPL	Seelust	Westeraccumer-siel
DDJX	Seemöve	Brake
DKJS	Seemöve	Burgstaaken
DHAZ	Seemöve	Hamburg
DJJT	Seemöve	Büsum
DKAJ	Seemöve	Lübeck
DKDS	Seemöve	Lübeck-Travemünde
DIVR	Seemöve	Friedrichskoog
DHAY	Seemöve	Hamburg
DCPN .	Seemöve	Norddeich
DFJL	Seemöwe	Cuxhaven
DFJK	Seemöwe	Cuxhaven
DEQY	Seenixe	Bremerhaven
DFJM	Seerose	Dorum
DMBV	Seerose	Schulau
DIVS	Seerose II	Neufeld
DJJU	Seeschwalbe	Büsum
DKAK	Seeschwalbe	Lübeck
DFJN	Seeschwalbe	Friedrichskoog
DDIZ	Seeschwalbe	Eckwardersiel
DIVT	Seestern	Neufeld
DJJV	Seestern	Büsum
DFJO	Seestern	Cuxhaven
DCPO	Seestern	Neuharlinger-siel
DCPP	Seestern	Ostrhauderfehn
DHBA	Seestern	Hamburg
DIVU	Seestern	Burg/Dithm.
DJRI	Seestern	Heikendorf
DHBB	Seeteufel	Hamburg
DFKZ	Seeteufel	Cuxhaven

Unter-scheidungs-signale	Namen der Schiffe	Heimathafen der Schiffe
DMER	Seeteufel	Lübeck-Travemünde
DECJ	Seewanderer	Bremen
DJUQ	Selekta	Heikendorf
DHBC	Sellin	Hamburg
DHBD	Selma	Hamburg
DAJW	Senator	Hamburg
DAJY	Senator Sachse	Cuxhaven
DANZ	Senior von Sonnenkamp	Bremen
DIDX	Serena	Hamburg
DHBE	Seute Deern	Hamburg
DHBF	Sextant	Bremen
DGSR	Sibylle	Flensburg
DKAM	Sie 2	Grossenbrode
DAJZ	Siegfried	Bremerhaven
DJBT	Siegfried	List/Sylt
DKCX	Siegfried	Tönning
DHBG	Siegfried Brey	Hamburg
DFJU	Siegrid	Neuhaus
DFJV	Siegrid	Cuxhaven
DCAB	Sigrid	Köln
DAOC	Sigfrid J. Nimtz.	Hamburg
DKGE	Silbermöve	Kiel
DAPL	Silbermöve	Heiligenhafen
DKJC	Silbermöve	Lübeck-Travemünde
DHBH	Silvana	Hamburg
DIDB	Simplon	Hamburg
DHIC	Simson	Hamburg
DCPQ	Sina	Haren/Ems
DHBI	Sirene	Hamburg
DFYR	Sirene	Freiburg
DEAC	Sirius	Bremen
DCPR	Sirius	Papenburg
DIVV	Sirius	Seester
DESG	Sirius	Arnis/Schlei
DKCY	Sirius	Neustadt/Holstein
DFXT	Sirius	Wischhafen
DCPS	Sirius	Norddeich
DDCS	Sirius	Duisburg
DJYY	Sirius II	Neustadt/Holst.
DAKA	Skagerrak	Hamburg-Finkenwerder
DKAO	Skandia	Flensburg
DAKB	Skolpenbank	Bremerhaven
DHBJ	Sleipner	Hamburg
DHBK	Sleipner	Hamburg
DIVW	Sneppfalk	Brunsbüttelkoog
DAKC	Söderhamm	Hamburg
DJCC	Sölve	Hörnum/Sylt
DJSU	Söte Deern	Eckernförde
DHGY	Sonderburg	Hamburg
DESU	Sonne	Bremerhaven
DFJW	Sonny Boy	Cuxhaven
DJQL	Sonja	Kiel
DJJW	Sonja-Charlotte	Büsum

Unterscheidungssignale	Namen der Schiffe	Heimathafen der Schiffe
DFJX	Sophia	Cuxhaven
DFZC	Sophie	Wischhafen
DFXU	Sophie	Laboe
DAOA	Sophie	Leer
DFJY	Sophie	Otterndorf
DCSN	Sophie Wessels	Emden
DAOH	Sparenburg	Emden
DAKD	Specht	Bremen
DDQG	Specht	Bremen-Vegesack
DCPT	Spekulant	Ditzum
DDQH	Sperber	Bremen-Vegesack
DAPD	Sperber	Bremen
DHBM	Sperber	Hamburg
DMCN	Sperber	Kiel
DDQI	Sperling	Bremen-Vegesack
DDSP	Sperling	Bremen
DCPU	Spes Mea	Haren/Ems
DAKE	Spessart	Bremerhaven
DCPV	Spica	Ostrhauderfehn
DAKF	Spica	Bremerhaven
DDQJ	Spica	Bremen
DCPW	Spiekeroog	Spiekeroog
DHBN	Spika	Hamburg
DKEP	Spika	Lübeck
DICB	Spitzerdorf	Hamburg
DHBP	Spongia	Hamburg
DHOX	Spreewald	Hamburg
DJQM	Sprott	Eckernförde
DJUS	Spüler III	Rendsburg
DHBQ	Stade	Hamburg
DAOB	Stade	Cuxhaven
DHPH	Stadeland	Hamburg
DFSM	Stadersand	Stade
DDTB	Stadland	Bremen
DJLM	Stadt Husum	Husum
DJUY	Stadt Kiel	Kiel
DCVR	Stadt Leer	Leer
DJRC	Stadtrat Suhr	Heikendorf
DEBU	Stahleck	Bremen
DIDT	Steckelhörn	Hamburg
DMCF	Steendiek	Hamburg-Finkenwerder
DJUZ	Steffen	Kiel
DCPZ	Steffi	Haren/Ems
DJQN	Stei 9	Stein
DJVA	Stein	Kiel
DDUR	Steinbock	Bremen
DHBS	Steinburg	Hamburg
DKAP	Steinbutt	Heiligenhafen
DHNJ	Steinhöft	Hamburg
DAPF	Stella	Bremerhaven
DCQA	Stephan	Haren/Ems
DKDD	Stern von Rio	Heiligenhafen
DIBV	Stern vom Osten	Heiligenhafen
DJVB	Stettin	Kiel
DAKK	Stettin	Emden
DDQK	Stieglitz	Bremen-Vegesack
DAKL	Stillesee	Hamburg
DDJD	Stina	Brake
DHBU	Stör	Hamburg
DHBV	Stör	Hamburg-Altenwerder
DJJX	Störtebecker	Büsum
DCQB	Störtebecker	Borkum
DMEM	Störtebecker	Laboe
DDCT	Störtebecker	Varelerhafen
DJJY	Stollberg	Büsum
DJJZ	Stralsund	Büsum
DHIZ	Stralsund	Hamburg
DDSQ	Strande I	Bremen
DERX	Strassburg	Bremerhaven
DDQL	Strauss	Bremen-Vegesack
DJKA	Stropp	Büsum
DJVH	St. S. 80	Kiel
DJVI	St. S. 81	Kiel
DDQY	Stur	Bremen
DAGU	Sturmmöwe	Lübeck-Travemünde
DKCJ	Sturmvogel	Burgstaaken
DIBO	Sturmvogel	Hamburg
DJNC	Sturmvogel	Kappeln/Schlei
DKAQ	Sturmvogel	Burgstaaken/Fehm.
DDJE	Sturmvogel	Großensiel
DCQC	Sturmvogel	Greetsiel
DIVZ	Sturmvogel	Friedrichskoog
DEQZ	Sturmvogel	Bremerhaven
DIWC	Sturmvogel	Kasenort
DJKB	Sturmvogel	Büsum
DJLE	Sturmvogel	St. Peter
DIWB	Sturmvogel	Friedrichskoog
DKAR	Sturmvogel	Heiligenhafen
DJQS	Sucher	Rendsburg
DHPW	Süd-Amerika VII	Hamburg
DEUU	Süderau	Bremerhaven
DIWD	Süderau	Hallig Langeness
DFXV	Süderelbe	Dornbusch
DHBX	Süderilw	Finkenwerder
DJKC	Süderoog	Pellworm
DJKD	Südfall	Büsum
DJKE	Südwest	Maasholm
DHEP	Süd-West	Hamburg
DHBY	Sülfmeister	Hamburg
DHKQ	Süllberg	Hamburg
DHNC	Süllberg	Hamburg
DCQD	Susanna-Maria	Haren/Ems
DJKF	Svea	Tönning
DHMI	Svealand	Hamburg
DFXW	Swanhild	Cuxhaven

Unterscheidungssignale	Namen der Schiffe	Heimathafen der Schiffe
DKAS	Swea	Lübeck-Travemünde
DHLF	Sylvia	Hamburg
DFKB	Sybille	Cuxhaven
DAPB	Sylt	Hamburg
DERA	Sylt	Bremerhaven
DETS	Tagila	Bremerhaven
DHIV	Tanga	Hamburg
DHLZ	Tanger	Hamburg
DGGZ	Tankleichter Elbe	Hamburg
DGYT	Tankleichter Oder	Hamburg
DAKR	Tannenberg	Cuxhaven
DHCA	Taube	Hamburg
DDQM	Taube	Bremen-Vegesack
DFKC	Taube	Cuxhaven
DHCF	Taucherfahrzeug III	Hamburg
DHCC	Taucher Flint I	Hamburg
DHCD	Taucher Flint II	Hamburg
DHCE	Taucher Flint III	Hamburg
DAIA	Taucher Ottar Harmstorf I	Hamburg
DHRZ	Taucher Ottar Harmstorf IV	Hamburg
DHCG	Taucher Harmstorf 5	Hamburg
DHCH	Taucher Harmstorf 6	Hamburg
DHCI	Taucher Ottar Harmstorf IX	Hamburg
DFKD	Taucher O. Wulf	Cuxhaven
DFMK	Taucher O. Wulf II	Cuxhaven
DAIS	Taucher O. Wulf III	Cuxhaven
DFKW	Taucher Otto Wulf IV	Cuxhaven
DCQE	Taucher Picksack	Oldersum
DFKE	Taucher Sievers	Cuxhaven
DCAX	Tazacorte	Duisburg-Ruhrort
DFXX	Telse-Inge	Krautsand
DCQF	Tempo	Haren/Ems
DHLU	Tenerife	Hamburg
DICI	Terror	Hamburg
DFAI	Teutonia	Bremerhaven
DHRB	Teutonia	Hamburg
DCQH	Thea	Haren/Ems
DHCJ	Thea	Hamburg
DIWE	Thea	Kollmar/Holst.
DHCK	Thea	Hamburg
DJQT	Thea	Laboe
DCQI	Theda	Oldersum
DAKV	Thees Bott	Hamburg-Finkenwerder

Unterscheidungssignale	Namen der Schiffe	Heimathafen der Schiffe
DDJF	Thekla	Barssel
DCQJ	Thekla Helene	Haren/Ems
DAKS	Theodor	Lübeck
DCQK	Theo-Grete	Haren/Ems
DAKT	Theseus	Bremen
DHGR	Thetis	Hamburg
DHCL	Thomas	Hamburg
DHCM	Thomas Wiechert	Hamburg
DAKW	Thor	Hamburg
DIWF	Thor	Büsum
DHHN	Thor	Hamburg
DHHX	Thüringen	Hamburg
DAKX	Thüringen	Cuxhaven
DAKY	Thüringen	Bremen-Vegesack
DEAY	Thule II	Bremen
DKAT	Thyland	Lübeck
DIXN	Thyra	Elmshorn
DDCU	Tide	Varelerhaven
DDJR	Tiefbau	Blexen
DDQN	Tilly	Bremen
DHGC	Tilly Russ	Hamburg
DCOL	Tim	Haren/Ems
DHMU	Timandra	Hamburg
DHCN	Tina Meta	Hamburg
DIWY	Tine	Friedrichskoog
DHCO	Tine Schröder	Hamburg
DCQM	Tini	Emden
DHCP	Tinka	Hamburg
DKEU	Tinnum	Rendsburg
DHNN	Titania	Hamburg
DIWG	Tiu	Glückstadt
DCQN	Tjeda	Emden
DJMA	Tön 9	Tönning
DJMX	Tön 24	Tönning
DHCQ	Toni	Hamburg
DKAU	Tra 9	Lübeck-Travemünde
DKAV	Tra 14	Lübeck-Travemünde
DKAW	Tra 20	Lübeck-Travemünde
DKCE	Tra 32	Husum
DKDL	Tra 37	Lübeck-Travemünde
DKBD	Tra 49	Lübeck-Travemünde
DIAO	Transportör II	Hamburg
DHPP	Transvaal	Hamburg
DEAR	Traunstein	Bremen
DFKG	Traute	Neuhaus/Oste
DIWH	Traute	Glückstadt
DJRK	Traute	Eckernförde
DJDI	Traute Sarnow	Flensburg
DERC	Traute Schumacher	Bremerhaven
DKAX	Travemünde	Lübeck
DHCR	Treue	Hamburg

Unterscheidungssignale	Namen der Schiffe	Heimathafen der Schiffe
DCQP	Trientje	Iheringsfehn
DHCS	Triton	Hamburg
DHHK	Triton	Hamburg
DDRO	Triton	Bremen
DFYK	Trinchen	Barnkrug
DJVK	Troll	Kiel
DHHG	Tross	Hamburg
DIDH	Trostbrücke	Hamburg
DDCV	Trotz	Varelerhafen
DETO	Tübingen	Bremerhaven
DKBL	Tümmler	Hamburg
DMBC	Twist	Bremen
DGTL	Uhlenhorst	Hamburg
DHGG	Ulmbrüder 3	Hamburg
DHGS	Ulmbrüder 4	Hamburg
DHHE	Ulmbrüder 5	Hamburg
DHOR	Ulmbrüder 6	Hamburg
DHQW	Ulmbrüder 7	Hamburg
DIAF	Ulmbrüder 8	Hamburg
DHCT	Undine	Hamburg
DCQR	Undine	Ostrhauderfehn
DHCU	Undine	Hamburg
DKDJ	Unverzagt	Lübeck
DERN	Unverzagt	Bremerhaven
DIWI	Urania	Friedrichskoog
DDJG	Uranus	Kleinensiel
DERD	Uranus	Lübeck-Travemünde
DHCV	Uranus	Hamburg
DFYN	Uranus	Abbenfleth
DGUK	Ursel	Hamburg
DALA	Ursula	Hamburg
DCQS	Ursula	Emden
DKAY	Ursula	Travemünde
DFKH	Ursula	Cuxhaven
DFKI	Ursula	Friedrichskoog
DDJH	Ursula	Brake
DESI	Ursula Marie	Bremerhaven
DIBU	Usedom	Hamburg
DMCD	Uta	Hamburg
DFXY	Uta	Stade
DJQV	Ute	Kiel
DABG	Utgard	Hamburg
DJBW	Uthlande	Wyk/Föhr
DMEO	Utsire	Niendorf
DCUT	Uwe	Leer
DJWD	Uwe	Lübeck-Travemünde
DHCW	Uwe	Rendsburg
DHCX	Uwe-Ursula	Hamburg
DIDA	Värmland	Hamburg
DHCY	Valborg	Hamburg
DHMO	Valencia	Hamburg
DHPE	Vangard	Hamburg
DHJT	Vano S	Hamburg
DFAH	van Ronzelen	Bremerhaven
DFKJ	Vaterland	Cuxhaven
DGWK	Vegesack	Bremen

Unterscheidungssignale	Namen der Schiffe	Heimathafen der Schiffe
DALB	Venus	Bremen
DFXZ	Venus	Wisch/Jork
DFYA	Venus	Gauensiek
DCQU	Venus	Norderney
DHRJ	Venus	Hamburg
DMCB	Venus	Hamburg
DMDK	Venus	Lübeck-Travemünde
DMDE	Venus	Niendorf
DCQV	Venus	Warsingsfehn
DDCW	Venus	Wilhelmshaven
DALG	Venus	Bremerhaven
DKBG	Venus	Burgstaaken
DJKK	Venus	Büsum
DJCS	Venus	Flensburg
DCQX	Venus	Norddeich
DJKL	Vera	Büsum
DJBX	Vera	Flensburg
DJQW	Veritas	Kiel
DHCZ	Vertrauen	Hamburg
DHDA	Vertrauen	Hamburg
DCQY	Vertrauen	Warsingsfehn
DCQZ	Vesta	Emden
DDTD	Vesta	Bremen
DHDB	Victor	Emden
DCRC	Victoria	Emden
DALC	Victoria	Lübeck
DFKK	Victoria	Dorum
DALD	Victoria	Bremen
DCRA	Vier Gebrüder	Warsingsfehn
DCRB	Vier Gebrüder	Carolinensiel
DALE	Vierlande	Hamburg
DJQX	Viktoria	Kiel
DFYB	Vineta	Barnkrug
DCTX	Vineta	Norderney
DMCV	Vineta	Lübeck-Travemünde
DHHC	Virgilia	Hamburg
DHKU	Vogtland	Hamburg
DIED	von Beckerath	Hamburg
DDDT	Vörut	Varelerhafen
DCRD	Vooruit	Norddeich
DHDC	Vorsetzen	Hamburg
DJNH	Vorwärts	Arnis
DKGU	Vorwärts	Laboe
DMEP	Vorwärts	Kiel
DJKM	Vorwärts	Husum
DALF	Vorwärts	Hamburg
DIWJ	Vorwärts	Brunsbüttelkoog
DERE	Vorwärts	Bremen
DCRE	Vorwärts	Westeraccumersiel
DCRF	Vorwärts	Langeoog
DCRG	Vorwärts	Neuharlingersiel
DCRH	Vorwärts	Greetsiel
DHDD	Vorwärts	Hamburg
DHDE	Vorwärts	Hamburg
DDJI	Vorwärts	Brake

Unterscheidungssignale	Namen der Schiffe	Heimathafen
DCRI	Vorwärts	Rhaudermoor
DJVL	Vorwärts	Brunsbüttelkoog
DKGZ	Vossbrook	Kiel
DDUS	Vulcan	Bremen
DIBF	Vulkan	Hamburg
DALH	Wachtel	Bremen-Vegesack
DDCX	Wal	Varelerhafen
DJDB	Waldemar Sieg	Flensburg
DHDG	Walküre	Hamburg
DJBY	Walküre	Flensburg
DKGV	Walküre	Kiel
DFKL	Walter	Cuxhaven
DIWK	Walter	Hamburg
DHDH	Walter	Hamburg
DFYC	Walter	Estebrügge
DHDI	Walter	Hamburg
DFWA	Walter	Lübeck
DCAA	Walter Behrens	Köln
DJVW	Walter Meissner	Kiel
DJVN	Walter Siemers	Kiel
DMAP	Walross	Bremerhaven
DFSN	Waltraut	Grünendeich
DJVX	Waltraud Behrmann	Rendsburg
DFLP	Waltraut	Cuxhaven
DHDL	Wanda	Hamburg
DETY	Wanderer	Bremerhaven
DHIK	Wandrahm	Hamburg
DCRJ	Wangeroog	Carolinensiel
DDQP	Warfleth	Bremen-Vegesack
DESD	Wartburg	Bremerhaven
DBHC	Wasserschutzpolizei 12	Bremen
DIWL	Wedel	Glückstadt
DHDM	Wega	Bremen
DCRK	Wega	Ostrhauderfehn
DCRL	Wega	Norddeich
DHDN	Wega	Hamburg
DETG	Wega	Bremerhaven
DALI	Wega	Bremerhaven
DKBA	Weichsel IV	Lübeck
DHDO	Weißer Greif	Kiel
DDSU	Weissesee	Bremen
DABX	Weissenburg	Bremerhaven
DHDP	Welf	Hamburg
DHGE	Welle	Hamburg
DCRM	Welle	Carolinensiel
DDKC	Welle	Brake
DFKN	Welle	Cuxhaven
DKDK	Welle	Burgstaaken/Fehmarn
DJQY	Wellingdorf	Kiel
DJSK	Wellingdorf	Kiel
DKEV	Wera Böhrnsen	Rendsburg
DKCD	Werner	Burgstaaken
DJCJ	Werner	Flensburg
DHDR	Werner	Hamburg

Unterscheidungssignale	Namen der Schiffe	Heimathafen
DFKO	Werner	Cuxhaven
DJKN	Werner	Büsum
DALJ	Werner II	Flensburg
DIBJ	Werratal	Hamburg
DEUK	Wesel	Bremerhaven
DDQR	Weser	Bremen
DHIJ	Weser	Hamburg
DALK	Weser	Bremerhaven
DHDS	Weser	Hamburg
DDJJ	Weserlust	Fedderwardersiel
DERH	Wesermarsch	Bremerhaven
DERI	Weser-River	Eckernförde
DHFI	West	Bremerhaven
DHDT	Westerdiek	Hamburg-Finkenwerder
DCRN	Westerems	Borkum
DDQS	Wester Till	Bremen
DALO	Westfalen	Bremen-Vegesack
DCVN	Westfalen	Emden
DHQT	Westfalen	Hamburg
DALP	Westpreußen	Bremerhaven
DEAP	Westsee	Bremerhaven
DALR	Widder	Bremen
DIWT	Widder	Bremen
DIXO	Wiebke	Cuxhaven
DCRO	Wienhard	Ditzum
DALQ	Wiesbaden	Cuxhaven
DDQT	Wietze	Hamburg
DCRP	Wiking	Greetsiel
DJLU	Wiking	Büsum
DDDU	Wiking	Varelerhafen
DHDU	Wilfried	Hamburg
DHDV	Wilfriede Klünder	Hamburg
DJQZ	Wilhelm	Breiholz
DCRQ	Wilhelm	Haren/Ems
DHLR	Wilhelm Bornhöfen	Hamburg
DAOX	Wilhelm Kaisen	Bremerhaven
DJKO	Wilhelm Külper	Büsum
DJLW	Wilhelm Lass	Husum
DDJK	Wilhelm Lühring	Brake
DALS	Wilh. Michaelsen	Hamburg
DCVB	Wilhelm Nübel	Emden
DERK	Wilhelm Peter	Bremerhaven
DHLC	Wilhelm Russ	Hamburg
DIXS	Wilhelmine	Friedrichskoog
DHDW	Wilhelmina	Hamburg
DCRR	Wilhelmina	Leer
DFKP	Wilhelmine	Cuxhaven
DCRS	Wilhelmine	Warsingsfehn
DCRT	Wilhelmine	Westrhauderfehn
DIXS	Wilhelmine	Friedrichskoog
DHDX	Wilhelmine	Hamburg
DDJL	Wilhelmine	Brake
DJKP	Wilhelmine	Büsum

Unterscheidungssignale	Namen der Schiffe	Heimathafen der Schiffe
DHDY	Wilhelmine	Hamburg-Altenwerder
DIWN	Wilhelmine	Brunsbüttelkoog
DJKQ	Wilhelmine II	Büsum
DHJA	Willem Mennen	Hamburg
DHDZ	Willida	Hamburg
DCRU	Willig	Fedderwardersiel
DCRV	Willi	Neuharlingersiel
DICJ	William	Hamburg
DHEA	Willy Charles	Hamburg
DFKQ	Willkomm	Cuxhaven
DERL	Willkommen	Bremerhaven
DHEB	Willy Marie	Hamburg
DJKR	Willy Meinhard	Husum
DCRW	Wilma	Haren/Ems
DERM	Wilma	Bremerhaven
DDDA	Wilma	Varelerhafen
DALT	Wilma	Hamburg-Finkenwerder
DFYD	Windhuk	Assel
DHEC	Windhund	Hamburg
DFYE	Windsbraut	Borstel/Jork
DFYF	Windsbraut	Wischhafen
DFYG	Windsbraut	Laboe
DIWO	Windsbraut	Dieksanderskoog
DHKI	Winnetou	Hamburg
DCAD	Wittekind	Köln
DFLJ	Witten	Cuxhaven
DKAN	Wodan	Lübeck
DJRE	Wogram	Heikendorf
DJLH	Wohlfahrt	Büsum
DJKU	Wohlfahrt	Maasholm
DHED	Wolf	Hamburg
DGJL	Wolfgang	Hamburg
DHHU	Wolfsburg	Hamburg
DHIW	Wotan	Hamburg
DHEF	Wotan	Hamburg
DDQV	Wotan	Bremen-Vegesack
DJKW	Woterküken	Büsum
DHEG	Woterküken	Hamburg-Finkenwerder
DALV	Württemberg	Bremerhaven
DDSL	Württemberg	Bremen-Vegesack
DIEF	Württemberg	Hamburg
DICS	Würzburg	Hamburg
DFMR	Wuppertal	Cuxhaven
DALX	Yorck	Bremerhaven
DDQW	Zaunkönig	Bremen-Vegesack
DALY	Zeus	Bremen
DDTV	Zeus II	Bremen
DIXQ	Zita	Elmshorn
DMCU	Zufriedenheit	Lübeck-Travemünde
DKGS	Zukunft	Heikendorf
DIWP	Zukunft	Uetersen
DJKX	Zukunft	Büsum
DJKY	Zukunft	Tönning
DJKZ	Zukunft	Husum
DFKR	Zukunft	Dorum
DCRX	Zukunft	Wilhelmshaven
DCRY	Zukunft	Greetsiel
DHKZ	Zuversicht	Hamburg
DCRZ	Zwei Gebrüder	Haren/Ems
DCSA	Zwei Gebrüder	Warsingsfehn
DCSC	Zwei Gebrüder	Leer
DDJM	Zwei Gebrüder	Fedderwardersiel
DKBO	Zwei Gebrüder	Heiligenhafen
DCSB	Zwei Gebrüder	Ditzum

Nachtrag

zur

Amtlichen Liste

(abgeschlossen am 25. April 1953)

1. Zugänge während der Drucklegung

a) Nach Rufzeichen geordnet:

Unterscheidungssignale	Namen der Schiffe	Heimathafen der Schiffe	Nettoraumgehalt Kubikmeter	Nettoraumgehalt Registertons	PS
DBHN	Orion T	Helgoland	Bereisungsfahrzeug		175
DCBA	Homberg	Duisburg-Ruhrort	3216,0	1135,25	2400
DCWL	Erika Fritzen	Emden	10409,1	3674,41	2200
DECN	Bieberstein	Bremen	8946,6	3158,16	7800
DECO	Rolandseck	Bremen	1019,7	359,96	1380
DECP	Mariaeck	Bremen	1026,7	362,42	1400
DECQ	Eva Arlt	Bremen	1166,6	411,81	550
DECR	Colonia	Bremen	1313,5	463,67	1200
DECS	Marmara	Bremen	4207,9	1485,40	3600
DECT	Dudizol III	Bremen	154,4	54,50	120
DECU	Drachenfels	Bremen	8817,4	3112,56	4650
DECV	Margarethe Honold	Bremen	10056,2	3549,83	3600
DECW	Antwerpen	Bremen	714,6	252,26	490
DECX	Falkenfels	Bremen	8720,6	3078,36	3400
DFAO	Frisia	Bremerhaven	671	237	
DFSO	Wilhelmine Oltmann	Stade	464,8	164,09	250
DIEI	Bugsier 3	Hamburg	68,1	24,05	850
DIEJ	Berlin	Hamburg	6062,0	2139,89	1360
DIEK	Tarbek	Hamburg	679,0	239,70	520
DIEL	Heidelberg	Hamburg	9185,3	5562,47	
DIEM	Alsterpark	Hamburg	1646,3	581,14	800
DIEN	Babitonga	Hamburg	7631,2	2693,81	2750
DIEO	Waldeck	Hamburg	4839,8	1708,44	2800
DIEP	Santa Inés	Hamburg	18877,1	6663,63	4000
DIEQ	Roland II	Hamburg	63,1	22,27	18
DIER	Billetal	Hamburg	3573,6	1261,48	2560
DIES	Palma	Hamburg	1132,5	399,76	840
DIET	Hinrich	Hamburg	**3145,7**	**1110,44**	**1600**
DIEU	Westward-Ho	Hamburg	11,4	4,04	12
DIEV	Adolph Gleue	Hamburg	1836,7	648,36	1470
DIEW	Köln	Hamburg	8976,6	3168,74	8000
DIEX	Friedrich S. Müller	Hamburg			
DIEZ	Amalie Essberger	Hamburg	593,0	209,32	4000
DIFA	Albert Luft	Hamburg	625,2	220,69	750
DIFB	Falkenstein	Hamburg	8896,9	3140,59	5600
DKJX	Dania	Lübeck	2036,6	719,36	1500
DKJY	Hans Lehmann	Lübeck	376,8	133,01	370
DKJZ	Seeadler	Niendorf	23,3	8,21	150

Unterscheidungssignale	Namen der Schiffe	Heimathafen der Schiffe	Kubikmeter Nettoraumgehalt	Registertons Nettoraumgehalt	PS
DMEQ	Wiltrud	Lübeck-Travemünde	61,8	21,82	150
DMET	Sturmvogel	Rendsburg	60,9	21,49	120
DMEU	Karin-Christa	Rendsburg	61,7	21,88	125

b) Nach Namen geordnet:

Unterscheidungssignale	Namen der Schiffe	Heimathafen der Schiffe
DIEV	Adolph Gleue	Hamburg
DIFA	Albert Luft	Hamburg
DIEM	Alsterpark	Hamburg
DIEZ	Amalie Essberger	Hamburg
DECW	Antwerpen	Bremen
DIEN	Babitonga	Hamburg
DIEJ	Berlin	Hamburg
DECN	Bieberstein	Bremen
DIER	Billetal	Hamburg
DIEI	Bugsier 3	Hamburg
DECR	Colonia	Bremen
DKJX	Dania	Lübeck
DECU	Drachenfels	Bremen
DECT	Dudizol III	Bremen
DCWL	Erika Fritzen	Emden
DECQ	Eva Arlt	Bremen
DECX	Falkenfels	Bremen
DIFB	Falkenstein	Hamburg
DFAO	Frisia	Bremerhaven
DIEX	Friedrich S. Müller	Hamburg
DKJY	Hans Lehmann	Lübeck
DIEL	Heidelberg	Hamburg
DIET	Hinrich	Hamburg
DCBA	Homberg	Duisburg-Ruhrort
DMEU	Karin-Christa	Rendsburg
DIEW	Köln	Hamburg
DECV	Margarethe Honold	Bremen
DECP	Mariaeck	Bremen
DECS	Marmara	Bremen
DBHN	Orion T	Helgoland
DIES	Palma	Hamburg
DIEQ	Roland II	Hamburg
DECO	Rolandseck	Bremen
DIEP	Santa Inés	Hamburg
DKJZ	Seeadler	Niendorf
DMET	Sturmvogel	Rendsburg
DIEK	Tarbek	Hamburg
DIEO	Waldeck	Hamburg
DIEU	Westward-Ho	Hamburg
DFSO	Wilhelmine Oltmann	Stade
DMEQ	Wiltrud	Lübeck-Travemünde

2. Streichungen

Seite	Unter-scheidungs-signale	Namen der Schiffe	Heimathafen der Schiffe
4/124	DAKE	Spessart	Bremerhaven
5	DALU	Tra 21	Lübeck-Travemünde
87	DBDU	Henny	Emden
88/127	DBHC	Wasserschutzpolizei 12	Bremen
12/118	DCNH	Nordenham I	Nordenham
14/124	DCPV	Spica	Ostrhauderfehn
14/126	DCQR	Undine	Ostrhauderfehn
15/128	DCSC	Zwei Gebrüder	Leer
21/91	DDKE	Assistent I	Lemwerder
22/105	DDOE	Hagen	Bremen-Vegesack
27/104	DEOX	Glattesee	Bremerhaven
40/98	DGGM	Drochtersen	Hamburg
41/101	DGIZ	Euroland	Hamburg
49/122	DHAM	Schichau	Hamburg
51/117	DHEK	Minna Schupp	Hamburg
61/95	DIRH	Berta	Dieksanderkoog
65/126	DJBX	Vera	Flensburg
68/119	DJHX	Paloma	Büsum
73/119	DJSP	Orion	Kiel
77/96	DKCC	Casablanca	Lübeck
78/104	DKCH	Granada	Hamburg
104	DMDC	Godenwind	Lübeck-Travemünde

3. Namensänderungen

22/110	DDOH	Isenbert	jetzt **Modag**
100	DCFF	Emden	jetzt **Christian I**
106	DGNX	Hans Voss	jetzt **Elli**
111	*DKEX*	Johanna Knudsen	jetzt **Pelikan**
118	DDOX	Nora	jetzt **Sleipner II**
120	*DAJA*	Prinz Heinrich	jetzt **Hessen**
122	*DHAV*	Seeadler	jetzt **Bayern**
127	DCRQ	Wilhelm	jetzt **Liese Lore**

September 1953

Nachtrag

zur

Amtlichen Liste der Seeschiffe der Bundesrepublik Deutschland

mit

Unterscheidungssignalen

vom Jahre 1953,

herausgegeben vom

Bundesminister für Verkehr.

VERLAG WALTER DE GRUYTER & CO., BERLIN W 35, GENTHINER STR. 13

A. Nachtrag zur Liste der Handels- und Fischereifahrzeuge

DCAH—DEDF

Seite	Unterscheidungssignale	Namen der Schiffe	Heimathafen der Schiffe	Kubikmeter (Nettoraumgehalt)	Registertons (Nettoraumgehalt)	PS
		1. Neueintragungen				
7/91	DCAH	Adler	Köln	415,7	146,76	500
7/102	DCBB	Franz	Duisburg	298,4	105,85	—
7/126	*DCBC*	Ute	Düsseldorf	854,3	301,57	500
7/117	DCBD	Mosel	Duisburg-Ruhrort	452,3	159,74	300
15/104	DCSE	Germania	Neuharlingersiel	10,7	3,78	
15/116	DCSS	Mellum	Emden	94,8	33,46	375
17/99	*DCWO*	Elisabeth Hendrik Fisser	Emden	1843,5	650,77	1250
17/117	DCWP	Moormerland	Leer	567,9	200,46	285
17/103	*DCWQ*	Frisia IV	Norderney	521,7	184,15	600
17/119	*DCWS*	Otto Nübel	Emden	1062,6	375,10	1250
18/100	DDDV	Elli	Wilhelmshaven	141,85	50,08	
18/92	DDDW	Akke Meyer	Varelerhafen	139,0	49,08	100
18/104	DDDX	Gorch Fock	Varelerhafen	6,9	2,44	45
18/105	DDDY	Hanna	Neuharlingersiel	8,1	2,86	42
18/118	DDDZ	Nordstern	Hooksiel	7,3	2,58	
27/126	*DECY*	Vinum	Bremen	794,5	280,46	600
27/95	*DECZ*	Bärenstein	Bremen	8946,6	3158,16	7800
27/107	*DEDA*	Weserstein	Bremen	11229,4	3964,00	9000
27/96	*DEDB*	Bussard	Bremen	590,4	208,42	1100
27/127	*DEDC*	Werrastein	Bremen	11058,2	3903,55	9000
27/110	*DEDD*	Iris	Bremen	376,8	133,00	450
27/102	*DEDE*	Frauenfels	Bremen	8636,1	3048,55	4650
27/99	*DEDF*	Edda Cords	Bremen	4070,9	1437,01	3000

DFAJ—DGLT

Seite	Unterscheidungssignale	Namen der Schiffe	Heimathafen der Schiffe	Kubikmeter (Nettoraumgehalt)	Registertons (Nettoraumgehalt)	PS
30/124	*DFAJ*	Speyer	Bremerhaven	620,2	218,92	800
30/126	*DFAP*	Varuna	Bremerhaven	20,0	7,08	10/12
30/108	*DFAQ*	Helgoland	Bremerhaven	676,1	238,66	1000
34/111	DFSP	Johanne	Drochtersen	78,1	27,56	25
34/116	DFSQ	Mary	Barnkrug	84,0	29,66	25
34/100	DFSR	Emma Fitschen	Assel	62,7	22,14	16
34/115	DFSS	Margaretha	Barnkrug	105,2	37,14	25
34/93	DFST	Anna	Ostendorf	72,8	25,71	
34/115	DFSU	Margareta	Assel	100,5	35,47	45
34/92	DFSV	Alwine	Barnkrug	65,5	23,13	25
34/115	DFSW	Margarethe	Assel	105,5	35,47	45
34/112	DFSX	Katharina Becker	Westmoorende	67,1	23,68	25
34/111	DFSY	Johanne	Assel	77,1	27,22	25
34/93	DFSZ	Anne	Assel	90,8	32,06	25
34/119	DFTA	Oste	Stade	670,7	214,52	300
34/93	DFTB	Anna	Gräpel	75,7	26,73	
37/118	*DGAQ*	Neuwied	Hamburg	1497,1	528,27	800
37/122	*DGAU*	Sankt Marien	Hamburg	1851,1	653,44	1500
37/120	*DGBH*	Pickhuben	Hamburg	963,7	340,18	1050
37/95	*DGBN*	Birte Hugo Stinnes	Hamburg	13765,8	4859,84	6000
38/95	*DGCE*	Bilbao	Hamburg	3436,5	1213,07	2520
38/101	*DGCF*	Ernst G. Russ	Hamburg	21008,7	7416,07	7200
39/97	DGDN	Antje	Hamburg	3,0	1,06	15
39/111	*DGDP*	Jupiter	Hamburg	37,4	13,21	250
39/96	DGEF	Bugsier 4	Hamburg	68,1	24,05	850
39/115	*DGEI*	Maria Elisabeth	Hamburg	1946,2	687,02	1000
39/117	*DGEK*	Naumburg	Hamburg	4350,7	1535,80	3600
39/125	*DGEW*	Tarua 1	Hamburg	57,8	20,41	550
39/118	DGFA	Nordstern	Hamburg	14,0	4,93	60
39/116	*DGFB*	Mary Robert Müller	Hamburg	2838,5	1001,98	1800
39/118	*DGFR*	Nora	Hamburg	1132,5	399,75	840
39/124	*DGFS*	Stuttgart	Hamburg	670,9	236,82	990
40/122	*DGFY*	Schauenburg	Hamburg	6493,5	2292,21	5400
40/124	*DGGM*	Stuttgart	Hamburg	8977,7	3169,13	8000
40/100	*DGGW*	Eric Reckmann	Hamburg	2382,9	841,15	1240
40/93	*DGHB*	Anna Rehder	Hamburg	1342,8	474,01	750
40/125	DGHE	Sylvia	Hamburg	124,2	43,83	88
40/98	*DGHJ*	Düsseldorf	Hamburg	11703,8	4131,44	9000
41/97	*DGIG*	Damaskus	Hamburg	7526,2	2656,69	2750
41/101	*DGIH*	Ferdinandstor	Hamburg	1907,8	673,44	1250
41/125	*DGIQ*	Tema Palm	Hamburg	9635,9	3401,48	2300
41/125	*DGIR*	Transatlanta	Hamburg	9362,5	3304,98	3350
41/108	*DGIY*	Hermann Blume	Hamburg	397,4	140,27	300
41/119	*DGIZ*	Oldenburg	Hamburg	690,2	243,64	300
42/108	*DGJW*	Hildegard	Hamburg	1226,8	433,03	775
42/109	*DGKX*	Hornberg	Hamburg	6566,7	2318,05	3330
42/113	DGLL	Konrad	Hamburg	59,8	21,11	120
42/112	*DGLT*	Katharina	Hamburg	1501,7	530,10	1000

DGMN—DKHI

Seite	Unterscheidungssignale	Namen der Schiffe	Heimathafen der Schiffe	Kubikmeter (Nettoraumgehalt)	Registertons (Nettoraumgehalt)	PS
43/113	*DGMN*	Leverkusen......	Hamburg	11361,6	4010,65	9000
43/107	*DGMU*	Heino	Hamburg	348,5	123,00	300
43/94	*DGMX*	Antonia.........	Hamburg	1544,8	651,21	1000
43/94	DGMZ	Antares.........	Hamburg	62,3	21,98	120
43/105	*DGNP*	Gustav Heinrich Weitert	Hamburg	2028,8	716,01	700
43/105	*DGNT*	Gustav Pistor ...	Hamburg	8939,0	3155,46	3680
60/95	*DIFC*	Barbara.........	Hamburg	6839,8	2414,47	3600
60/121	*DIFD*	Rodenbek.......	Hamburg	3627,8	1280,61	2700
60/106	*DIFE*	Harald Becker...	Hamburg	2053,4	724,84	1045
60/94	*DIFF*	August Sartori...	Hamburg	1529,5	539,98	1470
60/127	*DIFG*	Wallschiff.......	Hamburg	1572,1	554,95	1000
60/120	*DIFH*	Puck	Hamburg	341,7	120,62	360
60/125	*DIFI*	Trave...........	Hamburg	2041,5	720,67	
60/102	*DIFJ*	Freundschaft	Hamburg	58,8	20,47	65
60/119	*DIFK*	Parnass.........	Hamburg	3336,9	1177,91	1500
60/127	*DIFL*	Wiedenborstel ...	Hamburg	2875,1	1014,91	1400
60/102	DIFM	Freya...........	Hamburg	72,8	25,71	28
60/101	*DIFN*	Ferdia..........	Hamburg	2849,0	1005,69	1400
60/95	*DIFO*	Braunschweig....	Hamburg	11218,3	3960,06	9000
60/119	*DIFP*	Ophelia.........	Hamburg	3397,8	1199,43	1470
60/119	*DIFQ*	Isabella.........	Hamburg	1916,8	676,63	1000
60/118	*DIFS*	Nicola	Hamburg	1302,7	459,85	850
64/106	DIYD	Hans Bülow.....	Kollmar	682,4	240,88	
64/95	*DIYE*	Bishorst	Haseldorf	412,9	145,74	300
64/122	DIYF	Schwalbe	Beidenfleth......	125,2	44,19	
66/95	*DJDO*	Birknack........	Flensburg	4232,1	1493,93	1600
66/108	*DJDP*	Hera	Flensburg	1104,1	389,73	520
66/92	*DJDQ*	Amisia..........	Flensburg	1114,7	393,49	520
66/98	*DJDR*	Diana	Flensburg	4230,0	1493,17	1600
66/109	*DJDS*	Holstein	Glücksburg......	1071,7	378,32	1000
68/125	DJHV	Tön 20..........	Tönning	5,0	1,78	
70/117	DJNI	Nauke..........	Tönning	9,1	3,22	
72/102	*DJQU*	Flensburg	Kiel............	564,9	199,42	850
77/108	DKBP	Herkules........	Heiligenhafen....	18,3	6,44	90
78/93	DKCZ	Anna Auguste ...	Niendorf	10,1	3,58	
79/120	DKFA	Rantum	Rendsburg	6829,2	2410,73	3600
78/96	DKDX	Charlotte........	Niendorf	32,6	11,52	
79/105	DKHA	Hannelore.......	Heikendorf......	31,4	11,08	105
79/127	DKHB	Waltraut........	Heikendorf......	34,7	12,24	150
79/113	*DKHC*	Lina...........	Möltenort	23,2	8,18	90
79/91	DKHD	Adler..........	Heikendorf......	34,7	12,26	150
79/91	*DKHE*	Adriana.........	Kiel............	3087,0	1089,70	1000
79/114	*DKHF*	Lucianna........	Kiel............	3085,2	1089,06	1000
79/128	DKHG	Wolf	Kiel............	499,5	176,31	
79/124	DKHH	St. S. 82	Kiel............	966,8	341,27	
79/124	DKHI	St. S. 83	Kiel............	966,8	341,27	
79/99	DKHJ	Elisabeth	Laboe	8,9	3,14	45
79/121	DKHK	Rudi Klaus......	Möltenort	16,9	5,95	150

DKHJ—DGMI

Seite	Unterscheidungssignale	Namen der Schiffe	Heimathafen der Schiffe	Kubikmeter (Nettoraumgehalt)	Registertons (Nettoraumgehalt)	PS
79/98	DKHL	Dietmar	Kiel	39,0	13,77	150
79/122	DKHM	Schwalbenberg	Heikendorf	63,6	22,46	120
80/126	DKJM	Twee Breeder	Heiligenhafen	27,2	9,62	120
80/125	*DKKA*	Travemünde	Lübeck	3660,4	1292,18	1700
80/114	DKKB	Lotte	Niendorf	23,1	8,15	100
80/112	DKKC	Kehrwieder	Neustadt/Holst.	16,2	5,73	90
80/109	*DKKD*	Imme Oldendorff	Lübeck	2615,3	923,15	1600
80/104	DKKE	Gertrud II	Niendorf	23,1	8,15	150
80/111	*DKKF*	Johannes Voss	Lübeck	339,0	119,66	225
80/103	DKKG	Fritz	Niendorf	24,7	8,73	150
80/117	DKKH	Nettelbeck	Lübeck-Travemünde	28,0	9,87	120
80/123	DKKI	Seelöwe	Timmdorfer Strand	18,6	6,65	80
81/128	*DMDR*	Xarifa	Hamburg	420,5	148,43	
116	DIBR	Mathilde	Hamburg			
120	DKEX	Pelikan	Rendsburg			

2. Streichungen

Seite	Unterscheidungssignale	Namen der Schiffe	Heimathafen der Schiffe
1/96	DACI	Celle	Cuxhaven
1/97	DACJ	Christian	Lübeck
2/106	DAEZ	Alk	Bremen
3/110	DAFZ	Jane	Cuxhaven
5	DALZ	Zwickau	Cuxhaven
7/93	DCCL	Anne	Norderney
8/96	DCDN	Caroline	Flensburg
11/110	DCJM	Janna	Greetsiel
13/122	DCOX	Ruth Wiechert	Bensersiel
20/119	DDIM	Oldenburg	Bremerhaven
21/107	DDJN	Heinz-Herbert	Brake
23/124	DDQJ	Spica	Bremen
127	DDQP	Warfleth	Bremen-Vegesack
24/106	DDSE	Harle	Bremen
24/124	DDTB	Stadland	Bremen
24/101	DDTJ	Erna Ronnebaum	Bremen
25/113	DEAK	Lesummünde	Bremen
30/97	DEUL	Cornelia Sieghold	Bremerhaven
30	DFAJ	Bootsmann Johnson	Bremerhaven
32/113	DFIA	Kugelbake	Cuxhaven
32/116	DFIH	Memelland	Cuxhaven
32/119	DFIT	Österreich	Cuxhaven
34/105	DFMM	Hannes	Cuxhaven
40/99	DGHB	Eleonore	Hamburg
42/102	DGJW	Flottweg	Hamburg
43/105	DGMI	Greifswald	Hamburg

DGQF—DCUD

Seite	Unterscheidungssignale	Namen der Schiffe	Heimathafen der Schiffe
45/121	DGQF	Rüstringen	Bremen
45/109	DGQJ	Hoffnung	Hamburg
45/109	DGQN	Hugbert	Hamburg
45/109	DGQP	Husumer Koje	Hamburg
45/110	DGRA	Irene Kiehn	Hamburg
46/113	DGTW	Libau	Hamburg
47/114	DGUL	Lühe	Hamburg
47/100	DGVB	Elli	Hamburg
49/125	DGYT	Tankleichter Oder	Hamburg
49/119	DGYU	Odermünde	Hamburg
50/125	DHCM	Thomas Wiechert	Hamburg
51/126	DHCW	Uwe	Rendsburg
52/92	DHGO	Alte Liebe	Hamburg
58/120	DHRG	REG DO Brasil	Hamburg
67/100	DJFO	Ella	Tönning
70/109	DJLP	Ilse	Olversum
71/96	DJNW	Castor	Kiel
72/120	DJQB	Phönix	Kiel
72/110	DJQG	Ingrid Helge	Laboe
53/128	DHJA	Willem Mennen	Hamburg
74/113	DJTO	Kondor	Kiel
74/113	DJTP	Kreih	Neumühlen/Kiel
74/115	DJTW	Maria	Kiel
74/117	DJUD	Möwe	Neumühlen/Kiel
74/121	DJUN	Reiher	Neumühlen/Kiel
75/100	DJXD	Else	Heiligenhafen
76/112	DJYS	Kattsund	Lübeck
76/122	DKAC	Samland	Bremen
77/—	DKBD	Tra 49	Lübeck-Travemünde
77/127	DKCD	Werner	Burgstaaken
83	DMAA	Puma	Leer
84	DBSD	W 4 Wachboot	—
84	DBSE	W 5 Wachboot	—
84	DBSF	W 6 Wachboot	—
107	DMES	Heita	Lübeck-Travemünde

3. Sonstige Veränderungen*)

Seite	Unterscheidungssignale	Namen		Heimathafen
7	DCBO	Aline		Dornumersiel
8/98	DCEN	Drei Gebrüder		**Norddeich**
10/106	DCHY	Hansgrete		**Hamburg**
12/113	DCLP	Lina		**Ostrhauderfehn**
12/118	DCNG	Norden		**Varelerhafen**
13/122	DCOZ	Schwalbe		**Wyk/Föhr**
13/123	DCPH	Seeadler	**Möwe III**	Norderney
14/123	DCPR	Sirius		**Westrhauderfehn**
14/126	DCQU	Venus	**Hoffnung E**	**Warsingsfehn**

*) Die eingetretenen Änderungen sind durch fetten Druck gekennzeichnet.

DCVG—DKDZ

Seite	Unterscheidungssignale	Namen		Heimathafen
15/128	DCRU	Willig		**Borkum**
16/98	DCUD	Dorothea		**Duisburg-Ruhrort**
16/120	DCVG	Pegasus	**Lippe**	**Emden**
24/127	*DDSU*	Weißesee		**Bremerhaven**
27/100	DEOI	Else Marie	**Heidi**	Bremerhaven
27	DEPF	Hever		Hamburg
28/120	DEQT	Peterle	**Traute**	Bremerhaven
29/97	DEST	Christiana	**Erna**	**Otterndorf**
30/109	*DEUO*	Hoherweg	Uwe	**Hamburg**
32/115	DFIE	Marie		**Neufeld**
32	DFJC	Rügen		Cuxhaven
36/103	DFYZ	Friedrich		**Bremervörde**
37/91	DGAK	Adelheit	**Antje Adelheid**	Hamburg
39/95	DGDR	B.D. 494	**E. u. M. Schwimmkran III**	Hamburg
39/97	DGFK	Claus		**Friedrichskoog**
40/98	DGGC	Diana		**Wyk/Föhr**
40/115	DGGI	Dora Ahrens	**Mariann**	Hamburg
42/103	DGLD	Gebrüder		**Büsum**
44/108	DGPT	Hermann		**Lübeck-Travemünde**
46/112	DGTJ	Kehdingen	**Reind**	Hamburg
46/113	DGTR	Landrat Helferich	**Erna**	Hamburg
49/120	DHAH	Rungholt		**Hamburg**
51/127	DHDM	Wega	**Urania**	**Hamburg**
51/128	DHDY	Wilhelmine	**Lina**	Hamburg-Altenwerder
51/95	DHEJ	B.D. 1265	**E. u. M. Schwimmkran IV**	Hamburg
54/122	DHJX	Sachsenwald	**Ursula Schulte**	Hamburg
54/120	DHKJ	REG II	**Carl Julius**	Hamburg
61/94	DIRD	Astarte		**Wilhelmshaven**
61	DISB	Elise		**Dieksanderkoog**
62	DITJ	Iduna		**Kaiser-Wilhelm-Koog**
63/121	DIVJ	Regina		**Friedrichskoog**
63	DIWD	Süderau		**Hallig Langeneß**
64/117	DIXO	Wiebke	**Kiel**	**Kiel**
65/113	DJCP	Lan 22	**Bianka**	**Heiligenhafen**
65/127	DJDB	Waldemar Sieg	**Hugo Boettger**	Flensburg
70/112	DJLW	Wilhelm Lass	**Steingrund**	**Büsum**
70/114	DJME	Maa 33		**Großenbrode**
72/121	DJPO	Rita Degen	**Dieter Waltraud**	Rendsburg
75/120	DJWK	Pil 50	**Friedrich Pahlke**	Burg/Fehmarn
75/105	DJXW	Griep to		**Lübeck-Travemünde**
76/103	DJYN	Holl fast		**Brake**
77/125	DKCD	Tra 49		**Lübeck-Travemünde**

DIDM—DCQL

Seite	Unterscheidungssignale	Namen		Heimathafen
78/113	DKCN	Kranich	**Heil 28**	**Heiligenhafen**
78/93	DKDZ	Anna		**Heiligenhafen**
92	*DIDM*	Andrea		**Hamburg**
93	D**G**CB	Anna		Ostgroßefehn
93	DIQX	Anna		**Friedrichskoog**
93	DJNN	Anna-Elise		**Varelerhafen**
94	DGD**B**	Argonaut		Hamburg
96	DEB**H**	Castor		Bremen
100	DISD	Emma		**Dieksanderkoog**
103	D**C**GW	Gebrüder		Neuharlingersiel
103	D**C**GZ	Geeske		Varelerhafen
104	DGUZ	Gerda I		**Hamburg**
106	D**HO**D	Hans Hinnick		Hamburg
106	*DHOO*	Hans-Erich	**Hans-Erich J. Nimtz**	Hamburg
119	DCV**Q**	Ostfriesland		Leer
120	DGZ**J**	Petrolina		Hamburg
121	*DFLS*	Ronald		**Cuxhaven**
124	D**J**BV	Stern vom Osten		Heiligenhafen
125	*DAIQ*	Taucher Ottar Harmstorf I		Hamburg
125	DC**Q**L	Tim		Haren/Ems

B. Nachtrag zur Liste der Bundes- und Länderfahrzeuge

DBHO—DBPD

Seite	Unter-scheidungs-signale	Namen der Schiffe	Art der Schiffe	Heimathafen der Schiffe	PS
88	DBHO	Seeadler..........	Bereisungsboot....	Kiel...........	220
89	DBPC	Oldeoog	Schlepper, Verm., Ber.-Sch., Eisbrecher.........	Kiel...........	450
89	DBPD	Norden ⓩ *T R* ..	Tonnenleger	Norderney	850

FSC
www.fsc.org
MIX
Papier | Fördert gute Waldnutzung
FSC® C083411

Kolibri 360 GmbH
Ferdinand-Jühlke-Straße 7
99095 Erfurt, Deutschland
produktsicherheit@kolibri360.de